智能建筑设施管理专业系列丛书

建筑智能化系统工程实训

苏玮 主编
阴振勇 杜明芳 杨晓玲 参编
范同顺 主审

中国建筑工业出版社

图书在版编目（CIP）数据

建筑智能化系统工程实训/苏玮主编. —北京：中国建筑工业出版社，2012.7
智能建筑设施管理专业系列丛书
ISBN 978-7-112-14553-9

Ⅰ. ①建… Ⅱ. ①苏… Ⅲ. ①智能化建筑-自动化系统 Ⅳ. ①TU855

中国版本图书馆 CIP 数据核字（2012）第 183399 号

本书以实际工程为背景，在对建筑智能化实践教学研究的基础上，开发一种与智能建筑行业人才需求对接的、符合工程建设类专业人才培养目标要求的建筑智能化系统工程训练方法。本书共分七章：智能家居系统实训、基于 LONWORKS 技术实训、门禁与指纹识别技术实训、消防系统实训、组态王技术实训、综合布线系统实训和楼宇智能化系统集成实训等内容。

本书适用于建筑电气与智能化、楼宇智能化工程技术等工程建设类专业的实践教学，也可用于工程建设技术与管理人员的岗位培训。

* * *

责任编辑：张 磊
责任设计：张 虹
责任校对：王誉欣 关 键

智能建筑设施管理专业系列丛书
建筑智能化系统工程实训
苏 玮 主 编
阴振勇 杜明芳 杨晓玲 参 编
*
中国建筑工业出版社出版、发行（北京西郊百万庄）
各地新华书店、建筑书店经销
霸州市顺浩图文科技发展有限公司制版
北京建筑工业印刷厂印刷
*
开本：787×1092 毫米 1/16 印张：11 字数：263 千字
2012 年 8 月第一版 2012 年 8 月第一次印刷
定价：**25.00** 元
ISBN 978-7-112-14553-9
（22644）

前　言

智能建筑是现代化建筑与高新信息技术完美结合的产物，是多学科、多技术系统的综合集成。建筑电气与智能化利用系统集成的方法，将智能型计算机技术、通信技术、控制技术与建筑艺术有机结合，通过对设备的自动控制，对信息资源的管理和对使用者的信息服务以及与建筑的优化组合，可获得的投资合理、适合信息社会需要并具有安全、高效、舒适、便利等灵活特点的建筑物。因此，建筑电气与智能化专业是对建筑科学的有利支撑，同时，建筑业的需求又推动了建筑电气与智能化的发展。

近十多年来，随着信息技术迅速进入建筑领域，对建筑智能化技术人才提出了大量需求与更高要求。但是智能建筑专业人才培养的速度、特别是人才培养的质量还远远不能满足蓬勃发展的智能建筑市场对人才的需求，其目前实践教学的理念与相关软/硬件条件的严重滞后不能不说是主要原因之一。智能建筑相关专业实践教学环节的研究以至于实践教学质量管理体系的建立已成为一个亟待解决的问题。

本书以实际工程为背景，在对建筑智能化实践教学研究的基础上，开发一种与智能建筑行业人才需求对接的、符合工程建设类专业人才培养目标要求的建筑智能化系统工程训练方法。本书共分七章：智能家居系统实训、基于 LONWORKS 技术实训、门禁与指纹识别技术实训、消防系统实训、组态王技术实训、综合布线系统实训和楼宇智能化系统集成实训等内容。

本书由北京联合大学苏玮教授主编。其中，第一章、第二章由苏玮编写，第三章、第七章由北京联合大学杜明芳编写，第四章、第五章由北京建筑工程学院阴振勇编写，第六章由北京联合大学杨晓玲编写。全书由北京联合大学范同顺教授主审。深圳市松大科技有限公司为本书提供了部分技术资料和技术指导，在此表示感谢。

由于编者水平有限，又重在抛砖引玉，书中定有不妥之处，在此恳请广大读者指正。

编者

2012.8.15

目　录

第1章　智能家居系统实训

1.1　智能家居系统概述

1.1.1　智能家居系统

智能家居，或称智能住宅，在英文中常用Smart Home、Intelligent Home，与此含义相近的还有家庭自动化（Home Automation）、电子家庭（Electronic Home、E-home）、数字家园（Digital Family）、网络家居（Network Home），智能建筑（Intelligent Building）。

智能家居是以住宅为平台，兼备建筑、网络通信、信息家电、设备自动化，集系统、结构、服务、管理为一体的高效、舒适、安全、便利、环保的居住环境。

智能家居是在家庭产品自动化、智能化的基础上，通过网络按拟人化的要求而实现的。智能家居可以定义为一个过程或者一个系统，利用先进的计算机技术、网络通信技术、综合布线技术、无线技术，将与家居生活有关的各种子系统，有机地结合在一起。与普通家居相比，由原来的被动静止结构转变为具有能动智能的工具，提供全方位的信息交换功能，帮助家庭与外部保持信息交流畅通。智能家居强调人的主观能动性，要求重视人与居住环境的协调，能够随心所欲地控制室内居住环境。

智能家居不仅具备传统家居的功能，而且更重要的是智能家居能为用户提供更安全、健康、方便、舒适的生活环境。智能家居也使家庭设备从过去的被动执行模式转变为智能化自动地控制模式，具有全方位的信息交互功能（温度、湿度、亮度），帮助家庭与外部保持信息交流畅通，优化人们的生活方式，帮助人们有效安排时间，增强居家生活的安全性，甚至为各种能源费用节约资金等。系统总拓扑图如图1-1所示。

智能家居实训室实训单元设备安装图如图1-2所示。

1.1.2　GSCS及PLC—BUS电力载波系统

1. GSCS全球远程同步控制系统概述

全球远程同步控制系统英文为Global Synchronization Control System，简称GSCS，是为家庭用户开发的专用系统，涵盖安防（如监控与防盗）、家居遥控与自动化（如电器与灯光等的控制、智能视听、空调，家庭影院与背景音乐）等方面。只需借助计算机或手机即可直接运行，操作简易，其人性化设计让您随时随地、跨越时空掌控家中一切。

GSCS系统具有良好的功能拓展性，用户可根据需求，对系统进行拓展或升级。系统主要功能特点如下：

图形化人机系统操作界面：采用图形操作界面的方式，使操作简单方便。

(1) 各种尺寸嵌入式控制终端：有3.5英寸、5英寸、8英寸、10英寸触摸屏。

(2) 支持各系统手持终端：

支持苹果公司的iPhone、iPod touch和iPad产品，如iPhone 3GS、iPhone1、iPhone2、iPhone3、iPhone4。

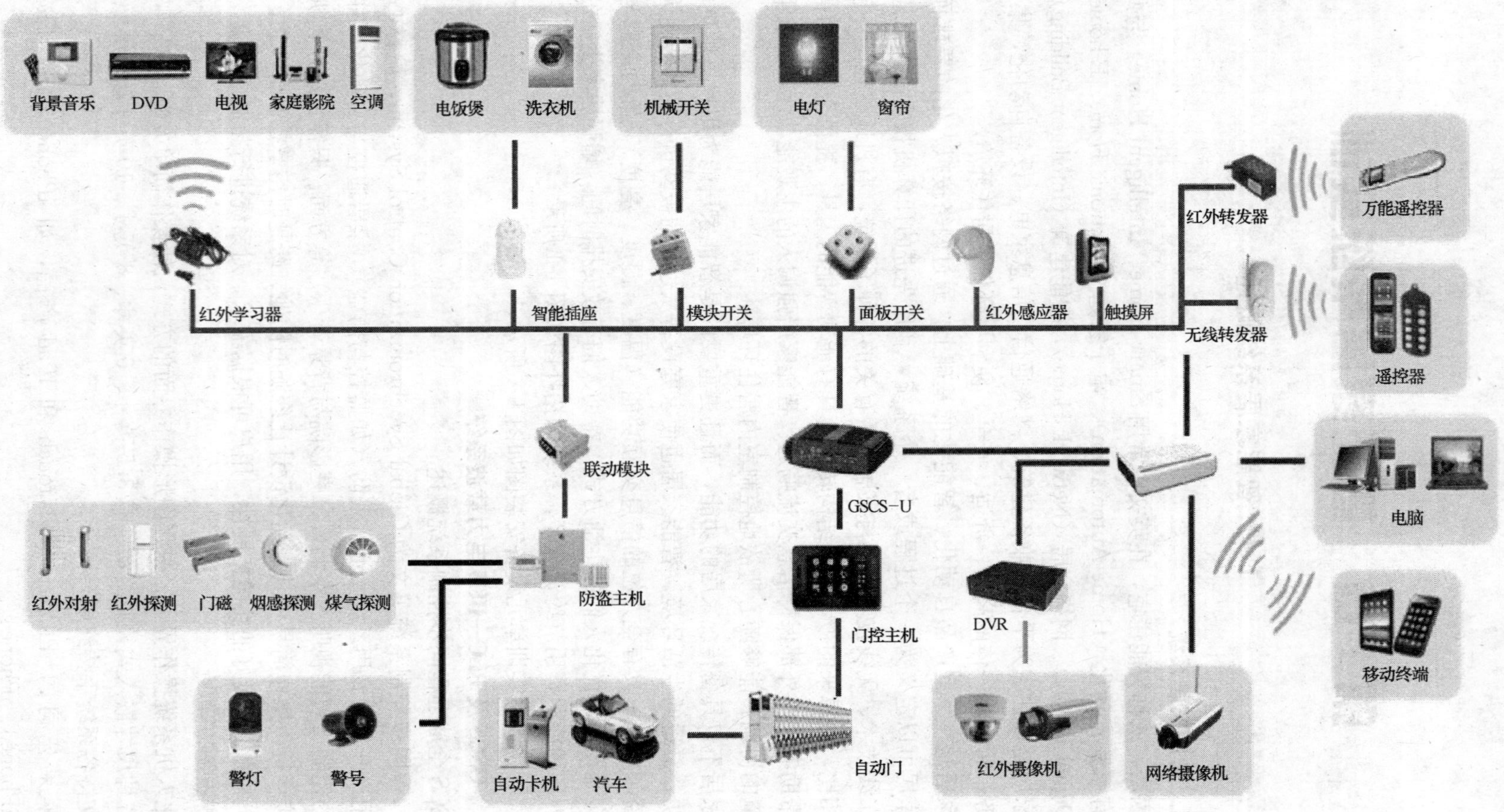

图 1-1 智能家居系统总拓扑图

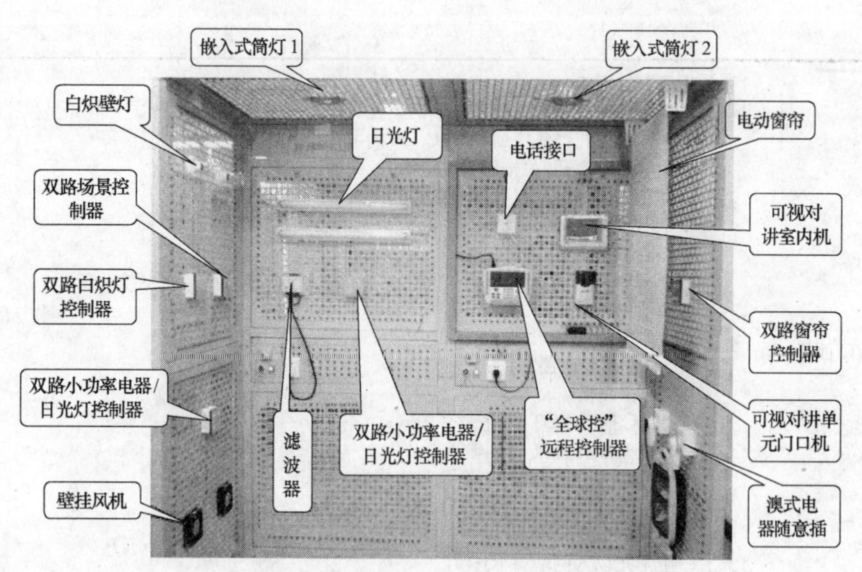

图 1-2　智能家居实训单元设备布置图

(3) 支持采用 Symbian V3/V5 为操作系统的手机，如诺基亚。

(4) 支持采用 Android 1.1/2.3.3 为操作系统的手机。

(5) 支持采用 Windows Mobile5.0/6.0 操作系统的手机，如三星、多普达、HTC 等。

(6) 支持采用 Windows 系列操作系统的计算机，如：Windows 98/2000/XP/NT/7。

(7) 支持 WS CE 5.0/6.0/6.5 等。

2. GSCS 全球同步控制系统组成

GSCS 全球同步控制系统主要由三部分组成，即无风扇式嵌入设备、嵌入式触摸屏和加密狗。

(1) 无风扇式嵌入设备

无风扇式嵌入设备如图 1-3 所示。

图 1-3　无风扇式嵌入设备示意图

无风扇式嵌入设备技术参数见表 1-1 所列。

无风扇式嵌入设备　　**表 1-1**

产品规格	Qutepc-2010
结构	无风扇设计，0.8 公升紧凑式结构
主机板/系统板	Intel® Atom N270 处理器；Intel® 945GSE＋ICH7-M.
内存	支持 DDR2 533 SODIMM 高达 2GB

续表

I/O 面板	正面 I/O 面板： 一个耳机插孔线：1×线外的电话插孔； 一个耳机插孔：MLC-LN/MLC-LN 的电话插孔×1； 一个电话电源开/关按钮：1×电源开/关的电话按钮； 一个复位按钮电话：1×的电话按钮重置；一个复位按钮； 一个电源 LED； 一个电源指示灯； 一个 HDD LED； 一个硬盘指示灯； 二个 USB 2.0； 一个 eSATA 连接器； I/O 的背面板； 一个 DC 插孔 FOT 直流 12V 输入； 一个直流插孔直流 12V 输入； 一个 CRT 及 DVL 输入 DVL-L 连接器； 一个 CRT 的多普勒计程仪连接器； 二个 USB2.0； 一个千兆以太网端口 RJ-45； 二个 DG9 连接串口； 二个 DG9 连接的 cmos 感光芯片
存储器	支持 1×2.5″SATA HDD 或 1 个内置 Compact Flash TypeⅡ插槽
电源	输入电压：100～240V，频率：50～60Hz 功率：30W，12V 直流电，2.5A
拓展插槽	无
温度/湿度	工作温度：0～40℃，0%～90%，非冷凝 存储：－20～80℃，0%～90%，非冷凝
尺寸	170mm×47mm×110mm（宽×高×深）
重量	1200g
安装	DIN 导轨安装

（2）嵌入式触摸屏

嵌入式触摸屏示意图如图 1-4 所示。

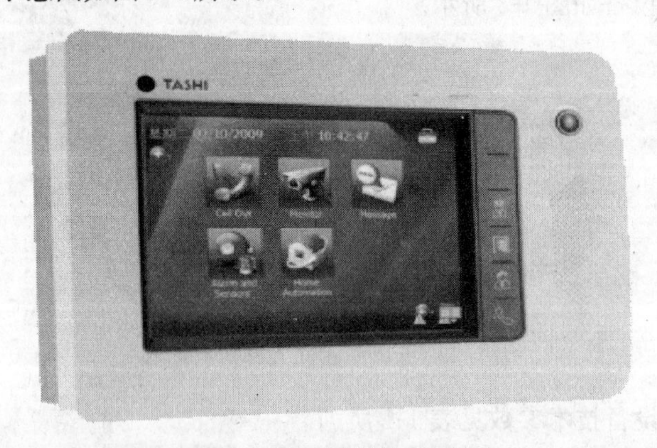

图 1-4　嵌入式触摸屏示意图

嵌入式触摸屏技术参数见表 1-2 所列。

嵌入式触摸屏具有如下功能特点：

1）强大而简易的二次开发平台，如图 1-5 所示。

嵌入式触摸屏 **表 1-2**

操作系统	Win CE 5.0	Relay	D1//DO×4 组
CPU	Intel Bulverde PXA 270CE 520 MHz	读卡模块	13.56MHz Mifare
SDRAM	128MB	电源供应	DC 12V/2A
Flash ROM	64MB	扩充接口	SD×1 USB×1 CF×1(for WLAN or WWAN)
显示屏幕	8″触控屏幕(640×480)		
按键	功能键×6	外观尺寸	203(*L*)mm×295(*W*)mm×43(*H*)mm
摄影镜头	200 万像素	软件开发工具	TASHI SDK API C#、VB、NET、C++
通信模块	Ethernet 支援 POE. RS232. RS485		

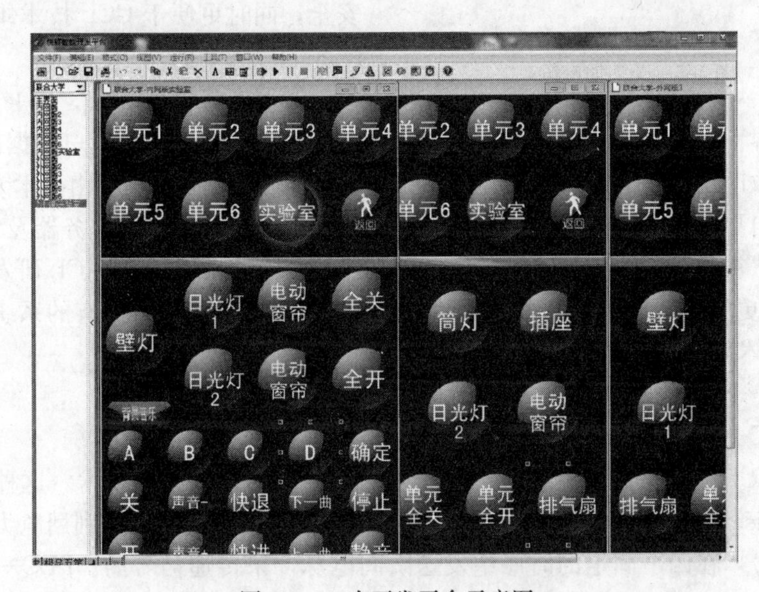

图 1-5 二次开发平台示意图

2）简易平台界面，如图 1-6 所示。

图 1-6 平台界面示意图

(3) 加密狗

天圣加密狗，如图 1-7 所示。

图 1-7 天圣加密狗

管理方式一：

程序由界面设计到编程再到调试，最后用户验收均由 CCL 核心数据管理中心进行用户数据的全方面安全管理，并通过签署具有法律效力的《用户隐私管理合同》，最大程度地保证了用户的个人隐私及家居安全，同时更便于 CCL 技术维护中心进行统一的系统维护。

管理方式二：

程序由界面设计到编程调试均由 CCL 核心数据管理中心进行用户数据的安全管理，并于用户验收时由用户最终手动配置唯一的用户安全信息，安全信息由技术人员指导并完全由用户亲自更改，信息经 MD5 加密后自动上传并更新至用户的服务器及终端设备上，相关数据无法被第三方获取及破解（包括 CCL 核心数据管理中心及 CCL 研发中心相关人员）；此方式更大程度地保证了用户的个人隐私及家居安全，此后所有的系统升级及维护均由 CCL 技术维护人员上门服务并亲自由客户授权。

3. PLC—BUS 电力载波系统概述

(1) PLC—BUS 电力载波系统

PLC—BUS 技术是近几年来新发展出来的一种电力载波通信技术。这种技术的英文名称叫做 Pulse Position Modulation（PPM）脉冲相位调制法。它是利用电力线的正弦波作为同步信号，在四个固定的时序中发送瞬间电脉冲来传递信号的。PLC—BUS 信号总的来说，是通过给一个电容先进行高压充电，然后在一个很精确的时间里将电容的电量释放到电力线上。正弦波形图如图 1-8 所示。这种快速的电容放电会在电力线上产生一个瞬间的能量脉冲，因而 PLC—BUS 接收器可以在很远的地方轻松接收 PLC—BUS 信号（就是因为这个电脉冲，PLC—BUS 信号可以传递得很远，PLC—BUS 信号在没有安装任何电器的办公环境下，每层楼大约 1000m^2，可以很轻松地传递到 30 层楼的任何一个角落。在安装了电器的办公环境下，每层楼大约 1000m^2，可以很轻松地传递到 15 层楼的任何一个角落。由于 PLC—BUS 的 PPM 通信方式的特殊性，PLC—BUS 的接收器可以很轻松简单地还原出 PLC—BUS 的编码）。

每半个 50Hz 的正弦波周期里可以传递一个 PLC—BUS 脉冲信号，PLC—BUS 脉冲

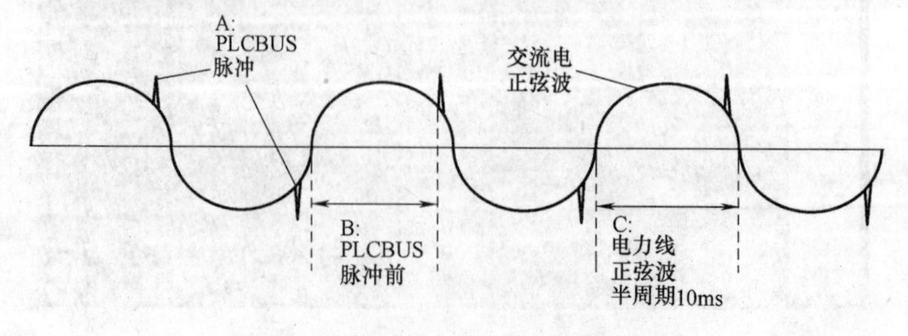

图 1-8 PLC—BUS 信号的正弦波形图

信号总是出现在半个正弦波周期里的四个固定位置中的一个位置。每个位置可以搭载两个比特的信息，因此在50Hz的电力线上，1s可以传输200比特的数据。PLC—BUS信号帧的载波位置正好处于电力线半波的后半个周期，因为后半个周期处于能量下降区域，在这个区域的电力线噪声要比前半个周期小很多（X_{10}处于前半个周期），并且PLC—BUS信号通过电力线过零点进行信号的同步，所谓过零点就是零线（N）和火线（L）相对电压为零的时候。

每一个PLC—BUS帧都会出现在那四个特定的位置，如图1-9所示。每个脉冲位置的时间间距是275μs，每个PLC—BUS脉冲都要准确地出现在这些位置的开始端，这样接收端才能准确地接收到每一个位置的脉冲信号。每一个脉冲位置可以被接收器准确地翻译成0、1、2、3。

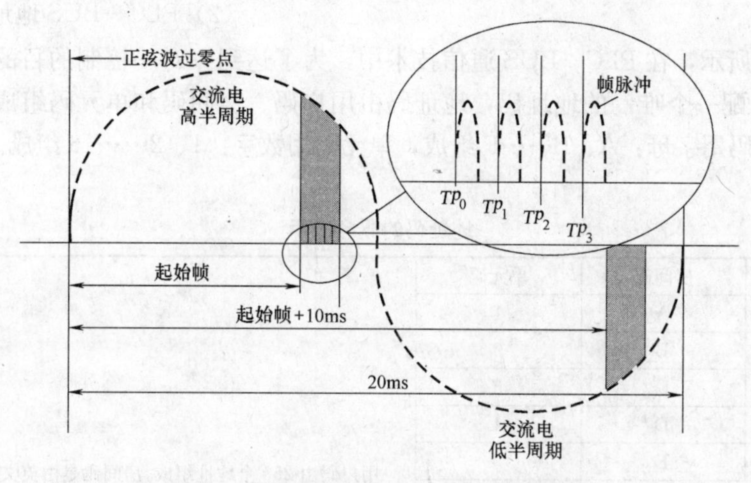

图1-9　PLC—BUS信号的载波周期波形图

上面说了很多有关帧、脉冲、相位、同步等物理层的技术，当然还有一些技术，比如：如何解调PLC—BUS信号，如何通过数字滤波和波形对比区分有用信号和电力线噪声。

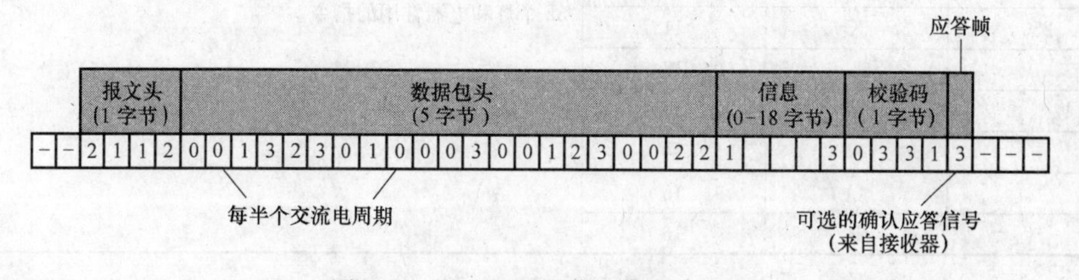

图1-10　PLC—BUS信息传递示意图

如图1-10所示，PLC—BUS协议每半个周期传递两个比特的信息，每四个PLC—BUS脉冲周期我们定义为一个PLC—BUS字节。每个PLC—BUS字节拥有八个比特的有用信息。这样我们就知道两个电力线全周期或者说是40ms时间，可以传送一个字节的PLC—BUS信息。

从图1-11中我们可以看到PLC—BUS信号的传输信息包的基本结构。PLC—BUS信号总是有2-1-1-2这样的字节开始作为START信号，我们称之为“起始字节”。起始字节

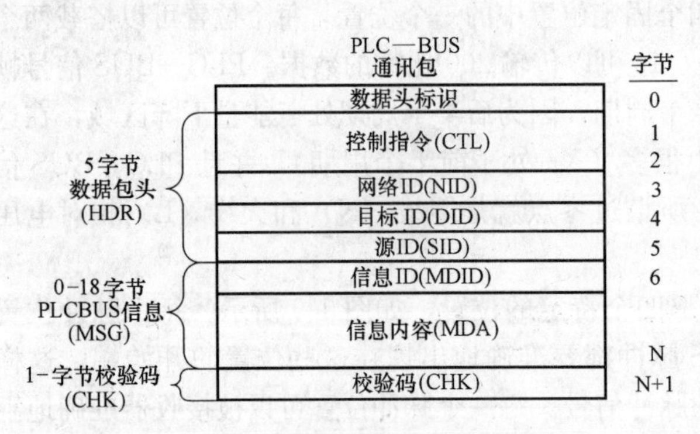

图 1-11 PLC—BUS 信号传输信息包的基本结构示意图

之后的五个字节我们称之为"Header"标题。标题字节里包含有许多基本信息，比如数据的长度、接收地址信息、发射器的信息、是否需要反馈等。在标题字节之后是 PLC—BUS 的数据字节，可以包含 0～18 个数据字节。用这些数据字节可以传递诸如灯光亮度、调光步长、信号质量等数据。最后一个字节是校验位，用于判断接收到的数据是否正确。

(2) PLC—BUS 地址码

如表 1-3 所示，在 PLC—BUS 通信技术中，为了达到一对一控制的目的，必须给每一个接收器分配一个唯一的地址码，地址码由用户码、房间码和单元码组成，用户码为 250 个，房间码用字母：A、B……P 组成，单元码用数字：1、2……16 组成。最多 64000 路地址可设。

地址码的概念表示　　表 1-3

用户码	房间码	单元码
1	A	1
2	B	2
3	C	3
4	D	4
·	E	5
·	F	6
·	G	7
·	H	8
·	I	9
·	J	10
250	K	11
	L	12
	M	13
	N	14
	O	15
	P	16

用户码由 250 个地址组成，房间码是由英文字母 A、B、C、D 到 P(16 个英文字母)组成，单元码由数字 1、2、3、4 到 16 组成，它们两两组合在一起就有了 256 种组合，比如 A1、B3、P16……。

16×16×250＝64000

总共有 6 万多个地址，最多可以控制 6.4 万台设备。

PLC—BUS 协议规定了开、关、全开、全关、调亮和调暗等 32 个灯和电器常用的指令

4. PLC—BUS 电力载波系统组成

PLC—BUS 电力载波系统主要由三部分组成，即发射器、接收器和系统配套设备。

(1) 发射器：主要作用是通过电力线发射 PLC—BUS 控制信号给接收器（如：PLC—BUS1141＋、PLC—BUS-R4206），通过对接收器的控制，从而达到间接控制灯及电器设备的目的。

(2) 接收器：主要作用是接收来自电力线的 PLC—BUS 控制信号（如：PLC—BUS-R 2221、PLC—BUS-R 3160），并执行相关控制命令，从而达到对灯及电器控制的目的。

(3) 系统配套设备：主要是为了配合发射器及接收器设备，辅助实现控制目的，例如：三相耦合器、信号转换器、信号强度分析仪、吸波器等。

5. PLC—BUS电力载波系统功能

PLC—BUS电力载波系统具有远程控制、定时控制、智能照明、家电控制等功能特点，各功能特点详细说明如下：

(1) 远程控制（GSCS系统）

1）电话远程控制器

在全球控远程控制器的集成上，用户可以通过电话拨通全球控的号码，按照语音提示进行灯光、窗帘、背景音乐的开启与关闭。在繁忙的工作与外出中，一个电话就能控制家里所有接入系统里的设备，能够很好地实现远程控制功能。在PLC—BUS的技术下，设备无需额外地添加传输线，只要通过电源线，再进行设备的编码，就能在家里任一角落安装控制面板，很方便地进行全方位的控制。并且施工简单，在已装修好的房屋里并不会破坏墙面，进一步降低系统安装的成本。系统的维护较为简单，设备接线方便，市电有时较不稳定，在线路中增加电源过滤器，能够很好地输出优质的电压电流，从而保护家用设备，提高系统的稳定性。

2）GSCS全球同步控制

GSCS是一套稳定性高、兼容性及扩展性强、操作简易的控制系统，也是一套个性非常强的人机操作系统，不但可以根据用户需求而定义控制设备或联动组合，还可以按用户的个人喜好定义人机操作界面。系统只需利用用户的智能手机（支持操作系统：WM5～6.5/CE5.0～CE6.0/iPhone1～4/Android1.5～2.3/SymbianS60_V3～V5）或个人PC加载控制软件，就可以实现全球同步控制家里任何一个家用电器设备（如：监控与防盗、电器与灯光、空调、家庭影院与背景音乐等的控制），当然GSCS控制系统少不了的是对所有的控制设备进行组合联动的自动控制（如：室内空调的温度/湿度、灯光的亮度等的自动调节），简单地说只要智能手机有手机信号的地方就可以实现对家电的控制，实现对远程的监控。操作界面如图1-12所示。

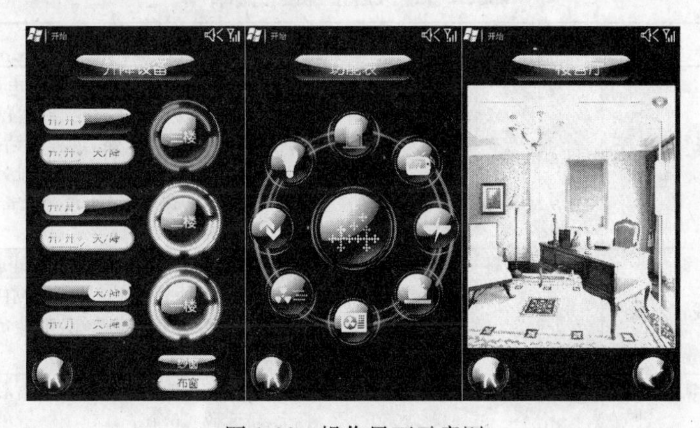

图1-12　操作界面示意图

(2) 定时控制

结合定时控制器，电动窗帘每天自动定时开关；遥控器轻松一按，窗帘可随意掌控。在早晨，当用户还在熟睡，卧室的窗帘会准时自动拉开，轻柔的音乐自动慢慢响起；当起床洗漱时，微波炉已开始烹饪早餐，可以马上享受营养早餐；餐毕不久，音响自动关机，提醒时间；轻按门厅口的“全关”键，所有的灯和电器全部熄灭，安防系统自动布防。当和家人外出旅游时，可设置主人在家的虚拟场景，这样小偷就不敢随意轻举妄动，起到一个震慑作用。可以方便地定制生活场景，定时开关灯和电器。

（3）智能照明

1）轻松替换：无论新装修户，还是已装修户，只要在普通面板中随意暗接超小模块，就能轻松实现智能照明，让生活增添更多亮丽色彩。

2）软启动功能：灯光的渐亮渐暗功能，能让眼睛免受灯光骤亮骤暗的刺激，同时还可以延长灯具的使用寿命。

3）调光功能：灯光的调亮调暗功能，能达到节能和环保的功能，同时可以设置场景模式。

4）亮度记忆：灯光亮度记忆的功能，使灯光更富人情味，让灯光充满变幻魔力。

5）全开全关：轻松实现灯和电器的一键全关和所有灯的一键紧急全开功能。

（4）家电控制

通过用电器随意插、红外伴侣、语音电话远程控制器等智能产品的随意组合，无需对现有普通家用电器进行改造，就能轻松实现对家用电器的定时控制、无线遥控、集中控制、电话远程控制、场景控制、电脑控制等多种智能控制。无需技术改造，普通家电就全面智能化升级。通过电脑，鼠标的轻松点击，就可实现所有灯光和电器的智能控制，功能更强大，控制更方便。

1.2 智能家居系统组成及设备介绍

1.2.1 智能家居系统组成

GSCS 智能家居系统设备组成见表 1-4 所列。

GSCS 智能家居系统设备清单 表 1-4

序号	名称	数量	单位	型号	参数
1	“全球控”远程控制器	6	台	PLC—BUS-T 5010	通信总线：PLC—BUS，额定电压：220V/50Hz，功耗：25W，中文菜单，数码管，看门狗防止程序死循环。集中控制：256 路，远程电话控制：256 路，场景控制：4 路，定时控制：16 个地址，16 个事件，双向通信：反馈成功执行信号、查询设备开关信号、查询灯光亮度
2	加密无线转发器	6	个	PLC-RF 4023	通信总线：PLC—BUS，额定电压：220V/50Hz，无线密码：16 个，发射频率：433MHz，静态功耗：1W，电器控制：1 个，额定电流：阻性负载：5A，电子变压负载：4A，感性负载：0.5A
3	四位超薄加密遥控器	6	个	PLC-RF 4060	额定电压：DC3V，发射频率：433kHz，房间码：16 个，单元码：16 个
4	双路场景控制器	6	个	PLC—BUS-R 4206	通信总线：PLC—BUS，额定电压：220V/50Hz，静态功耗：1W，地址码：16 个
5	双路白炽灯控制器	6	个	PLC—BUS-R 2221	通信总线：PLC—BUS，额定电压：220V/50Hz，静态功耗：1W，主地址码：1 个，场景地址码：16 个，额定电流：双路 1.8A

续表

序号	名　　称	数量	单位	型号	参　　数
6	双路小功率电器/日光灯控制器	6	个	PLC—BUS-R 2225H	通信总线：PLC—BUS，额定电压：220V/50Hz，静态功耗：1W，主地址码：1个，场景地址码：16个，额定电流：阻性负载：5A；电子变压负载：4A；感性负载：0.5A
7	单路窗帘控制器	6	个	PLC—BUS-R 3160H	通信总线：PLC—BUS，额定电压：220V/50Hz，静态功耗：1W，主地址码：1个，场景地址码：16个，控制方式：正/反转、连续/步进、其他（要求窗帘机械装置带左右限位）
8	滤波器	6	个	PLC—BUS 4821	220V/2μF
9	澳式电器随意插（2500W）	6	个	PLC—BUS-R 2027	控制一路三孔插座式电器，地址在线学习，响应全关指令，超级场景功能，一个主地址和16个场景地址（副地址）组成，双向通信功能，回馈状态；防干扰，信号模糊识别技术
10	白炽灯	12	个	220V	额定电压：220V/50Hz，功率：60W
11	日光灯	12	个	220V	额定电压：220V/50Hz，功率：3W
12	灯座	24	个	配套	与灯具配套
13	壁挂风机	12	个	220V	额定电压：220V/50Hz，功率：0.5W
14	壁挂暖炉	6	个	220V	额定电压：220V/50Hz，功率：0.5W
15	电动窗帘	6	套	220V	额定电压：220V/50Hz，最大负载：4.5kg
16	单位三插面板	24	个	标准	与86×86底盒配套
17	明装86底盒	48	个	标准	86×86
18	可视对讲分机	6	个	HY-152BVC K 05B	7″彩色触摸显示屏，人性化引导，简单易操作；外观灵动时尚，超薄机身，灵巧精致；悦耳的和弦铃声随君选择，给您听觉上的无限享受；具有紧急求助功能；可设置分机密码；可做数字社区用户终端使用；具有监视功能；具有占线提示功能；彩色可视对讲，具有免提通话功能；和弦铃声随意选择，给你听觉无限享受
19	可视对讲门口机	6	个	HY-171VC/4 05C	功能：实现与门口对讲及门禁系统的连接完成可视对讲及开关门的功能； 参数：7″TFT数字宽屏显示，双色按键
20	载波电脑通信接口	6	个	PLCBUS—T 1141	功能：实现通过电脑进行PLC—BUS指令的发送及接收；参数：可及时反馈灯及电器是否开关成功，可以随时查询灯及电器开关状态和在线地址，可实现对白炽灯调光及预设亮度调光，可以实现"一键场景"开启功能，可以DIY编程来随意编辑控制界面（产品配备应用软件）
				现场安装部分设备	
1	"全球控"远程控制器	1	台	PLC—BUS-T 5010	通信总线：PLC—BUS，额定电压：220V/50Hz，功耗：25W，中文菜单，数码管，看门狗防止程序死循环，集中控制：256路，远程电话控制：256路，场景控制：4路，定时控制：16个地址、16个事件，双向通信：反馈成功执行信号、查询设备开关信号、查询灯光亮度
2	双路白炽灯控制器	1	个	PLC—BUS-R 2221	通信总线：PLC—BUS，额定电压：220V/50Hz，静态功耗：1W，主地址码：1个，场景地址码：16个，额定电流：双路1.8A

续表

序号	名　称	数量	单位	型号	参　数
3	双路小功率电器/日光灯控制器	1	个	PLC—BUS-R 2225H	通信总线:PLC—BUS,额定电压:220V/50Hz,静态功耗:1W,主地址码:1个,场景地址码:16个,额定电流:阻性负载:5A;电子变压负载:4A;感性负载:0.5A
4	双路场景控制器	1	个	PLC—BUS-R 4206	通信总线:PLC—BUS,额定电压:220V/50Hz,静态功耗:1W,地址码:16个
5	单路窗帘控制器	2	个	PLC—BUS-R 3160H	通信总线:PLC—BUS,额定电压:220V/50Hz,静态功耗:1W,主地址码:1个,场景地址码:16个,控制方式:正/反转、连续/步进、其他(要求窗帘机械装置带左右限位)
6	电动窗帘	2	套	220V	额定电压:220V/50Hz,最大负载:4.5kg
7	吸顶式音箱	6	个	GSCD-S 903	额定电压:220V/50Hz
8	滤波器	1	个	PLC—BUS 4821	220V/2μF
9	可视对讲分机	1	个	HY-152BVCK 05B	功能:单键呼叫、彩色/黑白可视对讲;能串接在楼宇对讲系统中,安装在住户家门口;作为门口机使用;能与互通可视分机单独使用,作为带防区的独户型一对一;小门口机呼叫分机住户,提机通话时可以按开锁键以便控制门口的电控锁开启
10	可视对讲门口机	1	个	HY-171VC/4 05C	功能:实现与门口对讲及门禁系统的连接完成可视对讲及开关门的功能; 参数:7″TFT数字宽屏显示,双色按键
11	集中控制主机	1	个	GSC-C02	功能:其负责外网(移动控制分机及手机)接入控制服务器的功能; 参数:12V电源供电,尺寸为170(W)×110(D)×47(H),重量为1.2kg
12	载波电脑通信接口	2	个	PLC—BUS-T 1141	功能:实现通过电脑进行PLC—BUS指令的发送及接收
13	智能手机	1	个	SAMSUNG I9000	功能:实现智能手机全球控制电灯、家电、门窗;参数:支持操作系统:WM5~6.5/CE5.0~CE6.0/iPhone1~4/Android1.5~2.3/SymbianS60_V3~V5
14	智能手机客户端软件(编制+调试)	1	个	GSC-S01	功能:智能型移动电话,可加装GSCS控制系统;参数:Android2.2系统,4″电容式多点触控屏,480×800像素
15	无线路由器	1	个	WRT160N	功能:为满足家居室内移动设备室内免流量控制而进行全屋无线信号分布;参数:包含无线AP功能
16	背景音乐控制器(红外遥控)	1	个	GSCD-M 001B	适用电源:AC160V-AC250V、50~60Hz,输出功率:12W+12W(MAX)
17	学习型红外控制器	1	个	PLC—BUS Ⅱ-3012E	学习标准的38kHz红外指令,对空调进行控制可学习16路地址,每个地址可以学习两个红外指令即32条红外指令,也可分为4组。额定电压:220VAC±10%、50Hz,静态功率:<1W,遥控距离:≤7m,垂直仰角:±22.5°
18	编码器(高级信号分析仪)	1	个	PLC—BUS Ⅱ-4830E	综合了PLC—BUS协议的32条精简指令,综合了电力线中PLC—BUS信号的监听与记录功能、电力线噪声分析与记录功能、单三相发射器功能,以及ID查询、亮度预设、场景设置、灯光亮度变化率调整、接收器接收单元反馈测试等40多项功能于一体,是个十足的高级综合分析仪

1.2.2　智能家居系统设备

1. 双键日光灯控制器

双键日光灯控制器型号：PLC—BUSⅡ-R2225HE，实物图如图 1-13 所示。

图 1-13　双键日光灯控制器实物图

(1) 功能简介

1) 水晶面板，晶莹剔透，高贵品质，传世典藏。

2) 控制两路电器或日光灯，响应全关和可选设置全开指令。

3) 需零线，直接替换普通 86 式机械开关即可。

4) 超级场景功能，一个主地址和 16 个场景地址（副地址）组成。

5) 蓝色夜光，可选设置的强大夜光“炫舞”功能。

6) 双向通信功能，回馈状态；防干扰，信号模糊识别技术。

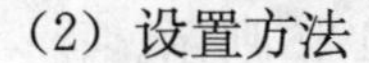

(2) 设置方法

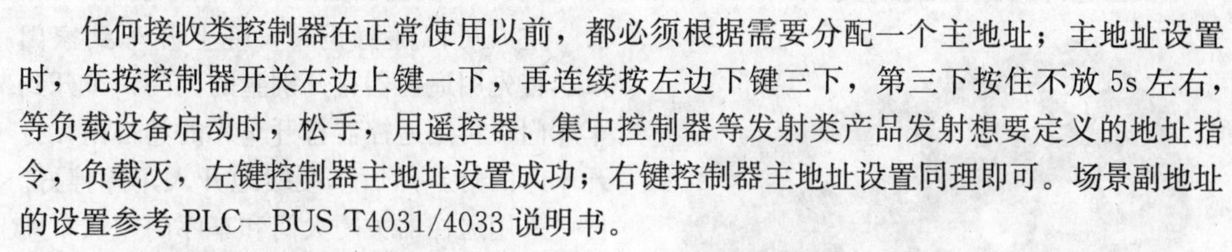

任何接收类控制器在正常使用以前，都必须根据需要分配一个主地址；主地址设置时，先按控制器开关左边上键一下，再连续按左边下键三下，第三下按住不放 5s 左右，等负载设备启动时，松手，用遥控器、集中控制器等发射类产品发射想要定义的地址指令，负载灭，左键控制器主地址设置成功；右键控制器主地址设置同理即可。场景副地址的设置参考 PLC—BUS T4031/4033 说明书。

2. “全球控”电话远程控制器

“全球控”电话远程控制器型号：PLC—BUSⅡ-T5010E，实物图如图 1-14 所示。

图 1-14　“全球控”电话远程控制器实物图

索博 PLC—BUS 5010“全球控”电话远程控制器，采用专业流线型外观设计，运用最先进的电力载波 PLC—BUS 技术，可电话远程、定时控制、集中控制 256 路灯或电器，随时反馈与查询灯或电器开关状态，甚至灯光亮度；可以实现上百种灯光和电器场景效果，力求简便操作、功能实用、尊贵典雅。

(1) 外观典雅

UNIVERSAL TELEPHONE CONTROL“全球控”电话远程控制器采用时尚流线型设计，简约大方，金属质感，不失为家居装饰的智慧之选；设有紧急断电备用电源，桌面摆放与墙上悬挂双重安装选择。

(2) 远程控制

可以在世界任何地方用电话或手机远程控制家里所有灯或电器。最重要的是，所有“操作已成功”电话语音反馈都是真正的指令操作成功的反馈，由 PLC—BUS 双向通信功能所决定的。

(3) 定时控制

可以设定16个不同的时间点，每个时间点最多可以同时启动16个不同的地址事件，让生活更津津有条，而又不失变化；早晨窗帘准时自动拉开，温暖的阳光轻洒入室，轻柔的音乐慢慢响起，当您起床洗漱时，微波炉（电饭煲）已开始为您烹饪早餐，您就可以马上享受营养早餐啦。当您和家人外出旅游时，可设置主人在家的虚拟场景，这样小偷就不敢随意轻举妄动。

(4) 集中控制

比宾馆床头柜集中控制器小几十倍，使用更方便，而且更智能的256路灯或电器的集中控制功能，轻松集中控制家里的所有灯和电器，睡觉或者出门前，只要按一下全关按键，所有灯和电器就全部关掉；可以随时查询整间屋子灯或电器的开关状态，随时查询每一路灯的亮度，无需为是否真正操作成功而烦恼。

(5) 场景控制

可以设置4路每路最多16个非连续地址依次开启的场景。手指轻触间，场景自由切换，亮度随心情而舞动。

3. 四位超薄加密遥控器

四位超薄加密遥控器型号：PLC—BUSⅡ-RF4060E，实物图如图1-15所示。

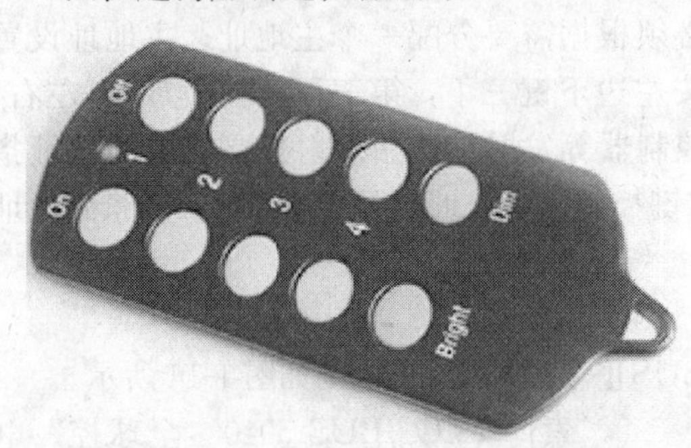

图1-15 四位超薄加密遥控器实物图

主人可以随身携带，晚上开车到家门口，首先用遥控器打开别墅的大门，车开到车库门口再用遥控器打开车库的卷帘门，打开车库的灯，然后车缓缓地开入车库停好。再一一用遥控器关闭大门和车库门，从车库步入家门，用遥控器打开玄关或门灯，用不着再摸黑进家了，用遥控器关闭车库的灯。最后，把遥控器揣入口袋或钥匙扣上。

(1) 功能简介

1) 可遥控4路灯或电器的开关。

2) 若控制白炽灯，实现100级调光。

3) 信号加密发射，防止互相干扰。

(2) 设置方法

在使用以前，首先要到系统中的无线转发器那里学习注册一下，这样遥控信号就能通过无线转发器转发成PLC—BUS信号，用电力线传播给相应的接收器，接收器就会根据指令执行相应的操作命令。

4. 三相阻波伴侣

PLC—BUS-4821E型三相阻波伴侣，用于吸收电力环境噪声干扰，净化电力线，保证PLC—BUS载波信号传输功率和系统稳定性。

三相阻波伴侣接线示意图，如图1-16所示。

5. 澳式无线加密转发器

澳式无线加密转发器型号：PLC—BUSⅡ-RF4023E，实物图如图1-17所示。

无线转发器插在房子中央位置的插座上，一般一套商品房只需一个转发器，别墅需

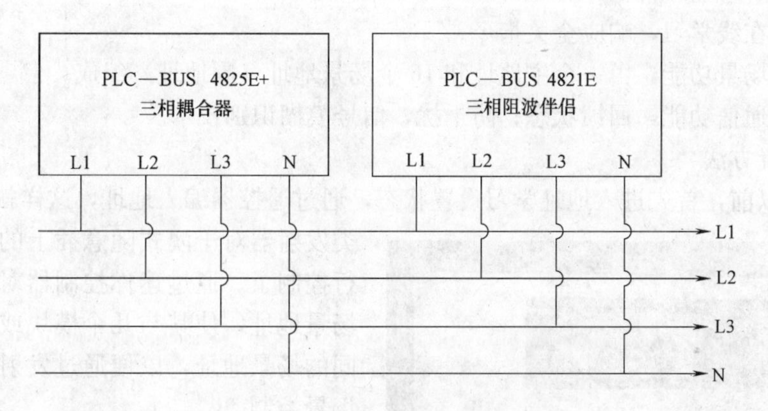

图 1-16 三相阻波伴侣接线示意图

2～3 个转发器。

（1）功能简介

1）加密技术设计，可学习 16 个不同遥控器的无线密码。

2）将遥控器加密无线射频信号翻译成 PLC—BUS 电力载波信号。

3）载波控制一路灯或电器。

4）信号加密接收，防止互相干扰。

（2）设置方法

在使用以前，首先要到系统中的无线转发器那里学习注册一下，这样遥控信号就能通过无线转发器转发成 PLC—BUS 信号，用电力线传播给相应的接收器，接收器就会根据指令执行相应的操作命令。

6. 澳式电器随意插（2500W）

澳式电器随意插型号：PLCBUSⅡ-P2027，实物图如图 1-18 所示。

控制一路澳式三脚插座的电器开关，如：浴霸、电热水器等电器。

图 1-17 澳式无线加密转发器实物图

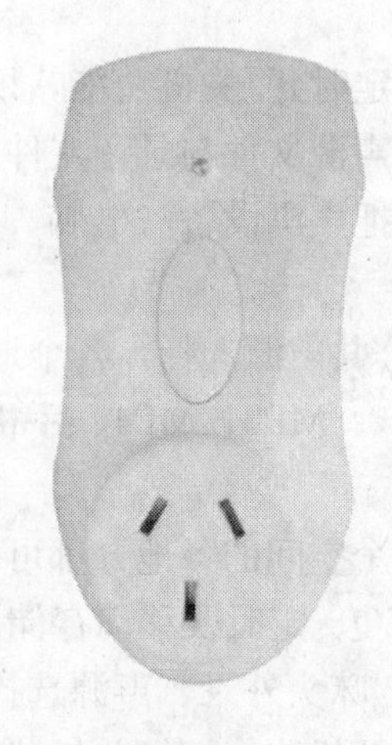

图 1-18 澳式电器随意插（2500W）实物图

（1）功能简介

1）控制一路三孔插座式电器。

2）地址在线学习，响应全关指令。

3）超级场景功能，由一个主地址和16个场景地址（副地址）组成。

4）双向通信功能，回馈状态；防干扰，信号模糊识别技术。

（2）设置方法

在使用以前，首先进入地址学习设置状态，通过遥控器编入地址，这样就可以通过各类发射器对于澳式随意插上的电器开关进行控制了。通过迷你控制器对随意插编辑场景地址，使其与几个模块或随意插是相同的场景地址，以便通过发射器实现各类场景控制。

图1-19 背景音乐控制器实物图

7. 背景音乐控制器（红外遥控）

背景音乐控制器型号：GSCD-M001B，实物图如图1-19所示。

（1）产品参数

1）适用电源：AC160V～AC250V，50～60Hz；

2）输出功率：12W＋12W（MAX）；

3）输出阻抗：4～8Ω；

4）总谐波失真：0.03％（1W，1kHz，4Ω）；

5）频率响应：20Hz～20kHz；

6）输入阻抗：47kΩ；

7）FM收音机接收频率范围108kHz～88MHz。

（2）产品特点

1）高品质液晶显示屏，三按键菜单控制操作便捷。待机显示年/月/日/星期/时间，一机多用。

2）二档定时开/关机功能，DIY个性闹铃（闹铃声源可选外部声源、U盘、SD卡、FM、COPY声源文件与录音文件），只要是您想得到的语音都可以作闹铃声源。

3）只需把声源设备（电脑、电视、DVD、FM等）直接输入本系统，即可共享美妙音乐。

带2路公共声源选择，各个地方都可以独立输入移动存储设备（U盘、SD卡、迷你SD、MMC卡、MP3、MP4、手机等）自带的音乐，移动设备无需打开电源即可自动播放美妙音乐。

4）在一个空间的各地方都可以用音乐控制器面板上的按键或使用遥控器单独调节音量、静音、EQ、定时及移动存储设备播放音乐的上下曲、多种播放模式、收音、录音、声源COPY、咪头外录、声源选择等功能。

5）每次开机均能记忆关机状态，包括MP3歌曲、音量、平衡、声源等。

6）无需专门配置功放，每个音乐点已具备高度集成的独立功放设备。每个音乐点可构成独立音乐回放系统，还可以外接有源低音炮，音乐回放保真度高，低频效果好。

8. 学习型红外控制器

学习型红外控制器型号：PLC—BUS　Ⅱ-3012E，实物图如图 1-20 所示。

图 1-20　学习型红外控制器实物图

(1) 产品参数

1) 学习标准的 38～45kHz 红外指令；

2) 对空调进行控制，可学习 16 路地址；

3) 每个地址可以学习两个红外指令即 32 条红外指令，也可分为 4 组。

(2) 技术规格

1) 额定电压：220VAC±10％，50Hz；

2) 静态功率：＜1W；

3) 遥控距离：≤7m；

4) 垂直仰角：±22.5°。

(3) 指令删除方法

按设置键 5s 红绿灯闪烁一次，松开按键后两个灯一直闪烁，进入学习方式。用迷你控制器发出想要删除的地址，此时红绿灯交替闪烁两次，然后红灯常亮，按一下设置键即可删除红灯下所代表的红外指令，然后绿灯常亮，再按设置键即可删除绿灯所代表的红外指令。删除其他红外指令方法同上。内存清除方法，按住学习键不放，红绿灯同时闪烁一下，仍不放，直到绿灯长亮，清除完成。

(4) 使用方法

遥控控制：例如在学习时写入一条 A1 地址，则当用迷你控制器发一条 A1 开时，红灯闪烁一次同时发射红灯所代表的红外指令，发 A1 关时，绿灯闪烁一次同时发射绿灯所代表的红外指令。

本地控制：按一下设置键，红灯先亮一下，同时发出学习时红灯所代表的红外指令，再按一次，绿灯亮一下，同时发出学习时绿灯所代表的红外指令（本地控制：按设置键时只能发射第一次学习的两个红外指令）。

(5) 适用范围

本设备适用于发射频率为 38kHz 的红外遥控器信号。最长支持 250ms 的指令长度。其他遥控器无法适用本产品。

在学习红外指令时，如发现绿灯闪烁，表明学习不成功，须重新学习，如连续三次仍学习不成功，请清除内存，然后再重新学习。

9. 载波电脑接口

载波电脑接口型号：PLC—BUS-T 1141，实物图如图 1-21 所示。

图 1-21　PLC—BUS-T 1141 载波电脑接口实物图

(1) 功能特点

在上网、玩游戏、听音乐的时候，可以通过载波电脑接口软件控制界面，实现对室内所有灯及电器的一对一开关控制、白炽灯调光控制、全开全关以及“一键场景”开启效果；并可及时反馈灯及电器是否开关成功，并可随时查询灯及电器开关状态和在线被控设备接收器的具体地址及数量。还可以根据个人情况，用软件编程源代码，编程更多个性界面与个性功能的梦想，具体如下：

1) 通过电脑能够控制 256 路灯或电器的开、关、全开、全关。

2) 并可及时反馈灯及电器是否开关成功。

3) 可以随时查询灯及电器开关状态和在线地址。

4) 可实现对白炽灯调光及预设亮度调光。

5) 可以实现“一键场景”开启功能。

6) 可以 DIY 编程来随意编辑控制界面（产品配备应用软件）。

(2) 安装方法

将 1141 载波电脑接口的 USB 接口插在电脑主机的 USB 接口上，然后把另一端插在被控制系统的三孔插座上即可。安装光盘上自带的控制软件，设置端口，LED 电源灯亮，表示安装成功。

10. 数字化家居智能终端 05B 款分机

实物图如图 1-22 所示。

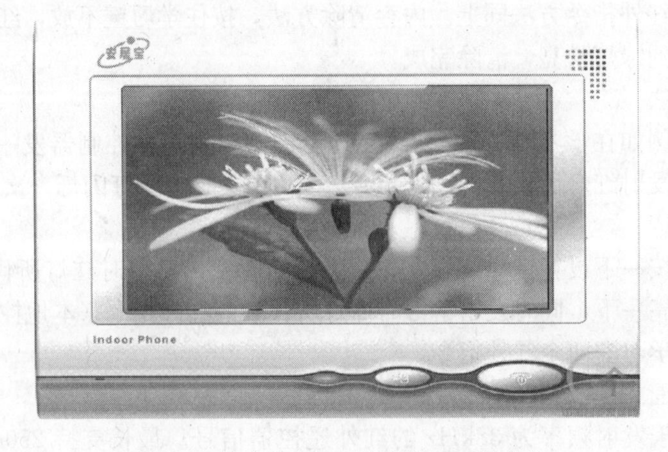

图 1-22　数字化家居智能终端 05B 款分机

功能特点：

(1) 7″彩色触摸显示屏，人性化引导，简单易操作。

(2) 外观灵动时尚，超薄机身，灵巧精致。

(3) 悦耳的和弦铃声随君选择，给您听觉上的无限享受。

(4) 具有紧急求助功能。

(5) 可设置分机密码。

(6) 可作数字社区用户终端使用。

(7) 具有监视功能。

(8) 具有占线提示功能。

(9) 彩色可视对讲，具有免提通话功能。

(10) 和弦铃声随意选择，给你听觉无限享受。

11. 单元门口机

单元门口机型号：HY-171VC/405C，实物图如图 1-23 所示。

图 1-23 单元门口机实物图

(1) 功能特点

1) 内置摄像头，不论白天黑夜均可摄取清晰画面。

2) 悦耳铃声，待命电流为零，省电。

3) 具有单键呼叫功能。

4) 外形小巧、安装方便。

(2) 技术参数

1) 摄像头：1/3″CCD 摄像头；

2) 工作电压：DC13.8V±5%；

3) 工作电流：静态电流 0mA；

4) 动态电流≤150mA（非可视小门口机）；

5) 动态电流≤350mA（可视小门口机）；

6) 音频输出不失真功率：主呼通道≥5mW；

7) 应答通道≥100mW；

8) 扫描频率：25～50Hz；

9) 最低照度：0.2lx；

10) 最高照度：4500lx；

11) 视频输出：1～3Vp-p 75Ω；

12) 环境温度：－28～＋72℃；

13) 环境相对湿度：45%～95%；

14) 外形尺寸：90mm × 143mm × 33mm（宽×高×厚）。

12. 高级信号分析仪

高级信号分析仪型号：PLC—BUSⅡ-4830E，实物图如图 1-24 所示。

图 1-24 高级信号分析仪实物图

功能特点：

(1) 综合了 PLC—BUS 协议的 32 条精简指令。

(2) 综合了电力线中 PLC—BUS 信号的监听与记录功能。

(3) 综合了电力线噪声分析与记录功能。

(4) 综合了单三相发射器功能。

(5) 综合了 ID 查询、亮度预设、场景设置、灯光亮度变化率调整、接收器接收单元反馈测试等 40 多项功能于一体，是个十足的高级综合分析仪。

1.3 智能家居系统功能

智能家居系统具有智能照明控制、电动窗帘控制、背景音乐控制、门禁对讲、大功率设备控制等功能，以下对其各功能进行详细的说明。

1.3.1 智能照明控制系统

(1) 灵活的可编程控制功能。降压限压幅度、开关灯时间任意设定。

(2) 控制模式有时控、光控、手动控制、上位机远程控制及根据使用地点的经纬度自动控制。

(3) 软启动、软过渡、软关闭功能，防止过电压及冷启动大电流对灯具的冲击，大幅度减少灯具的损毁率。对钠灯、汞灯等灯具设有可调的全压预热启动时间，灯具能更充分地预热，平稳过渡到正常工作状态。

(4) 能实现全夜灯及半夜灯控制，且有后半夜再降压调流功能，节能效果更加理想。

(5) 完善的再启动功能，当负载故障、外部供电故障结束后，能自动重新点燃灯具。

(6) 三相开关灯时间及输出电压可独立调节，可接不平衡及不同类型的负载。

(7) 可编程的检修模式，便于照明系统检修、维护和灯具更换。

(8) 预留一组受时钟控制的常开接点以实现特殊控制。接点容量为 7A/250VAC。

1.3.2 电动窗帘控制系统

(1) 定时控制：即在主控器上设置好开关时间，清晨拉开时间到了，窗帘徐徐拉开，傍晚关闭时间到了，窗帘自动关闭。临时拉开或者关闭，只需使用遥控器，轻轻按一下“打开”或者“关闭”按键即可。

(2) 无线控制：半自动手动控制是在打开或关闭窗帘的时候，只需按一下“正转”或“反转”按键后，窗帘到位自动停止，亦可随时按“停止键”，窗帘自动停止。

(3) 智能化联动控制：窗帘的打开或者关闭是主控制器通过测试环境亮度完成的自动控制，“天黑关闭，天亮打开”具有智能管理的方式，或在智能系统界面按下影院模式时，窗帘也会联动关闭，不产生误动作。

(4) 红外控制：使用红外遥控器直接控制窗帘的拉开或者关闭。因为控制是通过人工完成，即控制执行电机正转、反转和停。

1.3.3 背景音乐控制系统

(1) 液晶屏幕，菜单控制。

(2) 时钟显示：可以方便看时间。

(3) 三档定时：三档定时开/关机功能，定时精确到秒，告别闹钟叫您起床的时代。

(4) 内置 MP3 处理芯片组：支持带 USB 端口的移动存储设备下载的最新、最 IN 的音乐。

(5) 多路音源输入，满足个性需求：CD、FM、计算机等均可作为音源直接输入。

(6) 具有6.32级调音，适合不同环境：高音恬美，中音精确，低频雄浑，音质圆润细腻。

(7) 全功能状态记忆，软启动功能更具人性化。

(8) 数字功放：日本进口数字功放，音质更加纯净，品质值得信赖。

(9) 全功能红外遥控：该睡觉了还要起床关机吗？有了红外遥控功能，让您轻松控制。

(10) 网口连接：产品间走线简单方便，不会影响音质的传输。

(11) 精美外观：简洁设计，纯白材质，高贵典雅，微凸起按键符合人体工程学原理，舒适手感。

(12) 安装调试，便捷简单：即插即用式简单连线方式，同色插拔接口使门外汉都能顺利安装。

1.3.4 门禁对讲系统

(1) 分机与主机、管理机或分机与分机之间双向通话。

(2) 分机与主机通话时可遥控主机开锁。

(3) 自带八防区报警功能。

(4) 能输入和修改密码，并且使用密码可在门口机上密码开锁和撤防。

(5) 能外接可视/非可视小门口机，或者外接门铃按钮，使分机兼有单纯门铃功能。

(6) 具有动听的和弦音振铃选择。

(7) 住户持非接触卡在门口机上刷卡开锁的同时，能对分机进行撤防。

(8) 管理中心计算机与管理机可接收分机各防区报警信息。

(9) 管理中心计算机能查询分机防区状态。

(10) 分机可查询信息和访客图像功能。

(11) 分机可遥控主机镜头转动功能。

1.3.5 取暖器

豪华电取暖器，是吸取国内外先进产品的特点，精心设计而成。具有造型美观、热效率高、热感应快和热量集中、品种多样、无污染之优点。适用局部空间加热和取暖，是办公人员、家庭取暖的理想工具，深受广大用户的欢迎。

1.4 智能家居系统实训内容

1.4.1 PLC—BUS产品安装调试流程图

PLC—BUS智能家居系统产品安装调试流程图如图1-25所示。

智能家居系统实施包括现场勘察、设备安装、地址码设置、用户软件编辑（确定UI风格）、实际PLC—BUS产品设置操作等流程。

1. 现场勘察

了解实施现场电力环境（单相或三相），如图1-26所示。

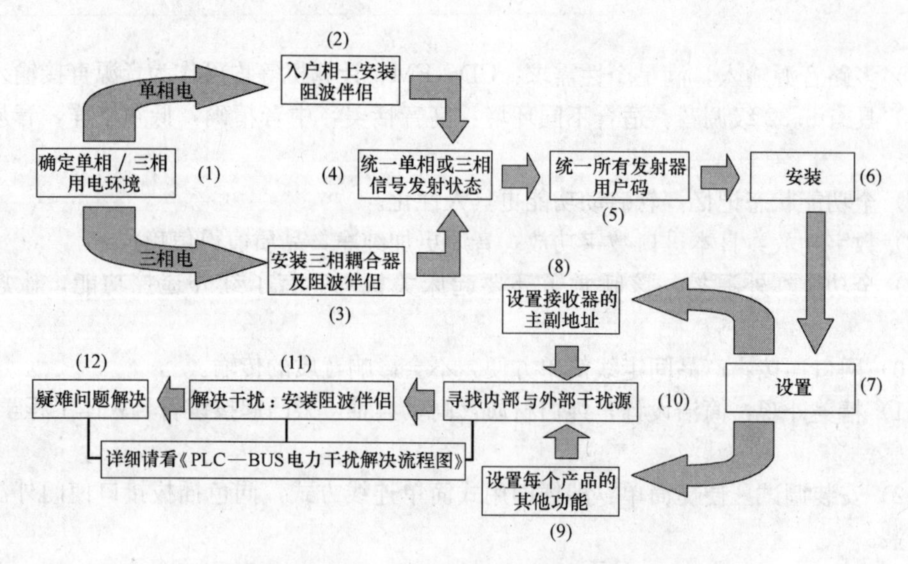

图 1-25　PLC—BUS 产品安装调试流程图

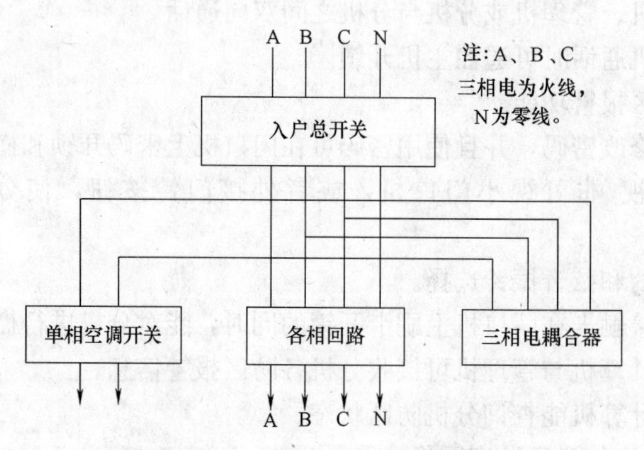

图 1-26　现场电力环境示意图

了解的内容有：

(1) 了解网络应用方式（是静态 IP 或是动态 IP）；

(2) 现场受控设备布置及系统图；

(3) 平面布置图与竣工图：智能家居实训单元正面设备布置图（图号：BJ-07）链接；

(4) 原理图与竣工图：实训单元部分智能家居系统原理图（图号：BJ-09）链接；

(5) 确定受控点位名称及数量（项目安装产品清单）；

(6) 区域编码规划。

2. 设备接线安装

开关式产品：N 接零线，L 接火线，1、2 分别接负载即可。

模块式产品：INN 及 OUT 处分别接输入端零线及火线；OUTN 及 OUT 处分别接输出端零线及火线。

随意插式产品：把产品插入相应的位置接通电源即可。

3. 地址码表及地址码设置

某大学智能家居实训系统地址码表见表 1-5 所列。

智能家居实训系统地址码表 **表 1-5**

某大学智能家居系统地址码表					
一单元 D2 码	壁灯开关	A01	二单元 D3 码	壁灯开关	B01
	筒灯开关	A02		筒灯开关	B02
	排气扇 1 开关	A03		排气扇 1 开关	B03
	排气扇 2 开关	A04		排气扇 2 开关	B04
	日光灯 1 开关	A05		日光灯 1 开关	B05
	日光灯 2 开关	A06		日光灯 2 开关	B06
	电动窗帘开关	A07		电动窗帘开关	B07
	插座开关	A08		插座开关	B08
一单元场景开关	一单元全开全关	P01	二单元场景开关	二单元全开全关	P02
	一单元窗帘开关	A07		二单元窗帘开关	B07
	排气扇开关	J01		排气扇开关	J02
	插座开关	A08		插座开关	B08
一单元遥控	壁灯开关	A01	二单元遥控	壁灯开关	B01
	筒灯开关	A02		筒灯开关	B02
	排气扇 1 开关	A03		排气扇 1 开关	B03
	排气扇 2 开关	A04		排气扇 2 开关	B04
三单元 D4 码	壁灯开关	C01	四单元 D5 码	壁灯开关	D01
	筒灯开关	C02		筒灯开关	D02
	排气扇 1 开关	C03		排气扇 1 开关	D03
	排气扇 2 开关	C04		排气扇 2 开关	D04
	日光灯 1 开关	C05		日光灯 1 开关	D05
	日光灯 2 开关	C06		日光灯 2 开关	D06
	电动窗帘开关	C07		电动窗帘开关	D07
	插座开关	C08		插座开关	D08
三单元场景开关	三单元全开全关	P03	四单元场景开关	四单元全开全关	P04
	三单元窗帘开关	C07		四单元窗帘开关	D07
	排气扇开关	J03		排气扇开关	J04
	插座开关	C08		插座开关	D08
三单元遥控	壁灯开关	B01	四单元遥控	壁灯开关	D01
	筒灯开关	B02		筒灯开关	D02
	排气扇 1 开关	B03		排气扇 1 开关	D03
	排气扇 2 开关	B04		排气扇 2 开关	D04
五单元 D6 码	壁灯开关	E01	六单元 D7 码	壁灯开关	F01
	筒灯开关	E02		筒灯开关	F02
	排气扇 1 开关	E03		排气扇 1 开关	F03

续表

某大学智能家居系统地址码表

五单元D6码	排气扇2开关	E04	六单元D7码	排气扇2开关	F04
	日光灯1开关	E05		日光灯1开关	F05
	日光灯2开关	E06		日光灯2开关	F06
	电动窗帘开关	E07		电动窗帘开关	F07
	插座开关	E08		插座开关	F08
五单元场景开关	五单元全开全关	P05	六单元场景开关	六单元全开全关	P06
	五单元窗帘开关	E07		六单元窗帘开关	F07
	排气扇开关	J05		排气扇开关	J06
	插座开关	E08		插座开关	F08
五单元遥控	壁灯开关	E01	六单元遥控	壁灯开关	F01
	筒灯开关	E02		筒灯开关	F02
	排气扇1开关	E03		排气扇1开关	F03
	排气扇2开关	E04		排气扇2开关	F04
实验室	日光灯1开关	G01	背景音乐	开关	H01
	日光灯2开关	G02		静音	H02
	壁灯开关	G03		快进快退	H03
	窗帘1	G04		声音加减	H04
	窗帘2	G05		上一曲下一曲	H05
				停止	H06
实验室场景开关	壁灯全开全关	I01		A	H07
	窗帘全开全关	I02		B	H08
	日光灯全开全关	I03		C	H09
	现场全开全关	P07		D	H10
				确定	H11

地址码的设置：

根据客户需要设置每一个接收器类产品地址码，设置地址码的意义：主要为了区分每个控制单元。

地址码＝房间码（HOUSE CODE)＋单元码（UNIT CODE)

房间码用字母：A、B、C、D……O、P来表示。

单元码用数字：1、2、3、4……15、16来表示。

地址码举例：A1、A5、C8、G14、F16等。

设置地址码步骤如下：先让接收器产品进入设置状态，开关外观类接收器进入设置状态方法：上键按一下，下键连按三下，第三下按住不放5s左右，直至相接的相应灯或电器启动后松手。

4. 用户软件编辑（确定UI风格）

组织软、硬件安装及调试。

（1）接线：把所有产品成本都安装上并接上电力线。

（2）设置：给每个接收器类 PLC—BUS 类产品设置好地址码并设置功能。

（3）调试：安装入户式阻波器，找出系统干扰源并安装相应阻波设备。

5. 实际 PLC—BUS 产品设置操作

为了更好地完成系统的实验实训，首先对 PLC—BUS 系统设计中的一些基本概念进行认识，整理归纳如下：

索博智能家居采用最新的电力载波技术——PLC—BUS。运用电力载波技术的智能家居产品安装是很简单的。首先了解一下载波智能家居系统原理图，如图 1-27、图 1-28 所示。从图上可以看出该系统很简洁，主要就是发射和接收两部分。现在就这两部分的安装作一个详细的说明。

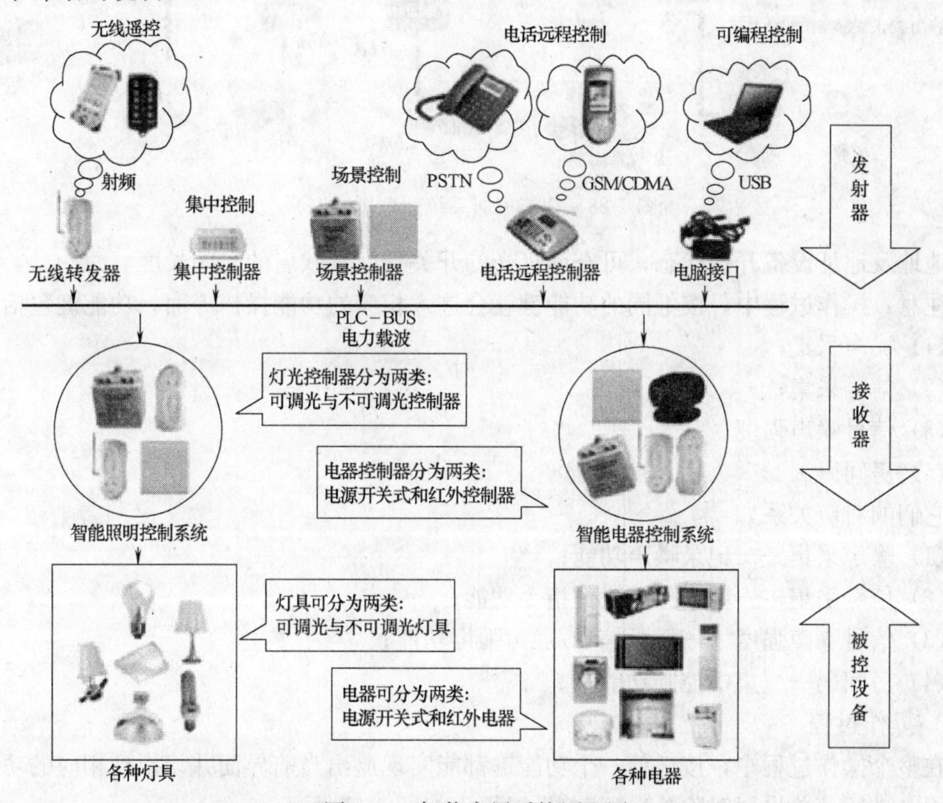

图 1-27　智能家居系统原理图

1.4.2　编码器的使用与设置

1. PLC—BUS-4830　多功能信号分析仪主要提供以下几大功能：

（1）显示信号/噪声强度功能：实时显示 PLC—BUS 信号强度及噪声强度。

（2）记录噪声功能：分频采集并记录噪声强度。

（3）记录分析操作指令功能：记录和显示 PL—CBUS 具体操作指令（房间码、单元码、开关指令等）。

（4）集中控制功能：集中控制 256 路灯或电器的开关、全开、全关及白炽灯的调光控制功能。

（5）双向通信功能：发送控制信号，即时反馈命令执行成功的信号；可查询反馈系统

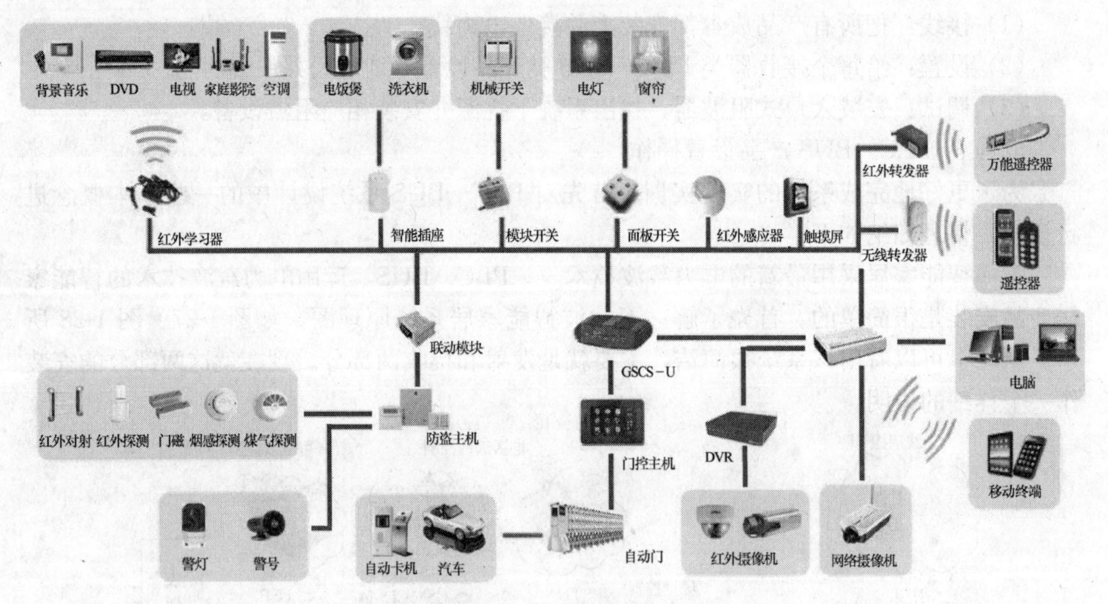

图 1-28 智能家居系统原理图（二）

所有地址及地址设备开关状态；可查询灯光的开关亮度及软启的时间长度。

注意：操作过程中，按不同的功能键就会进入相应的功能操作界面，功能键包括：

（1）噪声采集；

（2）信号采集；

（3）信号噪声强度；

（4）房间码。

它们的对应关系如：

（1）噪声采集——记录噪声功能；

（2）信号采集——记录分析操作指令功能；

（3）信号噪声强度——显示信号/噪声强度功能；

（4）房间码——集中控制功能。

2. 操作过程

在整个操作过程中，按任何一个功能键都能实现退出当前界面并切换到相应的功能操作界面（进行菜单设置时除外）。菜单设置界面如图 1-29 所示。

初始上电或长按“重启键”5s，显示屏显示如步骤 1，2s 以后显示屏显示如步骤 2 所示，再过 2s 以后显示如步骤 3 所示。

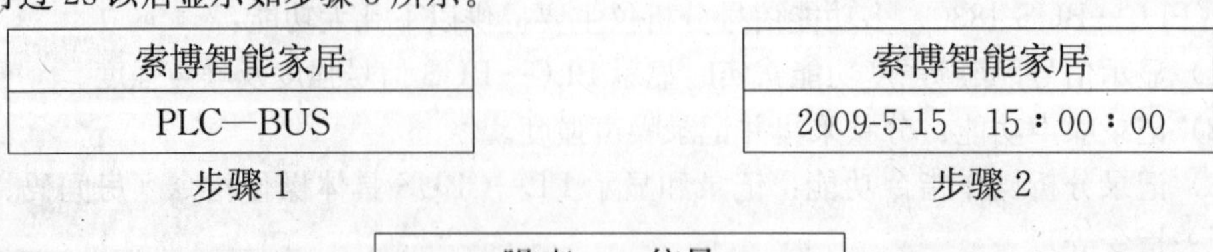

步骤 1

步骤 2

步骤 3

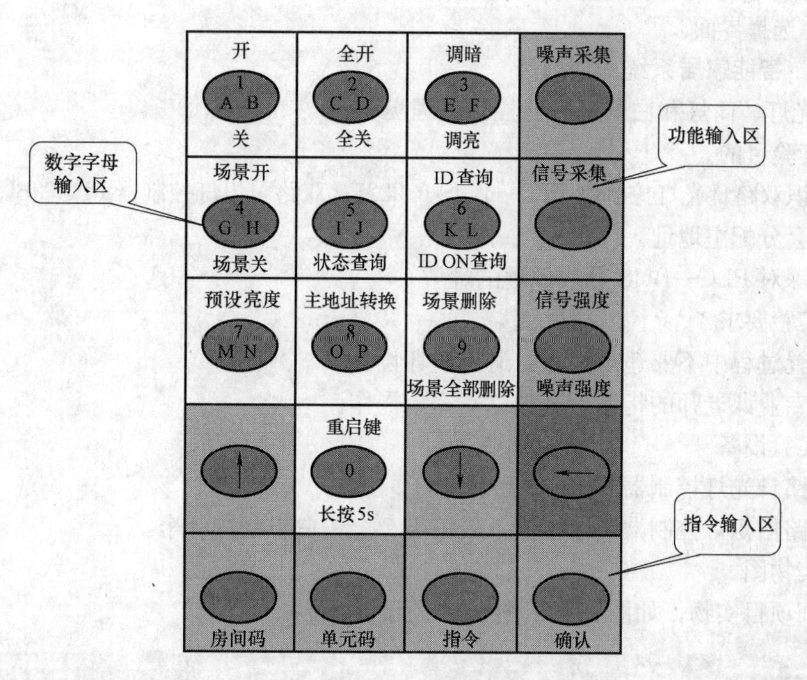

图 1-29　菜单设置界面

在这 4s 内可按下“—”键，进入菜单模式。在菜单模式下可以选择设置用户码，设置单三相电，设置时钟。菜单目录如步骤 4 所示。

1. 设置用户码
2. 设置单三相
3. 设置时钟
4. 退出

步骤 4

选择步骤 4 第 1 条对应显示屏的“设置用户码”则进入用户码设置模式，如步骤 5 所示。

1. 手动设置
2. 自动学习

步骤 5

选择步骤 5 第 1 条对应显示屏的“手动设置”可设置 4830 的用户码，如步骤 6 所示。

用户码：000-250
D-???（H-　）

步骤 6

按照界面提示输入 000～250 之间任一十进制数（比如 003），输入完成后括号内会自动以对应的十六进制数显示，按红色退格键可修改设置，按确认键，设置成功并自动退出并返回到步骤 4 菜单选择界面：如果放弃设置，按任一功能键可直接退出并返回到步骤 4

所示的菜单选择界面。

1.4.3 智能家居系统实训项目

1. 日光灯、筒灯和白炽灯智能控制工程实训

(1) 实验目的

1) 认识双路日光灯控制器 PLC—BUS-R 2225；双路白炽灯控制器 PLC—BUS-R 2221。

2) 学会分配主地址。

3) 加深对 PLC—BUS 总线原理的理解。

(2) 实验要求

1) 设置过程中不要违规操作，避免损坏设备。

2) 在专业课老师的指导下（独立）完成操作。

(3) 实验设备

1) 双路日光灯控制器 1 个；2 路日光灯。

2) 双路白炽灯控制器 1 个；嵌入式筒灯 2 个；白炽壁灯 2 个。

(4) 实物图

本实训项目实物，如图 1-30、图 1-31 所示。

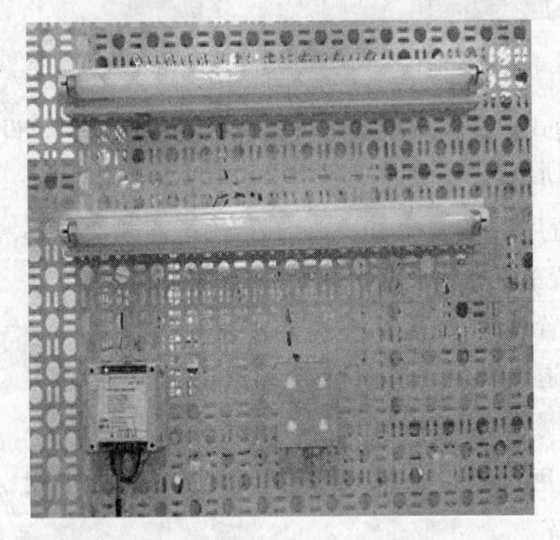

图 1-30 日光灯控制器实物图

图 1-31 双路白炽灯控制器实物图

(5) 原理图

本实训项目原理，如图 1-32 所示。

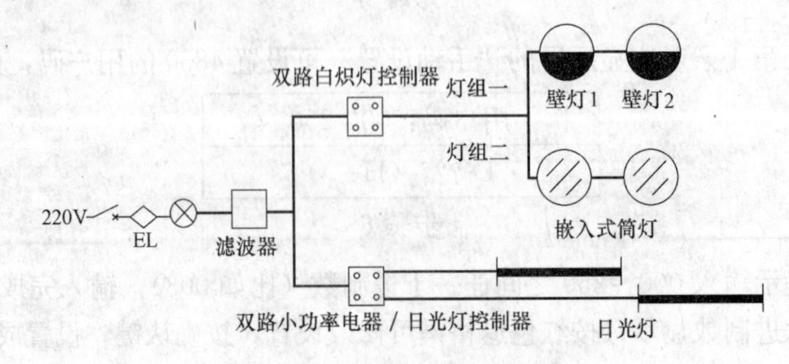

图 1-32 智能家居系统原理图

(6) 接线图

本实训项目原理接线图如图 1-33 所示。

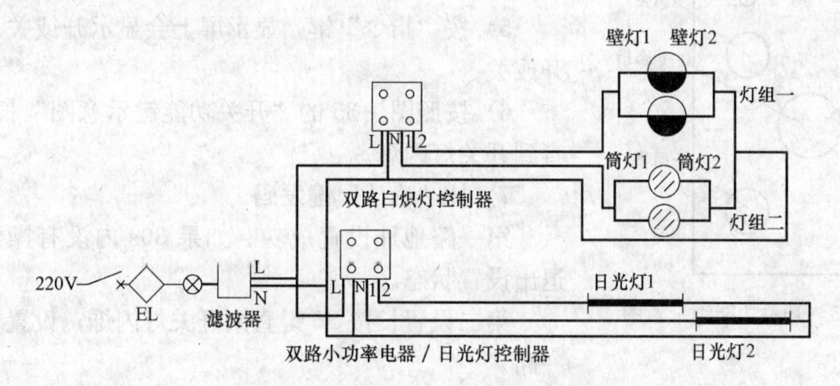

图 1-33 智能家居系统原理接线图

(7) 实验步骤

第一步：做好实训前的准备工作。

1) 安装工具准备齐全，如尖嘴钳、大小一字螺丝刀、斜口钳、电工胶带、信号测试仪、万用表等。

本实训工具图如图 1-34 所示。

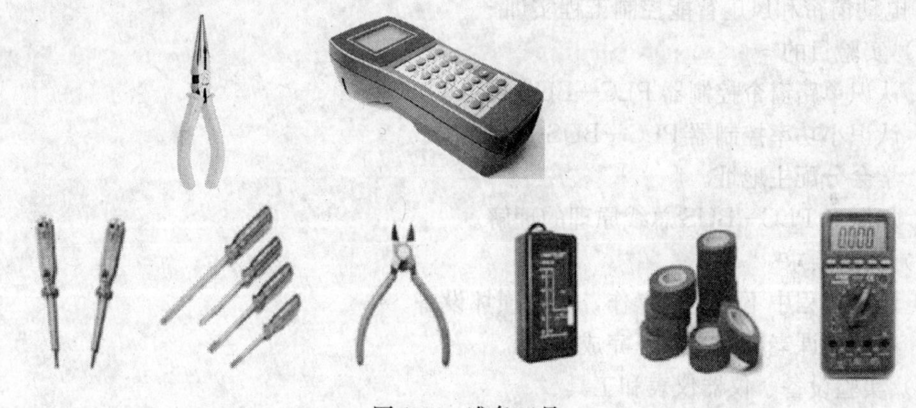

图 1-34 准备工具

2) 工具准备好以后就是要检查现场线路的情况。

3) 确定是不是三相电，如果是三相电要在配电箱内安装三相耦合器。

4) 确认安装 PLC—BUS 水晶面板或者模块的开关盒内要有零线。

第二步：用户安装。

PLC—BUS-R2225H 安装前必须切断电源，按照模块上的标注接线，火线接 L 端子，零线接 N 端子，负载灯负载接 1、2 端子。然后再固定到标准的 86 暗盒上，安装完毕。

第三步：地址设置。

1) 编码器操作界面示意图，如图 1-29 所示。

2) 开关功能键示意图，如图 1-35 所示。

3) 在编码器的操作界面上按“房间码”键，在编码器的显示屏上会显示请输入房间码。例：用 A、B、C……P 来表示（A、B、C 分别对应 1、2、3 号房间）。

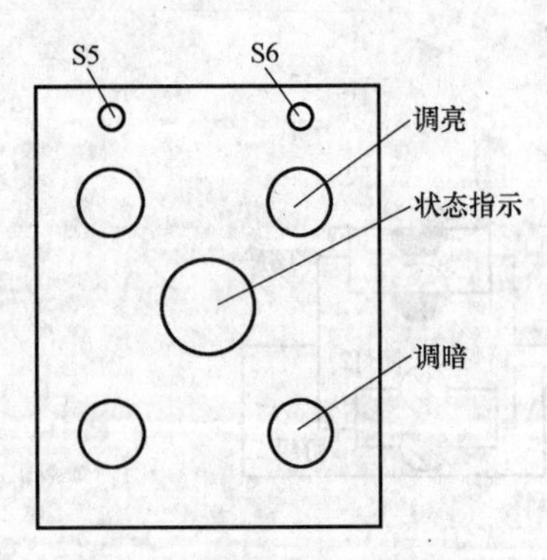

图 1-35　开关功能键示意图

4）按“单元码”键，显示屏上会显示请输入单元码。例：用 01、02……16 来表示。

5）按“指令”键，显示屏上会显示开或关。按 1 键开或关。

6）按照图 1-35 的“开关功能键示意图”长按 S5 键直到开关灯闪烁。

7）按“确认”键发码。

第一路地址设置成功。如果 30s 内没有操作，自动退出设置状态。

第二设置长按 S6 键直到开关灯闪烁；设置方法同第一路。

（8）注意事项

1）额定电压：220V AC±10%，50Hz；

2）单路额定负载：阻性负载：1000W（如白炽灯）；

3）电子变压器负载：1000W（电子镇流器日光灯、低压射灯）；

4）感性负载：100W（如电风扇等）；

5）操作过程中避免损坏设备。

2. 电动窗帘和风扇智能控制工程实训

（1）实验目的

1）认识单路窗帘控制器 PLC—BUS-R 3160H。

2）认识小功率控制器 PLC—BUS-R 2225H。

3）学会分配主地址。

4）加深对 PLC—BUS 总线原理的理解。

（2）实验要求

1）设置过程中不要违规操作，避免损坏设备。

2）在专业课老师的指导下完成操作。

（3）实验设备、仪器仪表和工具

1）单路窗帘控制器 1 个；窗帘 1 套。

2）小功率控制器 1 个；风扇 2 个。

3）仪器仪表和工具（同实训 1）。

（4）实物图

本实训项目实物图，如图 1-36 所示。

（5）原理图

本实训项目原理图，如图 1-37 所示。

（6）接线图

本实训项目系统原理接线图，如图 1-38 所示。

（7）实验步骤

1）安装工具准备齐全，如螺丝刀、钳子、电工胶带、信号测试仪等。

2）工具准备好以后要检查现场线路的情况。

图 1-36　电动窗帘和风扇智能控制工程实训项目实物图

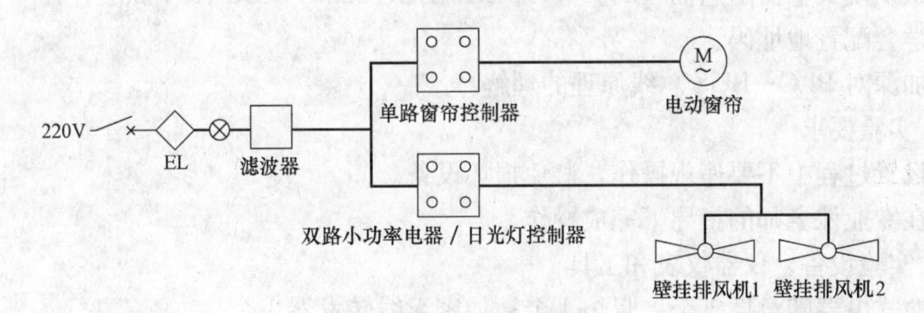

图 1-37　实训项目原理图

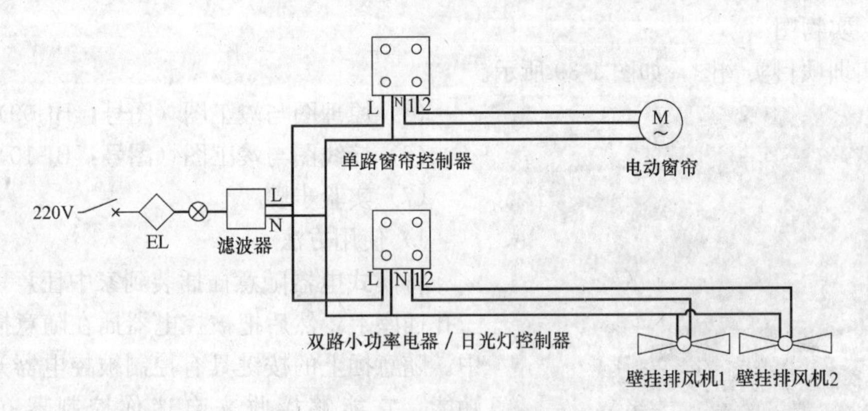

图 1-38　实训项目接线图

3）确定是不是三相电，如果是三相电要在配电箱内安装三相耦合器。

4）确认安装 PLC—BUS 水晶面板或者模块的开关盒内要有零线。

第一步：用户安装。

PLC—BUS-3160H、PLC—BUS-R2225H 安装时必须切断电源，按照开关上的标注进行接线，火线接开关的 L 端子，零线接开关的 N 端子。然后固定到标准的 86 暗盒上，安装完毕。

第二步：地址设置。

1）编码器操作界面示意图，如图 1-29 所示。

2）开关功能键示意图，如图 1-35 所示。

3）在编码器的操作界面上按“房间码”键，在编码器的显示屏上会显示请输入房间码。例：A、B、C……P 来表示（A、B、C 分别对应 1、2、3 号房间）。

4）按“单元码”键，显示屏上会显示请输入单元码。例：用 01、02……16 来表示。

5）按“指令”键，显示屏上会显示开或关。按 1 键开或关。

6）按照图 1-35 的“开关功能键示意图”长按 S5 键直到开关灯闪烁。

7）按“确认”键发码。

第一路地址设置成功。如果 30s 内没有操作，自动退出设置状态。

第二设置长按 S6 键直到开关灯闪烁；设置方法同第一路。

3. 家用电器智能控制工程实训

（1）实验目的

1）认识澳式电器随意插（2500W）PLC—BUS-2220；PLC-RF4023。

2）学会配置地址码。

3）加深对 PLC—BUS 总线原理的理解。

（2）实验要求

1）设置过程中不要违规操作，避免损坏设备。

2）在专业课老师的指导下完成操作。

（3）实验设备、仪器仪表和工具

1）澳式电器随意插 1 个；暖炉 1 个；加密无线转发器 1 个。

2）仪器仪表和工具（同实训 1）。

（4）实物图

本实训项目实物图，如图 1-39 所示。

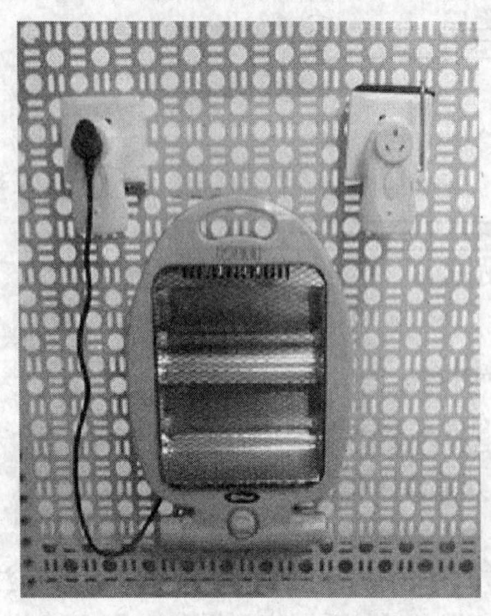

图 1-39　家用电器智能控制工程实训项目实物图

（5）原理图与竣工图（图号：BJ-09）链接。

（6）接线图与竣工图（图号：BJ-10）链接。

（7）实验步骤

1）使用方法

将澳式电器随意插插装到家中任意一个普通三孔插座上，然后把被控电器插在随意插的插座中。随意插上的按键具有控制被控电器开、关的功能。它能够接收来自迷你控制器（及兼容 PLC—BUS 的发射型控制器）发射的开、关指令以及全关指令。

家用电器随意插的额定负载功率为 2500W，禁止接入超过额定负载功率的用电设备。

2）澳式电器随意插设置方法

① 在编码器的操作界面上按“房间码”键，在编码器的显示屏上会显示请输入房间码。例：

用A、B、C……P来表示（A、B、C分别对应1、2、3号房间）。

② 按“单元码”键，显示屏上会显示请输入单元码01。例：用01、02……16来表示。

③ 按“指令”键，显示屏上会显示开或关，按1键开。

④ 长按插座上的白色按钮，直到插座上指示灯闪烁。

⑤ 按“确认”键发码。

⑥ 设置完成。

4. 总线场景智能控制工程实训

(1) 实验目的

1) 认识总线场景控制器。

2) 学会配置地址码。

3) 加深对PLC—BUS总线原理的理解。

(2) 实验要求

1) 设置过程中不要违规操作，避免损坏设备。

2) 在专业课老师的指导下完成操作。

(3) 实验设备、仪器仪表和工具

1) 双路场景控制器PLC—BUS-R 4206；排风扇、射灯、筒灯、窗帘等。

2) 仪器仪表和工具（同实训1）。

(4) 实物图

本实训项目实物图，如图1-40，图1-41所示

图1-40　总线场景智能控制工程实训项目实物图1

(5) 原理图与竣工图（图号：BJ-09）链接。

(6) 接线图与竣工图（图号：BJ-10）链接。

(7) 实验步骤

1) 安装工具准备齐全，如螺丝刀、钳子、电工胶带、信号测试仪等。

2) 工具准备好以后要检查现场线路的情况。

3) 确定是不是三相电，如果是三相电要在配电箱内安装三相耦合器。

图 1-41　总线场景智能控制工程实训项目实物图 2

4）确认安装 PLC—BUS 水晶面板或者模块的开关盒内要有零线。

PLC—BUS-T4206 双键开关式场景发射器，每键可智能学习存储 1～16 路连续或不连续的地址码并按学习先后次序进行地址逐一群发。可以实现灯光或电器的组合场景功能，并可设置双控功能，任意变化双控对象。

第一步：PLC—BUS-T4206 安装时必须切断电源，按照开关上的标注进行接线，火线接开关的 L 端子，零线接开关的 N 端子。然后固定到标准的 86 暗盒上，安装完毕。

1）编码器操作界面示意图，如图 1-29 所示。

2）开关功能键示意图，如图 1-35 所示。

第二步：四组场景设置步骤。

第一组：

1）将本单元的设备全打开。

2）在编码器的操作界面上按“房间码”键，在编码器的显示屏上会显示请输入房间码。例：用 A、B、C……P 来表示（A、B、C 分别对应 1、2、3 号房间）。

3）按“单元码”键，显示屏上会显示请输入单元码 01。例：用 01、02……16 来表示。

4）按“指令”键，显示屏上会显示开或关。按 4 键设置开场景。

5）按“确认”键发码。

6）设置完成。

第二组：

1）将本单元窗帘设备打开，其他设备全关。

2）在编码器的操作界面上按“房间码”键，在编码器的显示屏上会显示请输入房间码。例：用 A、B、C……P 来表示（A、B、C 分别对应 1、2、3 号房间）。

3）按“单元码”键，显示屏上会显示请输入单元码 01。例：用 01、02……16 来表示。

4）按“指令”键，显示屏上会显示开或关。按 4 键设置开场景。

5）按“确认”键发码。

6）设置完成。

第三组：

1）将本单元排风扇设备打开，其他设备全关。

2）在编码器的操作界面上按“房间码”键，在编码器的显示屏上会显示请输入房间码。例：用 A、B、C……P 来表示（A、B、C 分别对应 1、2、3 号房间）。

3）按“单元码”键，显示屏上会显示请输入单元码 01。例：用 01、02……16 来表示。

4）按“指令”键，显示屏上会显示开或关。按 4 键设置开场景。

5）按“确认”键发码。

6）设置完成。

第四组：

1）将本单元插座设备打开，其他设备全关。

2）在编码器的操作界面上按“房间码”键，在编码器的显示屏上会显示请输入房间码。例：用A、B、C……P来表示（A、B、C分别对应1、2、3号房间）。

3）按“单元码”键，显示屏上会显示请输入单元码01。例：用01、02……16来表示。

4）按“指令”键，显示屏上会显示开或关。按4键设置开场景。

5）按“确认”键发码。

6）设置完成。

第三步：四组场景输入设置步骤。

第一路场景设置：

1）在编码器的操作界面上按“房间码”键，在编码器的显示屏上会显示请输入房间码；例：用A、B、C……P来表示（A、B、C分别对应1、2、3号房间）。

2）按“单元码”键，显示屏上会显示请输入单元码01。例：用01、02……16来表示。

3）按“指令”键，显示屏上会显示开或关。按1键开。

4）先按左“上键”一下，再按左“下键”三下，第三下长按直到开关指示灯闪烁。

5）按“确认”键发码。

6）发码后，按左上键退出。

第二路场景设置：

1）在编码器的操作界面上按“房间码”键，在编码器的显示屏上会显示请输入房间码。例：用A、B、C……P来表示（A、B、C分别对应1、2、3号房间）。

2）按“单元码”键，显示屏上会显示请输入单元码01。例：用01、02……16来表示。

3）按“指令”键，显示屏上会显示开或关。按1键开。

4）先按右“上键”一下，再按右“下键”三下，第三下长按直到开关指示灯闪烁。

5）按“确认”键发码。

6）发码后，按左上键退出。

第三路场景设置：

1）在编码器的操作界面上按“房间码”键，在编码器的显示屏上会显示请输入房间码。例：用A、B、C……P来表示（A、B、C分别对应1、2、3号房间）。

2）按“单元码”键，显示屏上会显示请输入单元码01。例：用01、02……16来表示。

3）按“指令”键，显示屏上会显示开或关。按1键开。

4）先按左“上键”三下，再按左“下键”六下，第六下长按直到开关指示灯闪烁。

5）按“确认”键发码。

6）发码后，按左上键退出。

第四路场景设置：

1）在编码器的操作界面上按“房间码”键，在编码器的显示屏上会显示请输入房间码。例：用A、B、C……P来表示（A、B、C分别对应1、2、3号房间）。

2）按“单元码”键，显示屏上会显示请输入单元码01。例：用01、02……16来表示。

3）按“指令”键，显示屏上会显示开或关。按1键开。

4）先按右“上键”三下，再按右“下键”六下，第六下长按直到开关指示灯闪烁。

5）按“确认”键发码。

6）发码后，按左上键退出。

5. 无线智能控制工程实训

（1）实验目的

1）认识加密无线转发器。

2）学会配置地址码。

3）加深对PLC—BUS总线原理的理解。

（2）实验要求

1）设置过程中不要违规操作，避免损坏设备。

2）在专业课老师的指导下完成操作。

无线转发器插在房子中央位置的插座上，一般一套商品房只需一个转发器，别墅需2～3个转发器。

（3）实验设备、仪器仪表和工具

1）加密无线转发器PLC-RF 4023。

2）仪器仪表和工具（同实训1）。

（4）实物图

本实训项目实物图，如图1-42所示。

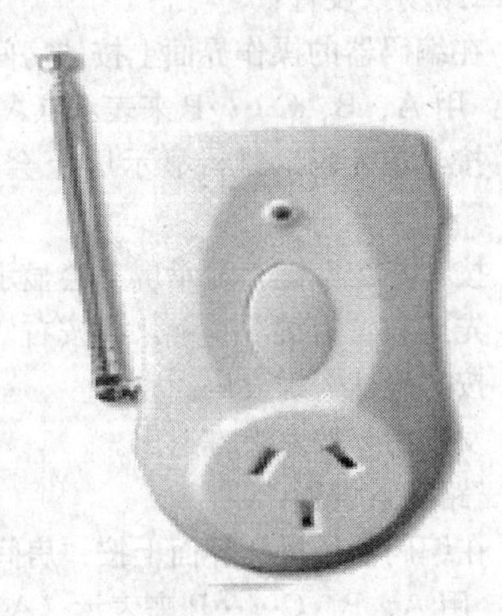

图1-42　无线智能控制工程实训项目实物图

（5）实验步骤

1）设置地址码

编码由房间码（A～P）和单元码（1～16）组成，可以随意将每一组开关按钮的地址设定为想要控制的设备的地址码，设置好一路后，就可以控制其他三路地址码相连的设备。

注意：本机出厂时房间码设置为A，单元码设置为1～4。

2）设置房间码

如果想要更改房间码，按住“1”on键保持5s，看到指示灯闪烁，松开手，闪烁的次数为原房间码值。如原设置房间码为A，指示灯闪一次；为P时闪16次（最大）。闪烁停止后，若不需要设置，按其他任意键，指示灯长亮1s退出设置状态。

若重新设置需按“1”on键，每按一下指示灯应闪一下，所按的次数就是您想要设置的房间码值。请注意，当按最后一次时，需按住保持3s，看到指示灯闪烁后松开手，否则操作失败，须重新设置。例如设置房间码C，按“1”on键3次，最后一次时按住保持3s，指示灯闪烁，房间码设置成功！如果按键次数大于16设置失败，指示灯长亮1s后，退出设置状态。

注意：房间码设置完成后，所有按键的房间码均为您所设定的房间码。如果3s内没有操作，将退出编码设置状态。

设置单元码：

设置单元码时按“1”off键，方法同“设置房间码”。

注意：单元码设置完成后“1”on和off的单元码为您所设定的单元码，“2～4”on和off键的单元码顺序加1。例如：“1”on和off键的单元码为15，那么“2～4”的on和off键为16、1、2（按16进制计算），如果3s内没有操作，将退出编码设置状态。

使用：

单路开关：按一下“开”键为一路开；按一下“关”键为关。

调光：

按住调亮后灯光变亮；按住调暗后灯光变暗（只有白炽灯可以调光）。

6. 远程电话智能控制工程实训

（1）实验目的

1）认识“全球控”远程控制器。

2）学会配置地址码。

3）加深对PLC—BUS总线原理的理解。

（2）实验要求

1）设置过程中不要违规操作，避免损坏设备。

2）在专业课老师的指导下完成操作。

（3）实验设备、仪器仪表和工具

1）“全球控”远程控制器PLC—BUS-T 5010；用电设备。

2）仪器仪表和工具（同实训1）。

（4）“全球控”实物图

1）本实训项目实物图，如图1-43、图1-44所示。

2）原理说明与竣工图（图号：BJ-09）链接。

（5）实验步骤

1）功能认识

① 集中控制功能：集中控制256路灯或电器的开关、全开、全关及白炽灯的调光控制功能。

图 1-43　远程电话智能控制工程实训项目实物图 1

图 1-44　远程电话智能控制工程实训项目实物图 2

② 电话远程控制功能：电话远程控制 256 路灯或电器的开关及全关，并可设置来电灯闪烁功能。

③ 场景功能：四路群地址按序启动场景功能，可设置“会客”、“就餐”、“影院”、“休息”等灯光电器场景。

④ 定时控制：定时控制场景、灯或电器开关功能，可设置最多 16 个不同的定时事件，每个定时事件最多可同启 16 个不同的地址设备。

⑤ 双向通信功能：发送控制信号，即时反馈命令执行成功的信号；可查询反馈系统所有地址及地址设备开关状态；可查询灯光的开关亮度及软启的时间长度。

“全球控”远程控制器 PLC—BUS-T 5010 介绍图如图 1-45 所示。

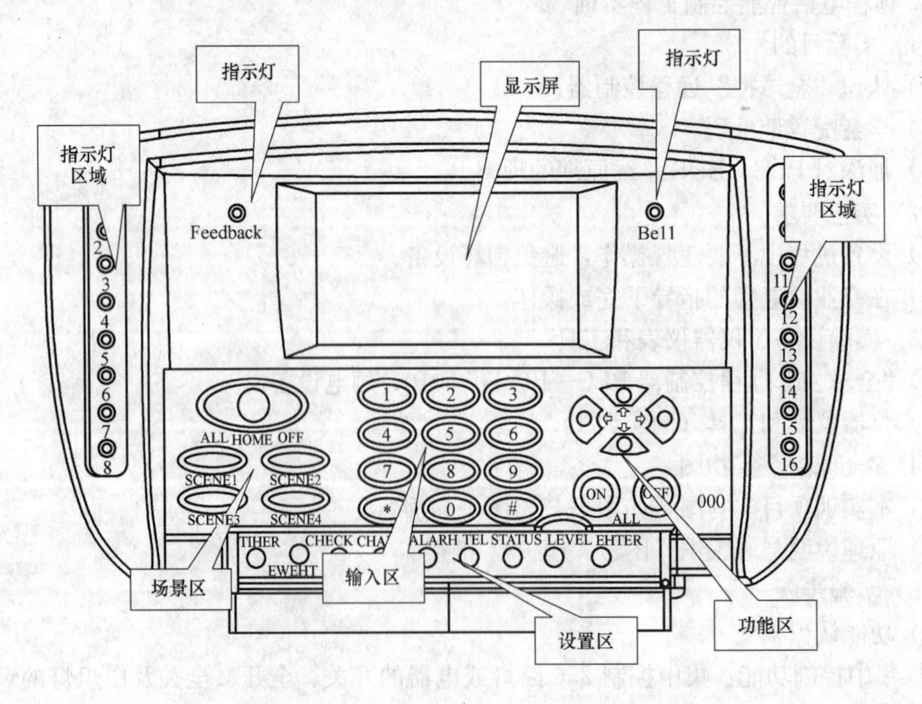

图 1-45　“全球控”远程控制器 PLC—BUS-T 5010 介绍图

2）主机外观介绍

① 指示灯区域：左右两边 ZONE 区域（数字 1～16）指示系统设备的开关状态；Feedback（反馈）指示灯反馈信号发送成功与否；Bell（铃声）指示灯亮，表示定时事件启动时，闹钟响，否则，灯灭，表示定时事件启动闹钟不响。

② 显示屏区域：显示内容有当前日期、时间、设备状态、灯光亮度值、操作提示等。

③ 时间显示：正常状态下显示当时日期和时间。

④ 操作显示：用户操作时有符号提示：

按一下 * 键，屏幕显示“SCEN”：表示此时已经进入群地址场景设置状态。

按一下 # 键，屏幕显示“H－FF”：表示进入房间码切换状态。

按一下 TIMER 键，屏幕显示“FFFF、FFFF”：表示进入时间设定状态。

按一下 EVENT 键，屏幕显示“PL FFFF”：表示此时已经进入事件设定状态。

按一下 CHECK 键，屏幕显示“PL 0X”或“PL88 8888”：表示此时进入事件查看模式。

按一下 CHANGE 键，屏幕显示“PL FFFF”，表示定时事件清除。

按住 TEL 键不放 5s，屏幕显示“SET—TEL”，表示进入电话远程设置等待模式。

按一下 STATUS 键，屏幕显示“ID”，表示进入查询当前房间码下已用地址的状态，按两下，屏幕显示“ID ON”：表示进入当前房间码下开启设备地址查询模式。

按一下 LEVEL 键，屏幕显示“PES”：表示此时进入灯光亮度查询模式。

按住 ENTER 键不放 5s，屏幕显示“USE—”，表示用户码学习及单三相电状态切换模式。

⑤ 场景区域：ALL HOME OFF（所有房间码全关键）：提供一键全关所有房间码下的灯或电器的功能。场景键：“SCENE 1”、“SCENE 2”、“SCENE 3”、“SCENE 4”，可以分别设置四组不同场景输入区：数字键“0”～“9”，电话远程功能键“ * ”（场景设置键）、“#”（房间码转换）。

⑥ 功能区：“BRI/DIM”（调亮/调暗）、“UNITE ON/UNITE OFF”（开/关）、“ALL ON/ALL OFF”（全开/全关）。

⑦ 设置区：“TIMER”（时间设定）、“EVENT”（定时事件设定）、“CHECK”（定时事件查看）、“CHANGE”（定时事件清除/更新）、“ALARM”（定时闹钟开关设置）、“TEL”（远程控制设置）、“STATUS”（群地址及开关状态查询）、“LEVEL”（灯光亮度查询）、“ENTER”（操作确认）。

“全球控”远程控制器 PLC—BUS-T 5010 接口，如图 1-46 所示。

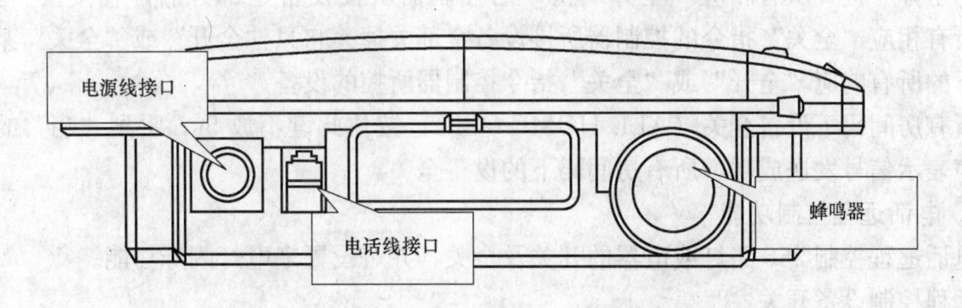

图 1-46 “全球控”远程控制器 PLC—BUS-T 5010 接口图

① 电源线接口：接 220V AC 工作电源。

② 电话线接口：连接电话线。

③ 电池盒：放置 9V 备用电池。

④ 蜂鸣器：闹钟声音提示功能。

3）设备安装

在安装之前，准备工作一定要做好。首先是安装工具一定要准备齐全，这是必不可少的，如螺丝刀、钳子、电工胶带、信号测试仪等。工具准备好以后就是要检查现场线路的情况了。第一先确定是不是三相电，如果是三相电要在配电箱内安装三相耦合器。第二步要确认安装 PLC—BUS 水晶面板或者模块的开关盒内要有零线，这点对 PLC—BUS 是很重要的。

把电话主线或分机线接到本设备的电话线接口处，把随货带的电源线接口接到此设备电源线接口，再将另一端插在 220V 电源插座上，安装完毕。

4）功能设置

① 集中控制功能

集中控制 256 路灯或电器的开关、全开、全关及白炽灯的调光控制功能。

更换房间码（♯键）：先按一下输入区的“♯”键，显示屏显示“HHFF”，然后输入相应的房间码对应的数字键（房间码相对应的数字键 A-1，B-2，C-3，D-4……O-15，P-16），当对应的数字键小于 10 时，在数字前先补充输入“0”，例如：要把房间码更换成“C”时，先按一下“♯”，然后连续按一下“0”和“3”键，显示屏显示日期时，更换房间码成功。当对应的数字键大于 10 时，直接输入相应数字键即可，例如：需输入“14”，则直接连续输入“1”和“4”即可。

设备开关（UNIT ON 和 UNIT OFF）：先通过“♯”键更换想要的房间码，在输入区输入单元码，再按一下“UNIT ON”（开）或“UNIT OFF”（关）即可，例如：开启 B3 设备，先更换房间码到 B，然后输入“3”，再按一下“UNIT ON”即可，若设备确实打开，则 Feedback 反馈指示灯会闪一下，表示命令执行成功。

白炽灯调光（BRI 和 DIM）：若设备为白炽灯，且控制器为白炽灯控制器（白炽灯随意插、白炽灯水晶开关、微型灯光控制器），则可对白炽灯进行调光控制，先把目标地址白炽灯打开，然后，直接按一下“Bri”键（调亮），灯光调亮一级，按一下“Dim”（调暗），灯光调暗一级，亮度调节级别分为 6 级。

全开全关（ALL LIGHTS ON 和 ALL UNITS OFF）：更换到想要的房间码，然后直接按“全开”键，所有相应“全开”指令的控制器所接设备全部开启；直接按“全关”键，所有相应“全关”指令的控制器所接设备全部关掉。它只“全开”或“全关”某一房间码下的所有响应“全开”或“全关”指令控制器所控的设备。

所有房间码下设备全关（ALL HOME OFF）：按住此键不放 5s，听到“嘀”的一声蜂鸣声表示信号发送成功，所有房间码下的设备全关。

② 电话远程控制功能

电话远程控制 256 路灯或电器的开关及全关，并可设置来电灯闪烁功能。

远程控制设备开关：

现在就用手机或固定电话拨打此设备所接电话线的电话号码，电话拨通后，预设的来电闪地址对应的灯开始闪烁，振铃响完预设的振铃次数后，会听到“欢迎进入索博远程语音控制系统，请输入密码”的提示，此时输入三位密码（出厂密码为：111），输入正确就会进入应答状态。如果密码输入错误，会听到“密码错误，请重新输入”的提示音（密码最多可输错 6 次，否则系统自动退出远程控制状态）；如果密码输入正确，就会提示“请输入房间码”。则在电话机上按相应房间码对应的数字键（房间码相对应的数字键 A-01，B-02，C-03，D-04，E-05……O-15，P-16），例如：若输入房间码 B，则在电话机上输入“0”，再输入“2”，若相应数字键小于 10，必须要在数字前补“0”，补足两位数；若输入房间码 N，则在电话机上连续输入“1”和“4”即可；房间码输入完毕会听到“请输入单元码和开关指令”提示音，此时输入单元码，输入方式同输入房间码。然后再选择开关指令，“*”表示为打开，“#”表示为关闭。例如：想远程开启 B5 设备，则根据语音提示依次输入“房间码”、“单元码”后，再输入“*”键，即可远程开启 B5 设备。操作完毕，会听到“操作已成功”的语音提示，这表示电话远程控制器收到了反馈信号，证明设备确实开启；如果操作完毕没有听到“操作已成功”，表示电话远程控制器没有收到反馈信号，证明设备没有打开；若输入了副地址控制指令，系统也是没法反馈成功与否的信号，所以不会听到“操作已成功”的语音提示；然后又听到“请输入房间码”的语音提示，这样重复以上的操作，就可以进行其他控制操作。

远程控制所有房间码下设备全关：

若想实现远程控制所有房间码下的设备全关，则在远程控制应答状态下，听到“请输入房间码”的语音提示后，直接输入“#”键，语音提示“操作已成功”。

密码重设：如果想重新设置密码，按下设备区的“TEL”键不放 5s 左右，显示屏显示“SET-TEL”，在 20s 之内，拨通电话远程控制器所接电话，在预设数声振铃后，会听到“请输入新的三位密码”的语音提示，此时在打出电话的话机上输入自己想要设定的三位数字密码。振铃次数设置：在输入新的三位密码后，会听到“请输入振铃次数”的语音提示，输入想要的振铃次数（数字 1～9 可选）。来电闪地址设置：然后会听到“请输入房间码”的语音提示，输入想要的房间码后，又听到“请输入单元码和开关指令”的语音提示，此时输入单元码，不用输开关指令（来电闪功能，指定哪路灯在来电后闪烁）。就会连续听到“操作已成功”，“欢迎进入索博远程语音控制系统，请输入密码”的语音提示，表示设置成功。取消来电闪功能，只需将其房间码设定为 16，单元码设为 16 即可。

③ 群地址场景功能

四路群地址场景按序启动场景功能，可设置“会客”、“就餐”、“影院”、“休息”等灯光电器场景。

场景设置：在输入区按一下“*”键，显示屏显示“SCEN”，表示进入群地址按序启动场景设置状态，此时在场景区选择想要设置的场景键（SCENE1、SCENE2、SCENE3、SCENE4 其中之一），此时显示屏上方左边显示字母（A、B、C、D 其中之一，分别对应不同场景键，显示不同字母），右边显示 01，表示此场景下第一地址事件，此时输入单元码（当单元码数字小于 10 时，直接输入数字，不要补“0”）和开关指令（UNIT ON 和 UNIT OFF），显示屏下方左边显示单元码，右边显示指令，开为 ON，关为 OFF。此时所输入的单元码是最近一次操作过的房间码下的，若想切换房间码通过“#”房间码转换键，如果想继续设置场景地址则按下 dim（向下键），本系统每个场景最多可储存 16 个随意地址，场景地址设置完成后，按下 ENTER 键，系统进入时钟模式，表示场景设置成功；每一个场景，都要单独设置。

场景操作：需要打开某个场景，只需按下相应的场景键，想要开启和关闭的设备就按设置时依次储存的地址开关指令依次开启或关闭设备，达到想要的场景效果。

④ 时间设置功能

"TIMER"：时间设定，用于一般状态下显示的时间设置。

操作步骤：在设置区按一下"TIMER"时间设置键，此时显示屏显示"FFFF FFFF"，此时可以输入年份（年份格式为两位数的，例如：2006 年，输入 06），输入后数码管自动后移两位，此时可以输入星期（星期输入对应用的数字，星期一至星期日分别对应"1，2，3，4，5，6，7"）。输入完后此时数码管又全部显示 FFFFFFFF，此时依次输入月、日、时、分，等全部输入完成后，按一下 ENTER 键，此时时钟进入正常显示状态，表示设置成功（注：当欲输入数字为个位数时，数字前面要补足"0"，星期一至星期日只要输入个位数即可）。

⑤ 定时控制

定时控制场景、灯或电器开关功能，可设置最多 16 个不同的定时事件，每个定时事件最多可同启 16 个不同的地址设备。

A. "EVENT"：事件设定，用于设备定时开关设置。

操作步骤：在设置区按一下"EVENT"定时事件设置键，显示屏上半屏左边显示 PL 表示进入事件设定状态，下半屏显示 FFFF，等待输入时间，此时可以依次输入定时事件的小时数与分钟数（小时数是个位数的，必须在前面补"0"）。如果想把此时间设为闹铃事件则再按一下"EVENT"键。如果在此时间下输入地址事件，则按一下 DIM 键（向下），此时显示屏上方显示"PL01"，下方显示"FFFF"。此时可以输入单元码和开关指令，如果要切换房间码，则通过"#"房间码转换键操作。如果想在此时间下继续设定事件，则再按一下 DIM 键（向下）。继续输入单元码和开关指令。显示屏上方 PL 后边的数字随之增加。一个定时时间最多可以设定 16 个地址事件，设满 16 个事件，显示屏上方显示"FULL"。

如果想设定下一个时间，需要按下 UNIT OFF 键（向右），则设定下一个时间，方法同上。如果继续则再按下 UNIT OFF 键（向右）。最多可以设定 16 个时间，设满 16 个时间，显示屏上方显示"FULL"。全部设定完成后按一下 ENTER 键，系统记下所有事件，进入时钟模式，设置完毕。

注：如果需要设定闹钟事件则闹钟事件要设定在第一个位置上。

B. "CHECK"：事件查看，按此键可以查看已经设置的事件信息。

操作步骤：事件查看键，按下此键此时屏幕上方显示"PL 0X"，0X 位为当前时间下的事件总数（若屏幕显示"PL　NULL"，则表示此位置没有设置定时事件）。屏幕下方显示定时的时间。如果想逐条查询，则按 DIM（向下）键，进行逐条查看。屏幕显示的内容：上方左边为序号，右边为开关指令。下半屏左边为房间码，右边为单元码。如果想清除此事件则按下"CHANGE"键，此时上半屏显示左边为"PL"，右边为 FF，下边显示为"FFFF"，表示此事件为空，等待输入事件。此时想输入新的事件，则再次按下"CHANGE"键，输入单元码和开关指令。如果想查询下一个定时事件则按向右键

(UNIT OFF)，查询同上。查看完毕按一下 ENTER 键，系统进入时钟模式。如果想把某个时间下的事件全部清除，则在显示时间时按下“CHANGE”键。如果想添加新的事件则再次按下“CHANGE”键，重复事件的设定。当操作完成按下 ENTER 键，系统进入时钟模式。

C. “CHANGE”：事件清除/更新，用于清除某个事件，也可以替换某个事件信息。

操作步骤：清除事件，清除事件后再次按下此键可以添加事件，重新添加方法同上。

D. “ALARM”：定时设置，用于第一个事件闹铃的开启和关闭设置。

操作步骤：当设定好事件后，需要使用闹钟功能时，则按一下此键，闹钟指示灯打开，表示闹钟功能起作用；当再次按下此键，闹钟指示灯熄灭表明闹钟功能关闭。

注：只有第一路有闹铃功能。

⑥ 双向通信功能

A. “STATUS”：地址及开关状态查询，可查询系统所有已存在的地址及设备开关状态。

查询当前房间码下的已用地址状态：在设置区按一下“STATUS”键，显示屏显示“ID”，然后再按一下 ENTER 键，左右两侧 ZONE 指示灯区域显示所有已用地址，指示灯亮的表示此地址已用，指示灯灭的表示此地址可用，此查询命令只能查询目前房间码下的地址，若想查目标房间码下的地址占用情况，需要用“#”键，转换到目标房间码下，然后再按以上步骤操作查询。

查询当前房间码下开状态的设备地址状态：如果需要查询目标房间码下地址设备开关状态，则连续按两次“STATUS”键，此时显示屏显示“ID ON”，再按一下 ENTER 回车键，左右两侧 ZONE 指示灯区域显示所有开状态设备地址，指示灯亮的表示此地址设备正开启，指示灯灭的表示此地址设备已关闭，此查询只能查询目前房间码下的地址，若想查目标房间码下的地址占用情况，需要用“#”键，转换到目标房间码下，然后再按以上步骤操作查询。

注：如果查询其他房间码下状态，则需要进行房间码转换。

B. “LEVEL”：灯光亮度查询，按此键可以查询指定白炽灯的亮度值。

操作步骤：亮度查询键，当需亮度查询时，按下“LEVEL”键，屏幕显示 PES，然后输入单元码（单元码为个位数时，不需要补“0”）。此时屏幕下方显示输入的单元码，此时再按一下“ENTER”键，屏幕上方显示“L-XX”，此值为灯光亮度值（亮度值为1～100 级），若灯光亮度是 100 级，则屏幕上方显示“FULL”，下方显示“S-XX”，此值为灯光软启需要的秒数。如果查询的目标地址灯是关闭的，则屏幕显示 OFF。如果查询的地址不存在，则屏幕显示“NO ID”。查询完毕后，按一下 ENTER 键，系统进入时钟显示模式。

注：亮度查询键，只适合白炽灯。

C. “ENTER”：操作确认键，确认其他功能设置正确。

用户码学习：按住此键 5s，屏幕显示“USE—”，此时可以学习“用户码”，可以用一个 PLC—BUS 发射器发射一条指令，成功接收后屏幕下方会显示接收到的“用户码”。单三相状态切换键，按住此键 5s，屏幕显示“USE—”，在输入区输入数字 3，则屏幕会显示“PH-3”，则表示进入三相电状态。如果输入数字 1，则表示进入单相电状态。用户码恢复，如果按住10s不松手，系统会恢复自身的“用户码”，并且屏幕会显示本机的“用户码”。

图 1-47　可视对讲系统实物图

7. 可视对讲系统工程实训

(1) 实验目的

认识可视对讲系统。

(2) 实验要求

1) 设置过程中不要违规操作，避免损坏设备。

2) 在专业课老师的指导下完成操作。

(3) 实验设备、仪器仪表和工具

1) 室内可视分机 HY-152BVCK 05B。

2) 可视对讲门口机 HY-171VC/4 05C。

3) 仪器仪表和工具（同实训1）。

(4) 可视对讲系统实物图

本实训项目实物图，如图1-47～图1-49所示。

图 1-48　可视对讲室内机实物图

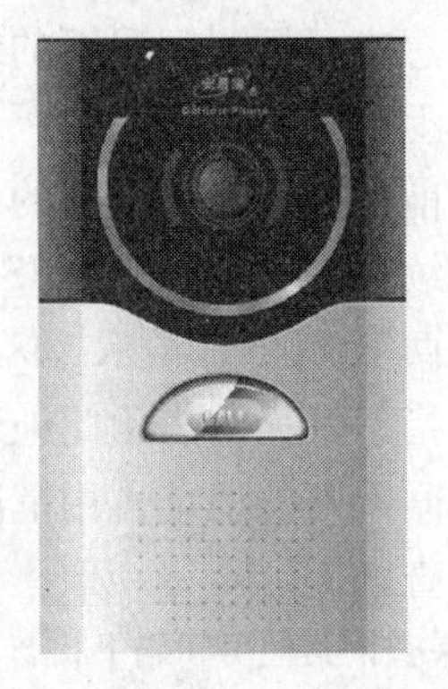
图 1-49　可视对讲单元门口机实物图

(5) 可视对讲系统原理图与竣工图（图号：BJ-09）链接。

(6) 可视对讲系统接线图与竣工图（图号：BJ-14）链接。

(7) 实验步骤

1) 安装工具准备齐全，如尖嘴钳、大小一字螺丝刀、斜口钳、电工胶带、信号测试仪、万用表等。

2) 工具准备好以后要检查现场线路的情况。

3) 按照可视对讲实物图，在实训单元网孔板上相应位置安装可视对讲设备。

4) 按照系统原理图，接线，最后进行调试。

8. 背景音乐控制系统工程实训

(1) 实验目的

1) 认识背景音乐控制器（红外遥控）GSCD-M 001B。

2) 了解吸顶式音箱 GSCD-S 903。

3）学会配置地址码。

（2）实验要求

1）设置过程中不要违规操作，避免损坏设备。

2）在专业课老师的指导下完成操作。

（3）实验设备、仪器仪表和工具

1）背景音乐控制器（红外遥控）1套。

2）吸顶式音箱6个。

3）学习型红外控制器1个。

4）仪器仪表和工具（同实训1）。

（4）背景音乐控制器实物图

本实训项目实物图，如图1-50所示。

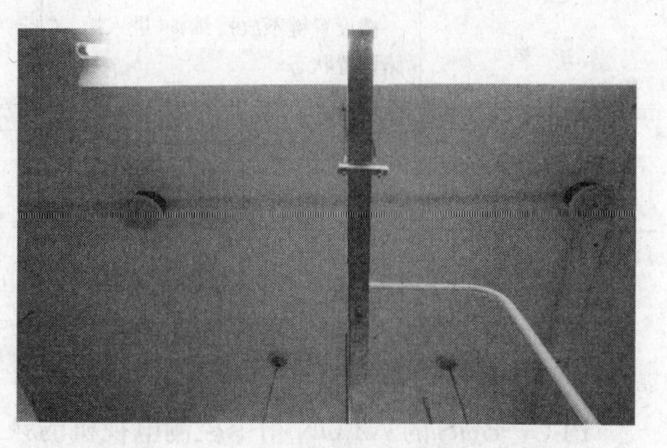

图1-50　背景音乐系统现场安装效果图

（5）现场原理图

本实训项目原理如图1-51所示。

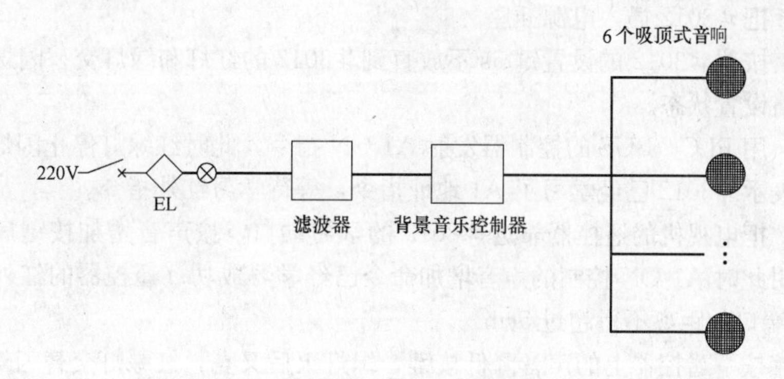

图1-51　背景音乐系统原理图

（6）原理接线图

本实训项目原理接线图，如图1-52所示。

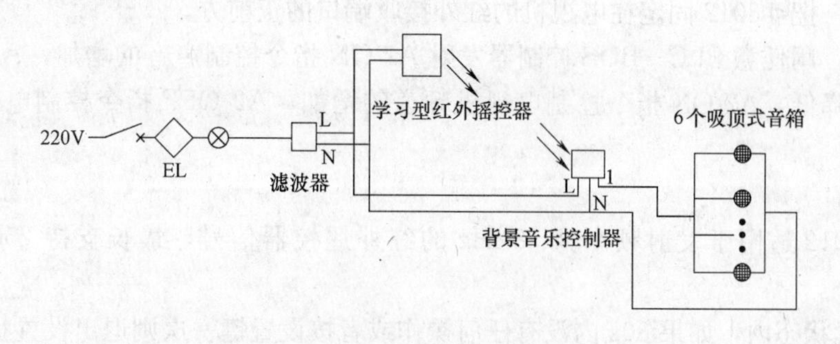

图1-52　背景音乐系统接线图

设置步骤：

＃3012共可学习16个PLC—BUS地址，每个地址的开和关状态都对应一个红外指令，共可学习32个红外指令，在设置的过程中，需要把地址分为四组，每组包括四路地址、8 个红外指令表（见表 1-6）。

地址分组 **表 1-6**

小　组	设置过程	小　组	设置过程
第一组	按设置键不放持续 5s 进入第一路设置状态	第三组	连续按设置键三次，第三次按住不放持续 5s 进入第三路设置状态
第二组	连续按设置键两次，第 2 次按住不放持续 5s 进入第二路设置状态	第四组	连续按设置键四次，第四次按住不放持续 5s 进入第四路设置状态

例如：用 PLC—BUS 控制器来控制电视机的频道变换和声音增减。

PLC—BUS 的 A1 ON 指令控制电视机的声音增加；A1 OFF 指令控制电视机的声音减少。

PLC—BUS 的 A2 ON 指令控制电视机的频道增加；A2 OFF 指令控制电视机的频道减少。

第一步：把＃3012 插入电源插座。

第二步：按住＃3012 的设置键 5s 不放直到＃3012 的红灯和绿灯交替闪烁，表示此时进入了第一路设置状态。

第三步：用 PLC—BUS 的控制器发射 A1 ON 指令，此时红绿灯停止闪烁，绿灯灭而红灯长亮，表示＃3012 已经学习了 A1 地址指令，等待学习红外指令。

第四步：把电视机的遥控器靠近＃3012 的学习端口，按声音增加按键后，红灯灭绿灯长亮，表明此时 A1 ON 控制的声音增加命令已经学习成功（遥控器的红外发射口距＃3012 的学习端口的距离不得超过 5cm）。

第五步：按下遥控器上的声音降低按键，绿灯灭后又亮，红绿灯交替闪烁，进入第二路设置状态。

第六步：重复第三步到第五步，设置 A2 地址来控制电视机的频道切换。

第七步：按设置键一次退出设置状态。

第八步：把＃3012 固定在电视机的红外接收端口的正前方。

第九步：用任意 PLC—BUS 控制器发射 A1 ON 指令控制声音的增加，A1 OFF 指令控制声音的降低，A2 ON 指令控制电视机频道的增加，A2 OFF 指令控制电视机频道的减少。

注意：

1）＃3012 适用于发射频率为 38kHz 的红外遥控器信号，最长支持 250ms 的指令长度。

2）设置状态内，如果 30s 内没有任何操作或者按设置键一次则退出设置状态。

3）在红外学习时，如果红灯闪烁一次表示红外学习失败，此时需要重新学习。

4）学习红外信号时，遥控器最好安装新的电池。

5）红外学习时，遥控器发射端口和＃3012 的学习端口的距离不得超过 5cm。

6）最好不要在白炽灯或节能灯下学习。

（7）实验步骤

背景音乐编码，第一组发码，编码步骤：

1）按“房间码”键，输入房间码 A，例：用 A、B、C……P 来表示。

2）按“单元码”键，输入单元码 01，例：用（01～16）来表示。

3）按“指令”键，再按 1 键（开或关）。

4）长按 PLC—BUS II-R3012E 上的 setup 键，直到指示灯闪烁后放手。

5）按“确定”键发码。

6）发码后；indicating-2 亮红灯。

7）按遥控上的“power”键两下后，红绿指示灯交叉闪烁。

8）继续编码、发码；重复以上步骤，须换遥控器上的按键。

9）当第四个编码发码完成后；指示灯自动灭；每组只能（如中间编码、发码过程指示灯灭，须重新编码、发码）编写四个。

10）当编写第二组码时，须按 PLC—BUSII-R3012E 上的 setup 键两下，第二下长按，以此类推，其他步骤同第一组编码方法。

9. 总线场景智能控制工程实训

（1）实验目的

1）认识 GSCS 配套产品。

2）加深对 PLC-BUS 总线原理的理解。

（2）实验要求

1）设置过程中不要违规操作，避免损坏设备。

2）在专业课老师的指导下完成操作。

（3）实验仪器

1）无线路由器；智能手机；集中控制主机。

2）仪器仪表和工具（同实训 1）。

（4）实验步骤

GSCS 配套产品使用说明：

1）路由器

① 安装运行

A. 将两根 6dB 的 WIFI 天线分别缠在无线路由器的两个 WIFI 天线接口。

B. 将无线路由器的电源接口插入无线路由器电源接口并将电源接入 220V 市电电源插座中，设备将自动启动并运行。

② 设置参数

IP 地址：192.168.1.1；

后台管理户名：admin；

后台管理密码：admin；

WIFI 接入点（SSID）：LHDXAP；

WIFI 密码：33388333。

③ 使用说明

此路由为普通家用无线路由，其安装及设置方法与普通家用无线路由器设置无异，当远程控制客户端用内网方式连接时路由器只需开启电源并等待 WIFI 启动成功即可，当远程控制客户端用外网方法连接时请使用网线将调制解调器的 WAN 口与路由器的 WAN 口连接并进入路由器后台设置拨号选项即可。

2）集中控制主机

① 安装运行

A. 将集中控制主机电源接头插入集中控制主机电源接口，然后将电源插入 220V 市电电源插座中，设备将自动启动并运行。

B. 使用一根网线将无线路由器的 LAN 口与集中控制主机的 RJ-45 接口相连，接口的指示灯将被点亮。

C. 将 PLC—BUS-T 1141 的 USB 接口端插入集中控制主机的任何一个 USB 插座中（建议插入与电源插口相同面的 USB 插口中的一个），设备将自动被识别并安装，同时 PLC—BUS-T 1141 的指示灯将被点亮。

② 设置参数

IP 地址：192.168.1.168；

子网掩码：255.255.255.0；

默认网关：192.168.1.1。

③ 使用说明

集中控制主机为工业级的微型计算机，其负担将因特网数据与 PLC—BUS 电力载波信号之间的桥接，以实现使用因特网远程控制 PLC—BUS 设备。

备注：此设备断电后重新通电可自动启动运行，但需要重新插拔 PLC—BUS-T 1141 一次方可正常受控。

3）I9000（T959）智能手机

① 安装运行

常规状态下，GSCS 智能手机控制端由公司专业人员编制及安装调试，软件均为一对一绑定手机定制，无法于其他手机上运行。

② 运行条件

远程控制的实现要求集中控制主机必须通电并连接已启动的无线路由器，同时受控设备均已接上与 PLC—BUS-T1141 同一相的电力电网中。

③ 使用说明

ⅰ. 内网版

首先将设备的 WIFI 启用，并连接上专门配套的无线路由器（具体连接参数请参见无线路由器设置参数），然后再打开手机上的 GSCS 客户端，打开后点击进入“内网版”，即可实现在局域网范围内相对应设备的功能控制了。

备注：内网版仅可实现在配套无线路由器可覆盖的范围内进行局部区域的控制。

ⅱ. 外网版

外网版只需将设备的 WIFI 启用或设置好手机的 GPRS/3G 网络（具体配置应根据当前所使用的网络供应商的建议配置进行设置），然后打开手机上的 GSCS 客户端，进入“外网版”，即可实现全球网络覆盖范围内的无线远程控制了。

第 2 章　基于 LONWORKS 技术实训

2.1　给水排水控制系统实训

1. 实训目的

（1）了解给水排水控制系统的工作原理。

（2）了解 LONWORKS 技术。

（3）掌握 LONPOINT 节点的使用。

（4）掌握 LonMaker 软件的使用。

2. 实训设备

给水排水控制系统的被控制设备为一套双泵恒压供水系统，其中包括变频器、电接点压力表、压力传感器、液位传感器、止回阀、闸阀、异步电机、水泵、专用通信接口、电器控制柜，还有 LONPOINT 节点、一台计算机和 LON 网线。

3. 实训原理

（1）被控对象：双容水箱。

（2）工作原理：根据液位控制调节阀的开度。

（3）测控内容：双容水箱的液位，调节阀的开度变化。

（4）控制方法：液位高于给定值时使调节阀开度变小，液位低于给定值时使调节阀开度变大。

4. 实训要求

（1）用现有设备完成硬件连接。

（2）用 LON 网线连接各接点和计算机。

（3）用 LonMaker 软件创建工程，完成硬件组态和软件组态。

（4）用 InTouch 软件完成上位机监控界面的设计。

（5）实现 3 个控制功能：系统的液位监测、给定值的设定、液位的调节。

注意：此系统需设备厂家提供所有控制点的接入信号，数字量为干触点，模拟量需提供 4～20mA 或 0～10V 信号。

5. 实训内容

（1）给水排水控制系统的 LonMaker 设计

1）启动软件 LonMaker，进行给水排水控制系统的 LonMaker 设计，如图 2-1 所示。

2）单击 New Network 按钮，新建一个项目，如图 2-2 所示。

3）在 Network Name 文本框中输入一个名字（比如 geipaishui，图 2-2 中的 xiaofang1 是上一次打开的项目名称），其余选项按默认填写即可，单击【下一步】按钮，弹出如图 2-3 所示的对话框。

4）选中 Network Attached 复选框，在 Network Interface Name 列表框中选择默认的

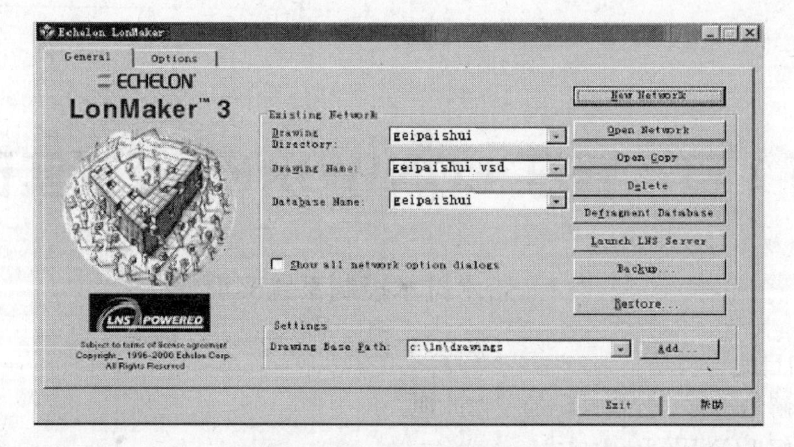

图 2-1　LonMaker 启动窗口

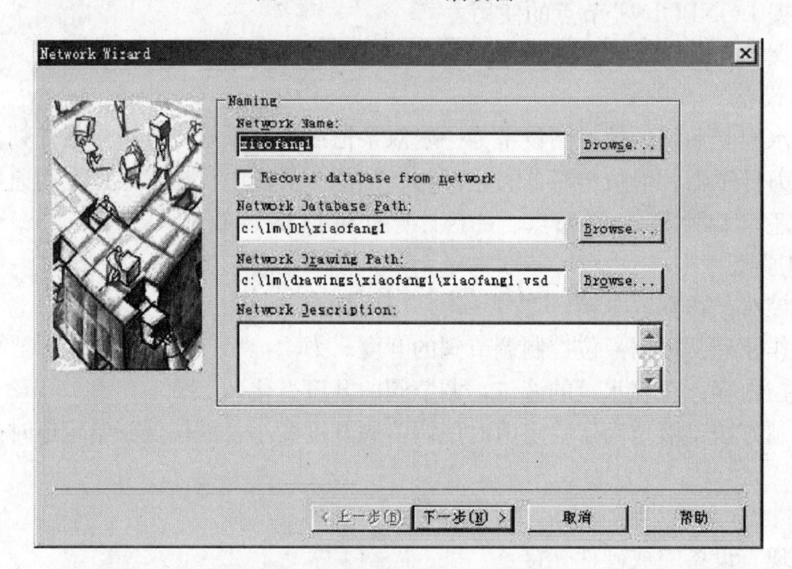

图 2-2　Network Wizard 界面 1

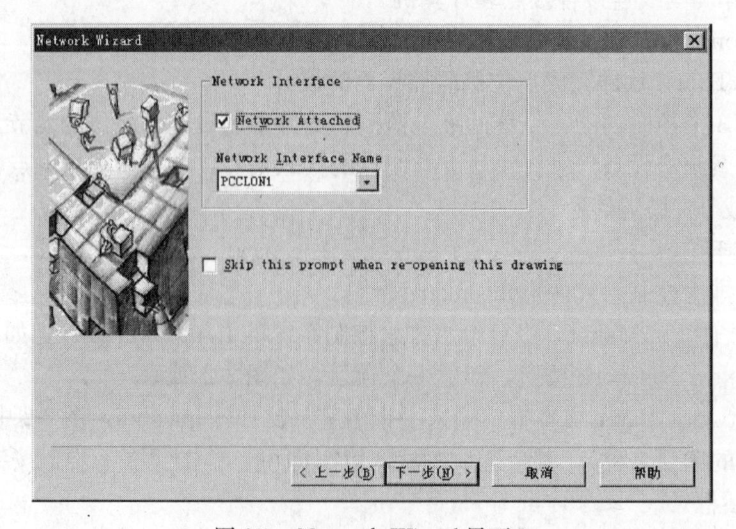

图 2-3　Network Wizard 界面 2

PCCLON1 选项，单击【下一步】按钮，打开如图 2-4 所示的对话框。

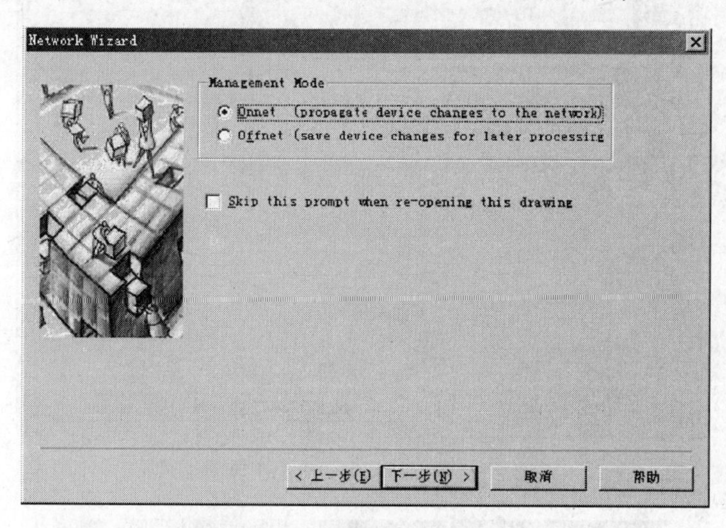

图 2-4　Network Wizard 界面 3

5）选中 Onnet 单选项，单击【下一步】按钮，在后面打开的对话框中均选择默认值。最后打开组态界面，如图 2-5 所示。在左侧窗口中选择 LonPoint Shapes 3.0 列表框，再选中 AI-10v3 模块并将其拖放到右侧的组态窗口中。

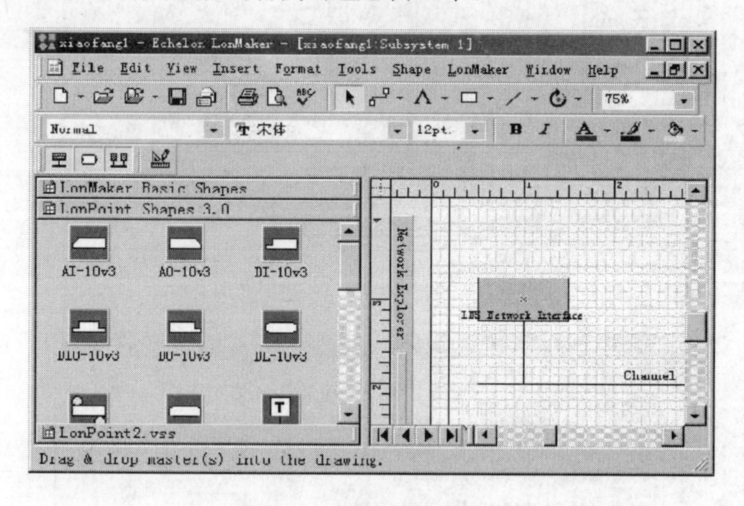

图 2-5　给水排水控制系统的 LonMaker 组态界面

6）在弹出的对话框中，对模块进行配置，如图 2-6 所示。在 Device Name 文本框中输入名称，选中 Commission Device 复选项，单击【下一步】按钮。

7）中间步骤均选择默认值。在如图 2-7 所示的对话框中选中 Online 单选项，单击【完成】按钮，弹出如图 2-8 所示的提示框，此时按下 AI-1 模块上的 service 触点即可。

8）返回如图 2-5 所示的 LonMaker 组态界面，按照上述步骤，在左侧窗口中选中 AO-10v3 模块，将其拖放到组态窗口中，并进行相应的设置，最后的组态结果如图 2-9 所示。

(2）配置功能模块

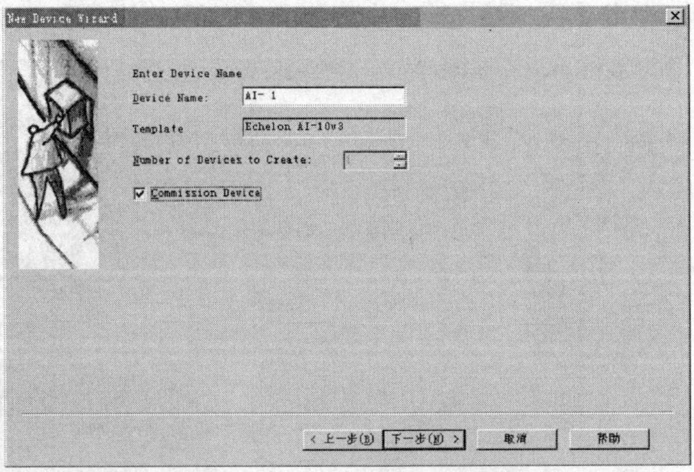

图 2-6　New Device Wizard 界面 1

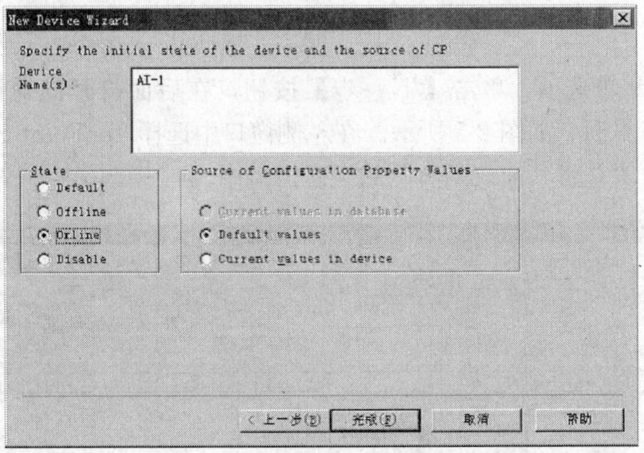

图 2-7　New Device Wizard 界面 2

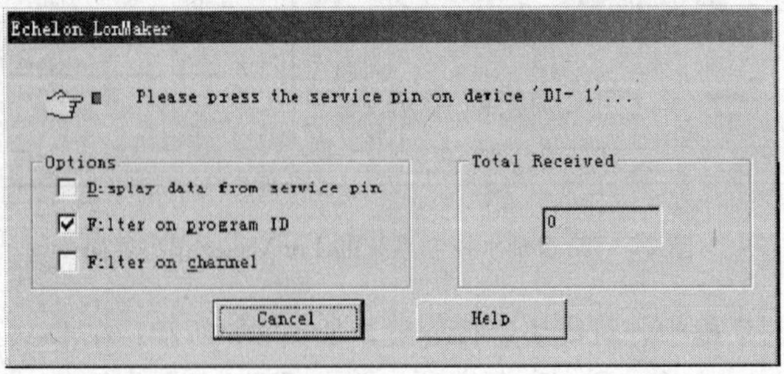

图 2-8　提示框 1

上面的设计是设置硬件节点，下面是软件组态。主要使用了模拟量输入功能模块、模拟量输出功能模块和 PID 控制器功能模块。

1）模拟量输入功能模块（Analog Input Functional Block）：开环传感功能模块读取传感电压、电阻或电流数值，然后将此数值译成近似数据发送到模拟输出。

2）模拟量输出功能模块（Analog Output Functional Block）：将输入信号数值转换成

输出信号以驱动硬件，根据硬件要求，可设置为电压或电流模式。

3）PID 控制器功能模块：外接 PID 控制器功能模块有过程变量、设置点、PID 控制器和控制变量 4 个部分，过程变量从测量环境条件的传感器中获得。

在整个系统中，PID 控制器设置是最关键的环节。PID 系数的确定，直接影响着系统的运行情况。

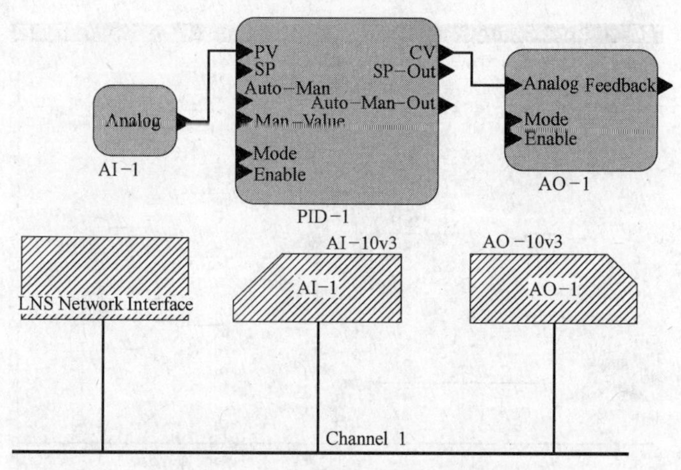

图 2-9　给水排水控制系统组态结果

在如图 2-5 所示的界面中，将 Lon Point Shapes 3.0 列表框中的两个 Analog Input 功能模块拖放至右侧的组态窗口，定义输入通道。将 Analog Output 和 PID Controller 功能模块拖放至右侧的编辑窗口并进行相应的设置。

1）模拟量输入设置

右击 Analog Fn Block 功能块，在弹出的菜单中选择 Configure 选项，弹出如图 2-10 所示的窗口。

① Analog Input（模拟输入）选项卡显示了模拟输入模块的信息，包含了对测量数据类型、当前测量数据、测量类型限定、过滤器（Filt）等的设置。

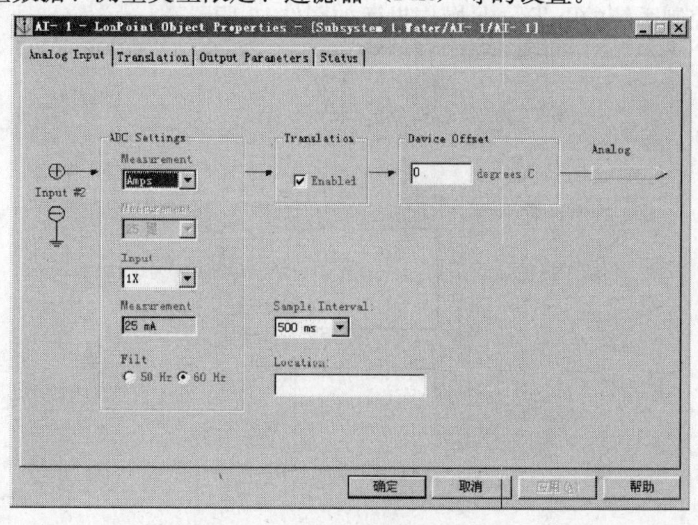

图 2-10　模拟量输入设置界面

② Translation（翻译）选项卡显示了 AD 转换后原始值和实际值转换的列表。

③ Output Parameters（输出参数）选项卡显示了已确定的模拟网络变量的发送频率、最小值、最大值和 Override 值。

2）模拟量输出设置

模拟量输出设置如图 2-11 所示。

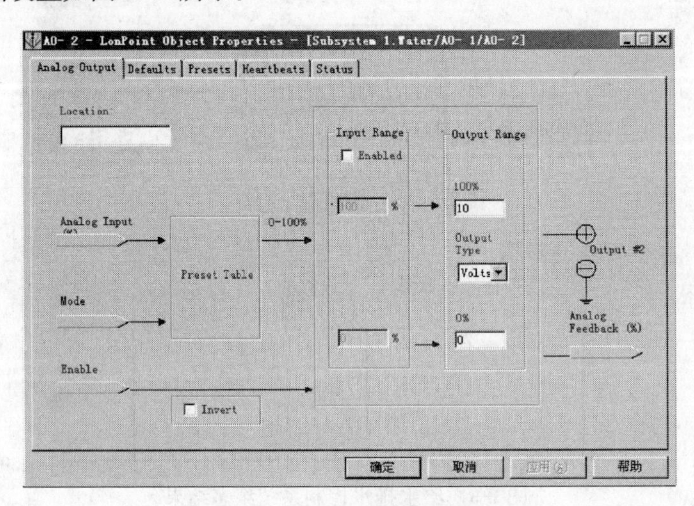

图 2-11　模拟量输出设置界面

Analog Output（模拟输出）选项卡显示了模拟输出模块的信息，主要包括 Input Range 和 Output Range。Input Range 定义输入电压或电流相对于输出的范围，选择默认 Disable。Output Range 定义输出电压或电流的范围，即输出 0%～100%的电压或电流值。其他选项卡选择默认值即可。

3）PID 设置

右击 PID 功能模块，在弹出的窗口中设置 PID 参数即可。

(3) InTouch 设计

给水排水控制系统的 InTouch 操作界面如图 2-12 所示。

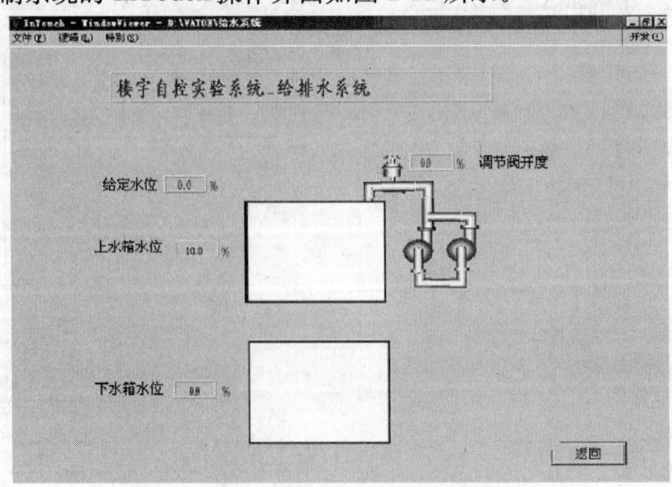

图 2-12　给水排水控制系统的 InTouch 操作界面

2.2　空调控制系统实训

1. 实训目的

(1) 了解空调的工作原理。

(2) 理解空调控制系统的组成与工作原理。

(3) 了解 LonWorks 技术。

(4) 掌握 LonPoint 节点的使用。

(5) 掌握 LonMaker 软件的使用。

(6) 熟悉 LNS DDE Server 的使用。

(7) 掌握 InTouch 软件的使用。

2. 实训设备

1 台计算机、模拟展板（包括传感器、指示灯、模拟显示表等）、苏州威光 0432 和 8034 模块、LonMaker 控制器组态软件和 LNS DDE Server 软件、InTouch 监控软件。

3. 实训原理

(1) 被控对象：带过滤及加湿段的两管制空调机组。

(2) 工作原理：新风与回风经过滤、加湿及风机盘管后由风机吹入。通过调节水阀开度来控制水的流量，从而控制送风温度。

(3) 控制方法：根据回风温度与设定值的偏差，调节盘管水阀开度，保证回风温度为设定值。

4. 实训要求

空调系统用展板代替，各监控点用安装在展板上的电位计、电压表、灯（风扇）和开关代替。

(1) 用 LonMaker 软件设计控制器的软硬件组态

1) 控制内容：风门开关控制、过滤器压差监测、防冻开关状态监测、水阀开度控制、风机启停控制及状态监测、送风温度监测、回风温度监测。

2) 连锁与保护：发生火警后，风机关闭。

3) 报警：过滤器两端压差过高，说明过滤器堵塞，要报警；防冻开关动作表明水温过低，要报警。

(2) 用 InTouch 软件设计上位机监控界面

实时显示各个火警探测器的状态。

(3) 物理器件说明

1) 模拟输入（AI）：采用电位计，通过改变电位计旋钮的值来改变模拟输入的电流或电压的值。

2) 模拟输出（AO）：通过量程为 10V 的电压表来表示当前模拟输出的电压值，这里，控制器模拟输出的满刻度应为 5V。

3) 数字输入（DI）：采用开关量的一个闭合开关模拟数字输入点的两种状态，0 或 1。

4) 数字输出（DO）：采用指示灯泡或风扇表示当前数字输出的状态。灯亮代表 1，灯灭代表 0；或风扇转动代表 1，风扇停止代表 0。灯泡及风扇都采用 12V 供电。

5. 实训内容

(1) 空调系统的 LonMaker 设计

启动 LonMaker 软件，操作步骤参见 2.1 节。

1）在组态界面中，选择左侧窗口中的 LonMaker Basic Shapes 列表框，再选中Device 模块并将其拖放到右侧的组态窗口中，弹出如图 2-13 所示的对话框。对模块进行配置，在 Device Name 文本框中输入设备名称，选中 Commission Device 复选项，单击【下一步】按钮，弹出如图 2-14 所示的对话框，在 Existing Template Name 下拉列表框中选择 Svt0432 选项。单击【下一步】按钮。

2）在如图 2-15、图 2-16 所示的对话框中均选择默认值，在图 2-16 中单击【完成】按钮，弹出如图 2-17 所示的提示框。

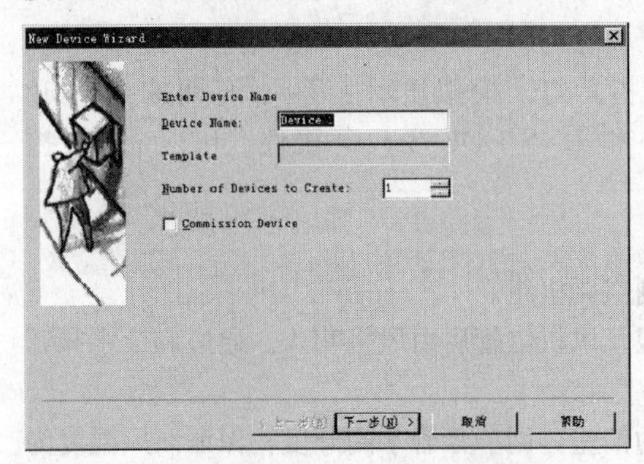

图 2-13 New Device Wizard 界面 3

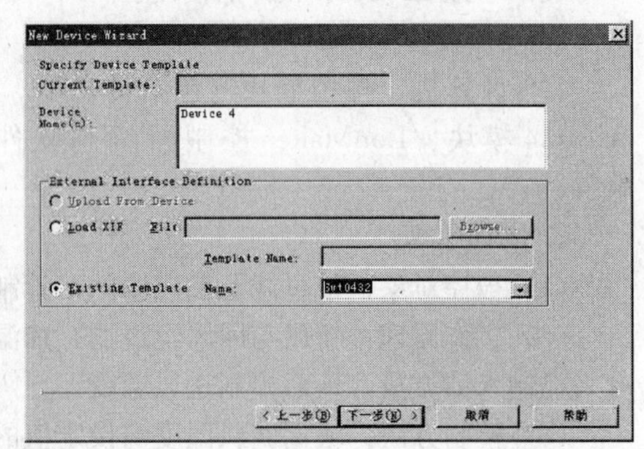

图 2-14 New Device Wizard 界面 4

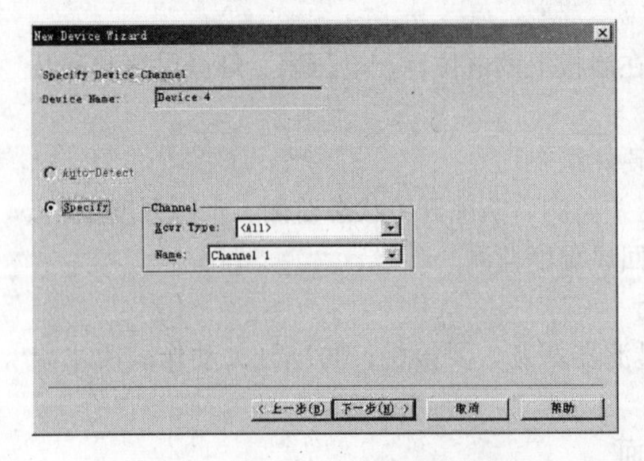

图 2-15 New Device Wizard 界面 5

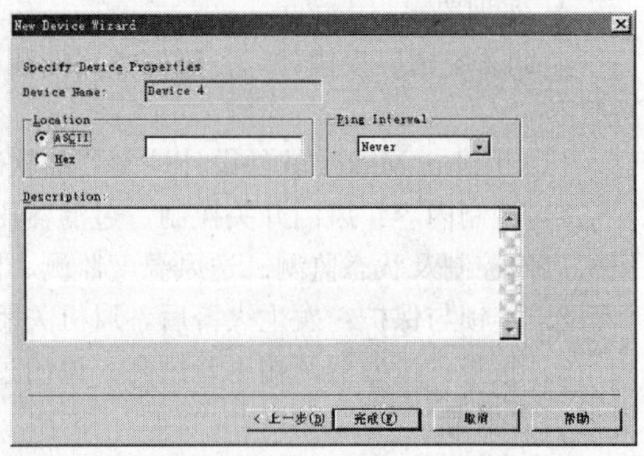

图 2-16 New Device Wizard 界面 6

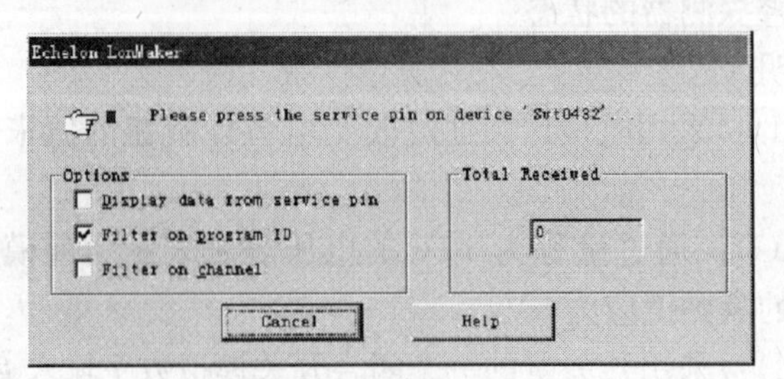

图 2-17 提示框 2

按下 Svt0432 模块上的 service 触点，操作成功，在组态界面的编辑窗口中出现 Svt0432 模块图并显示绿色。按照上述步骤建立 Svt8034 设备模块，组态界面如图 2-18 所示。

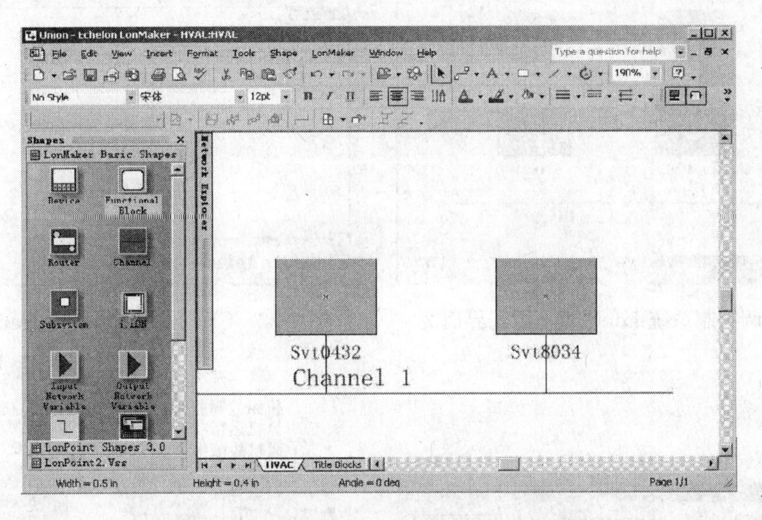

图 2-18　空调控制系统 LonMaker 组态界面 1

(2) 配置功能模块

在图 2-18 中，选中 Functional Block 功能模块，并将其拖放至编辑窗口，弹出如图 2-19所示的配置对话框。在 Functional Block 选项区域的 Name 下拉列表框中选择 Virtual Functional Block 选项，单击【下一步】按钮，打开如图 2-20 所示的对话框。

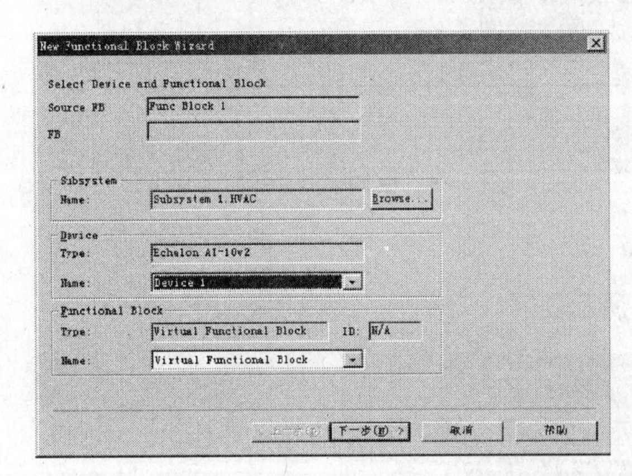

图 2-19　New Functional Block Wizard 界面 1

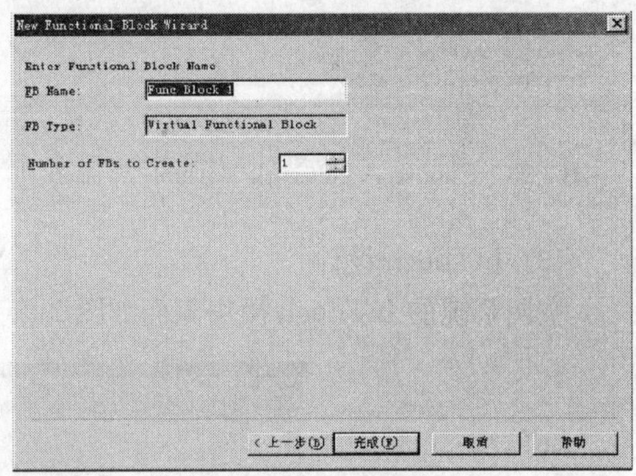

图 2-20　New Functional Block Wizard 界面 2

在图 2-20 所示的 FB Name 文本框中输入功能块的名字，单击【完成】按钮。组态界面如图 2-21 所示。

在图 2-21 中，选中左侧窗口中的 Input Network Variable 功能模块，拖放至右侧组态窗口的 Func Block 1 功能块中，弹出如图 2-22 所示的对话框，单击 OK 按钮。

在图 2-21 中，选中左侧窗口中的 Digital Output 功能模块，拖放至右侧组态窗口。按照默认选项进行配置，如图 2-23 所示。

按照以上方法设计所得到的组态结果如图 2-24 所示。

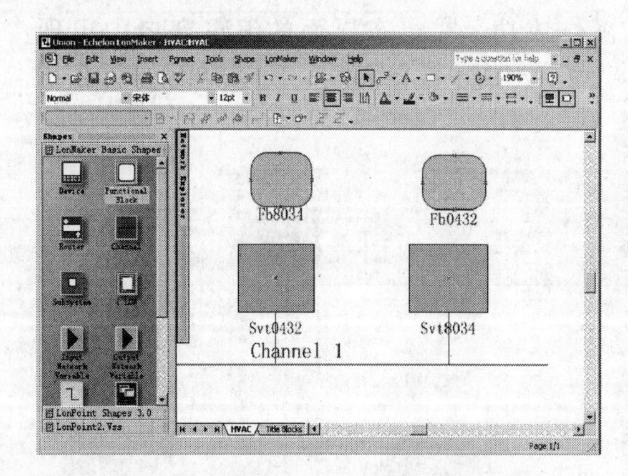

图 2-21　空调控制系统 LonMaker 组态界面 2

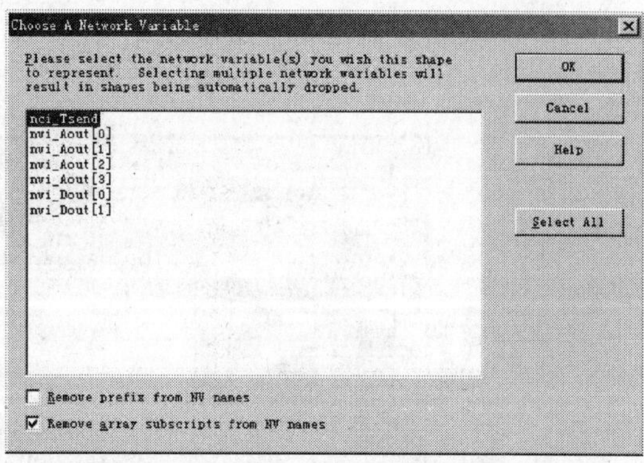

图 2-22　Choose A Network Variable 界面 1

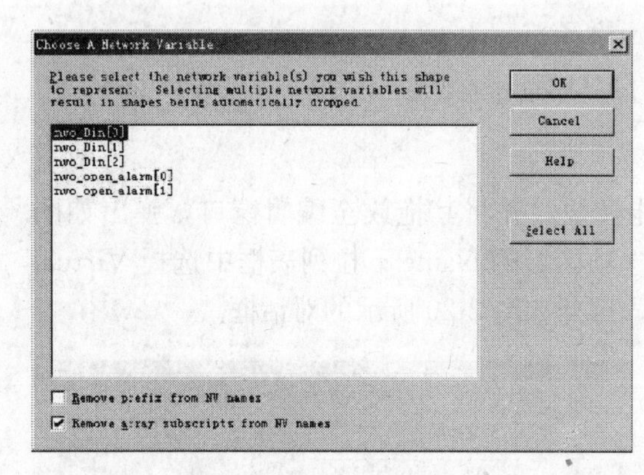

图 2-23　Choose A Network Variable 界面 2

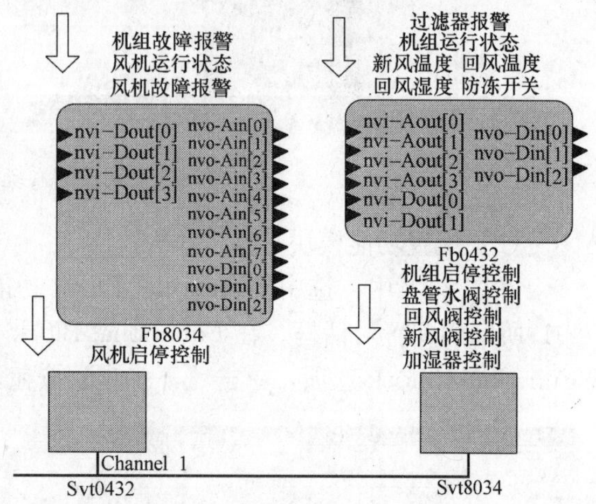

图 2-24　空调控制系统组态结果

（3）InTouch 设计

空调系统的 InTouch 操作界面如图 2-25 所示。

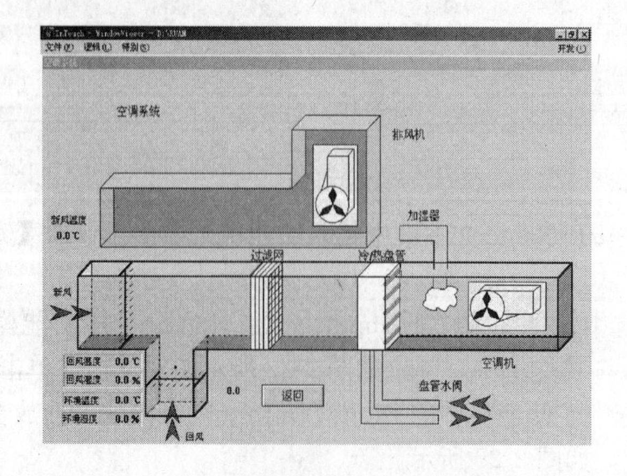

图 2-25　空调系统 InTouch 操作界面

操作员通过用鼠标单击画面中的新风温度传感器、回风温度传感器，可以查看到其实时曲线图与历史曲线图。

2.3 冷水控制系统实训

1. 实训目的

(1) 了解冷水控制系统的工作原理。

(2) 了解 LonWorks 技术。

(3) 熟悉 00GG 和 8034 节点的使用。

(4) 掌握 LonMaker 的使用。

(5) 熟悉 LNS DDE Server 的使用。

(6) 掌握 InTouch 软件的使用。

2. 实训设备

冷水控制系统模拟设备包括 1 台冷却塔、1 台冷冻水泵、1 台冷却水泵、1 台冷水机组、1 台电动水阀及 2 只水流开关传感器。这些模拟设备用电位器、电压表、灯和开关等代替。还需要 1 台计算机，LON 网线若干。

3. 实训原理

(1) 被控对象：冷水机组、冷冻泵、冷却塔、冷却泵。

(2) 工作原理：冷冻水经集水器、冷水机组、冷冻泵，将其冷却，由分水器送往冷水盘管，为空调机组和新风机组提供冷却水。冷水机组在制冷过程中需要进行冷却，冷却水经冷却塔和冷却泵为冷水机组冷却。

(3) 测试内容：冷冻水、冷却水进回水温度检测，冷冻水流量、压力检测，冷冻水、冷却水水流开关状态检测，冷冻水、冷却水水泵启停控制检测及状态检测，冷水机组、冷却塔启停控制及状态检测。

(4) 控制方法：

1) 根据事先排定的工作及节假日作息时间表，定时启停系统。

2) 根据供回水温度差及冷冻水流量，计算出系统的冷负荷，从而确定应当启动几台机组。

3) 根据冷冻水供回水的压差，调节旁通阀的开度，保证压差恒定。

4) 根据冷却水温度，控制冷却塔运行的台数。

(5) 连锁与保护：

1) 启动：首先开启冷却塔蝶阀、冷却塔风机、冷却水泵、冷冻水蝶阀、冷冻水泵，最后开启冷水机组。

2) 停止：首先停止冷水机组，关闭冷冻泵、冷冻水蝶阀、冷却水泵、冷却水蝶阀，最后关闭冷却塔风机、冷却塔蝶阀。

3) 保护控制：水流开关检测水流状态，如正常，冷冻泵、冷却泵启动；如遇故障，冷冻泵、冷却泵不启动。

(6) 报警：冷水机组、冷冻泵、冷却塔风机、冷却泵故障报警。

4. 实训要求

(1) 用现有设备完成硬件连接。

(2) 用 LON 网线连接各接点和计算机。

(3) 用 LonMaker 软件创建工程，完成硬件组态和软件组态。

(4) 用 InTouch 软件完成上位机监控界面的设计。

(5) 要求实现的控制功能如下：

1) 监视冷水机组运行状态。

2) 按照规定的顺序远程/自动控制机组启停。开关顺序为：冷却塔阀门、冷却水蝶阀、冷却水泵、冷冻水蝶阀、冷冻水泵、冷水机组（关机顺序相反）。

3) 冷冻/冷却水泵启停控制及故障报警。

4) 冷冻/冷却水进水水流量、温度、压力等参数的采集和记录。

5) 冷却塔风扇的启停控制。

6) 供回水温度、压力检测及压差旁通阀控制。

5. 实训内容

(1) 冷水系统的 LonMaker 设计

启动 LonMaker 软件，在左侧窗口中选择 LonMaker Basic Shapes 列表框，如图 2-18 所示。选中 Device 模块并将其拖放到组态窗口中，将弹出如图 2-26 所示的模块配置对话框。

在 Device Name 文本框中输入名称，选择 Commission Device 复选项，单击【下一步】按钮。在弹出对话框中的 Existing Template 列表框选择 Svt-00GG 模块。一直单击【下一步】按钮，直到提示按下 service 触点。

操作成功后，在组态界面的组态窗口中出现 Svt-00GG 模块图并显示绿色。按照上述方法创建 Svt-8034 设备模块，完成的组态界面如图 2-27 所示。

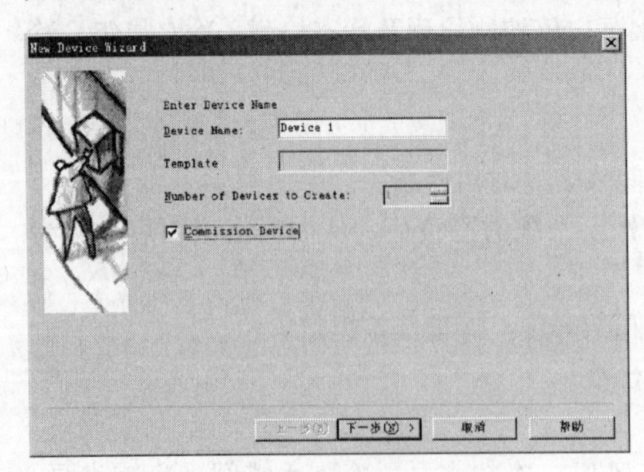

图 2-26　New Device Wizard 界面 7

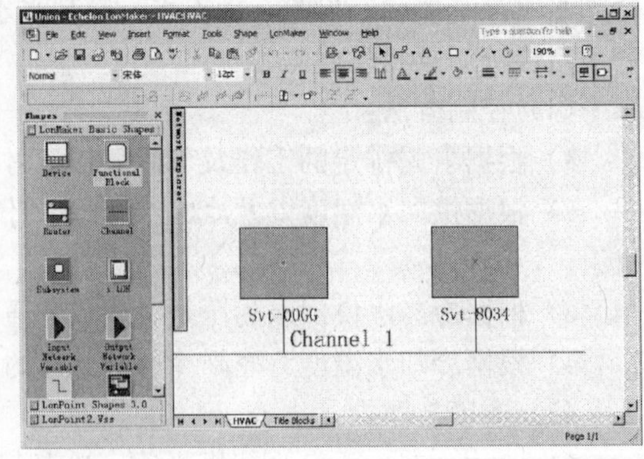

图 2-27　冷水控制系统 LonMaker 组态界面 1

(2) 配置功能模块

在图 2-27 中，选中 Functional Block 功能模块，并将其拖放至组态窗口，弹出如图 2-28所示的配置对话框。在 Functional Block 选项区域的 Name 列表框中选择 Virtual Functional Block 选项，单击【下一步】按钮，打开如图 2-29 所示的对话框。

在图 2-29 所示的 FB Name 文本框中输入功能块的名字 SVT-00GG，单击【完成】按钮即可。用同样的方法再创建一个模块，命名为 SVT-8034，得到的组态界面如图 2-30 所示。

图 2-28　New Functional Block Wizard 界面 1

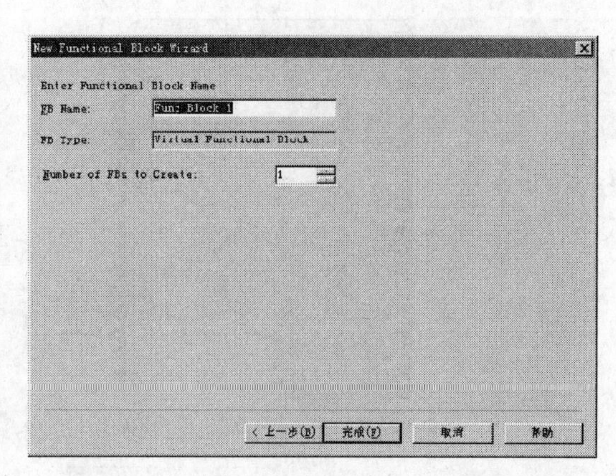

图 2-29　New Functional Block Wizard 界面 2

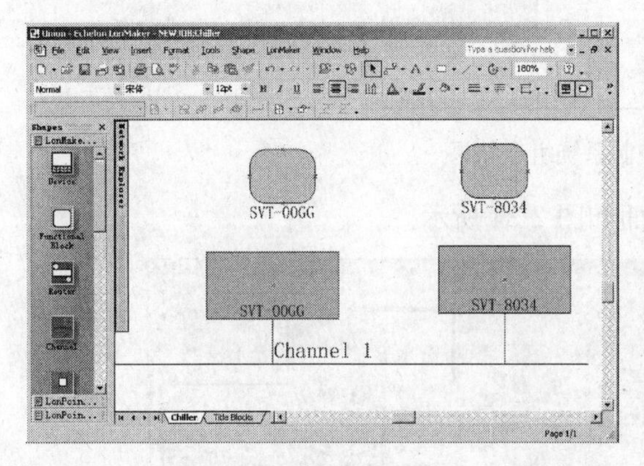

图 2-30　冷水控制系统 LonMaker 组态界面 2

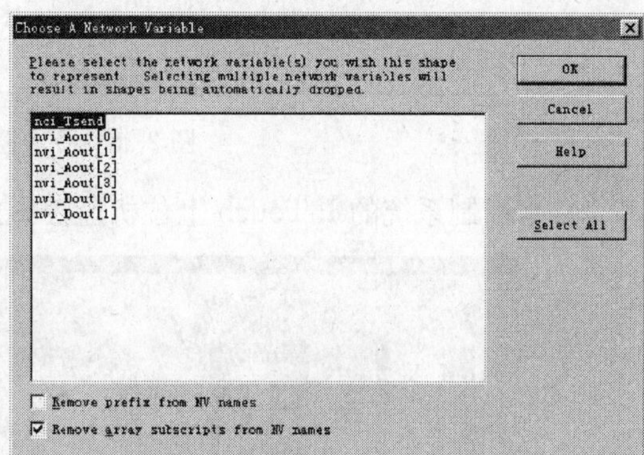

图 2-31　变量设置窗口 1

在图 2-30 中，选中左侧窗口中的 Input Network Variable 功能模块，将其拖入右侧组态窗口的 SVT-8034 功能块中，弹出变量设置窗口，如图 2-31 所示。

在图 2-30 中，选中左侧窗口中的 Output Network Variable 功能模块，将其拖入右侧组态窗口的 SVT-8034 功能块中，弹出变量设置窗口，如图 2-32 所示。

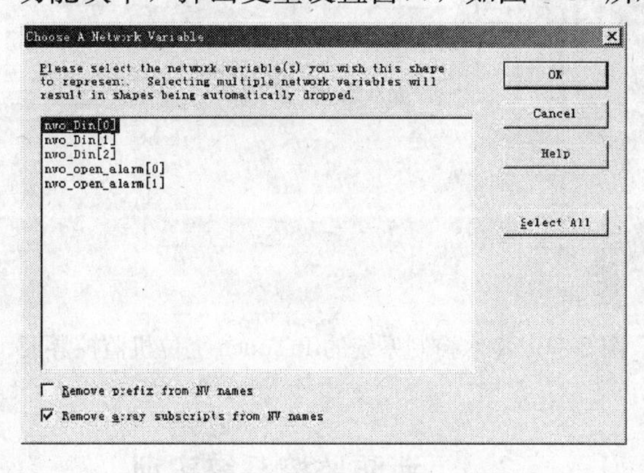

图 2-32　变量设置窗口 2

对于 SVT-00GG 模块，按照相同的方法进行组态，最后结果如图 2-33 所示。

（3）InTouch 设计

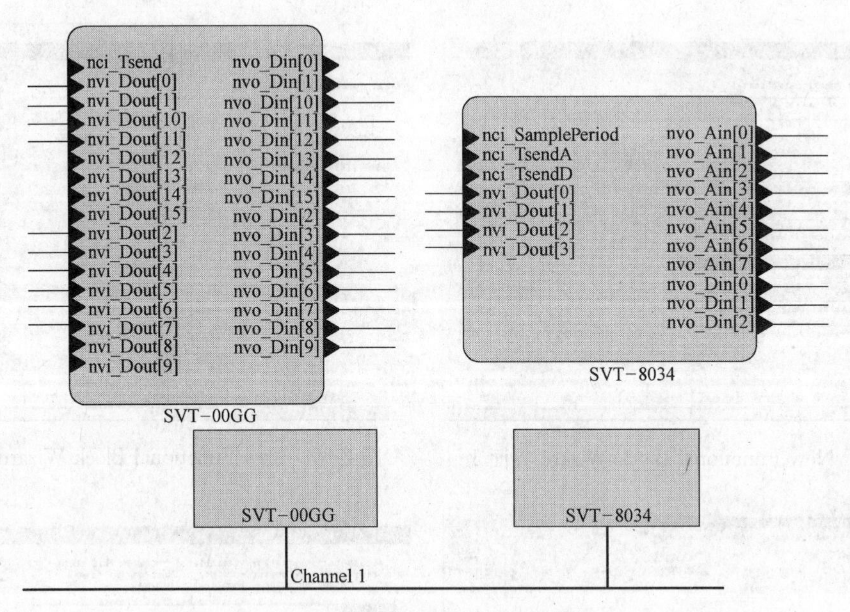

图 2-33　冷水控制系统组态结果

冷水控制系统的 InTouch 上位机监控界面如图 2-34 所示。

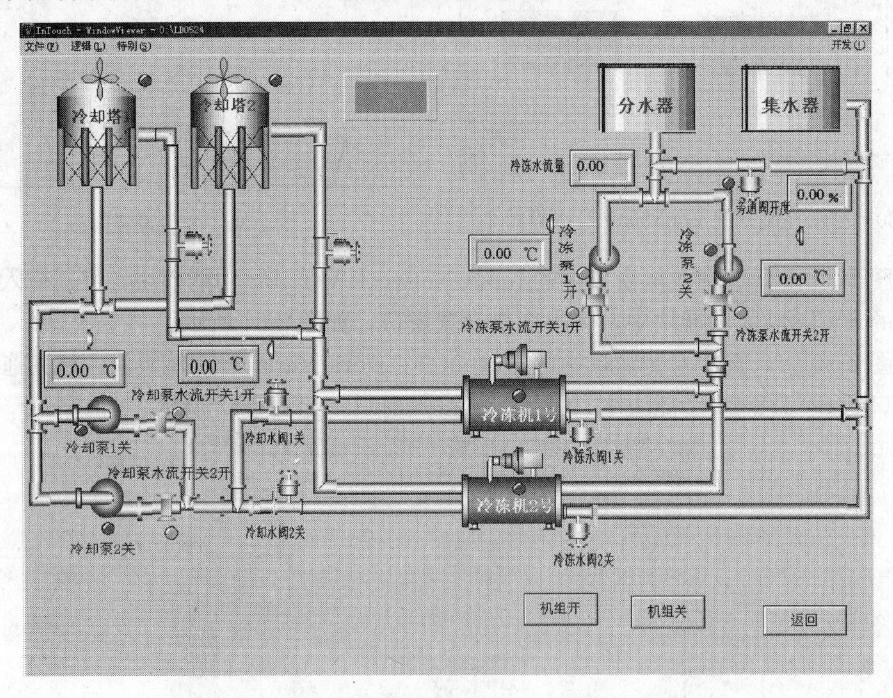

图 2-34　冷水控制系统的 InTouch 上位机监控界面

2.4　消防监控系统实训

1. 实训目的

(1) 了解火灾自动报警控制系统的基本组成及系统工作的原理。

(2) 理解消防控制系统的组成与工作原理。

(3) 理解感烟探测器、感温探测器、火焰探测器的结构及其工作原理。

(4) 了解 LonWorks 技术。

(5) 掌握 LonPoint 节点的使用。

(6) 掌握 LonMaker 软件的使用。

(7) 熟悉 LNS DDE Server 的使用。

(8) 掌握 InTouch 软件的使用。

2. 实训设备

1台计算机、模拟展板（包括传感器、指示灯、模拟显示表等）、LonPoint 节点、LonMaker 控制器组态软件和 LNS DDE Server 软件、InTouch 监控软件。

3. 实训原理

此系统由1个试验台及3个感烟探测器、1个感温探测器、1个警铃、2个风扇模拟火警联动设备组成。根据感烟探测器、感温探测器传递的报警信号实现与各个相关系统的联动控制，并在监控计算机人机界面上显示报警状态及相应联动控制。

4. 实训要求

(1) 用 LonMaker 软件设计控制器的软硬件组态。

(2) 当任一探测器报警时，驱动相应的联动设备（风扇模拟），同时警铃报警示意。

(3) 用 InTouch 软件设计上位机监控界面，实时显示各个火警探测器的状态。

消防系统采用模拟屏设备模拟实际设备的控制流程，针对不同输入、输出点的类型，采用不同的物理器件进行模拟。

(1) 数字输入（DI）：采用开关量的一个闭合开关模拟数字输入点的两种状态，0或1。

(2) 数字输出（DO）：采用指示灯泡或风扇表示当前数字输出的状态。灯亮代表1，灯灭代表0；或风扇转动代表1，风扇停止代表0。灯泡及风扇都采用12V供电。

5. 实训内容

对系统进行设计、编程，以及系统的调试、运行等项实训内容，具体步骤如下：

熟悉消防系统的工作原理；

系统硬件接线；

网络布线；

控制器软件组态；

上位机监控界面的设计（流程图画面制作，定义数据库，动画编程、命令语言编程及制作，实时及历史数据报告制作，系统安全设置）。

(1) 消防监控系统的 LonMaker 组态设计

启动 LonMaker 软件，在左侧窗口中选择 LonPoint Shapes 3.0 列表框，再选中 DI-10v3 和 DO-10v3 设备模块，并将其拖放到右侧组态窗口进行配置。

(2) 配置功能模块

在 LonMaker 组态界面中选中 Digital Input 功能模块，拖放至组态窗口，弹出配置窗口，只需按照默认设置进行操作即可，这样就完成了一个数字量输入功能模块的配置。若有多个功能模块，注意配置不同的通道，如图 2-35 所示。

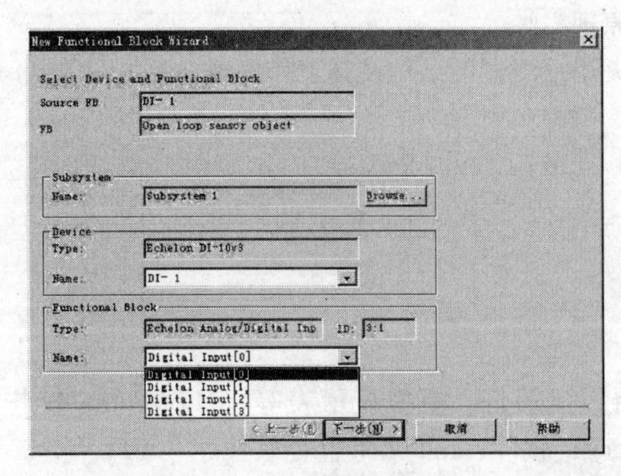

图 2-35 功能块配置界面

同样的方法，设置 Digital Output 功能模块。

最后将数字量输入、数字量输出及对应的功能模块配置完毕。只需连接好相对应的功能模块即可，结果如图 2-36 所示。

可以选中功能模块按照需要进行配置，输入功能块配置要注意选中 Inversion 取反相，如图 2-37 所示。

(3) InTouch 设计

用 InTouch 软件完成上位机监控界面的设计，如图 2-38 所示。

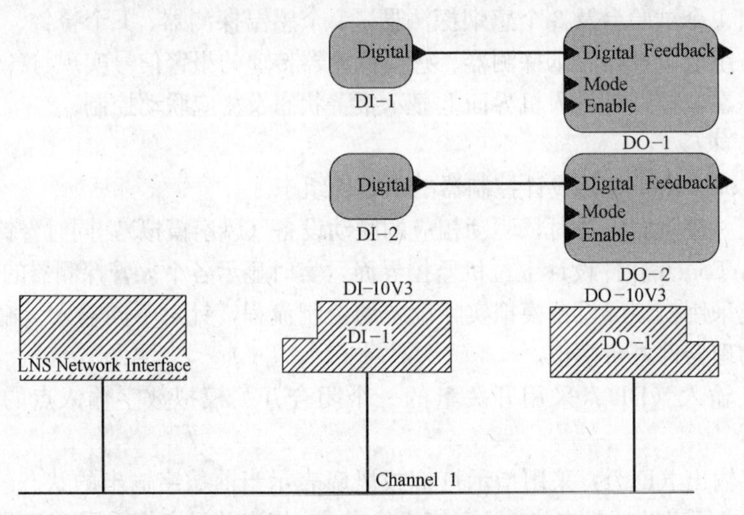

图 2-36 消防控制系统组态结果

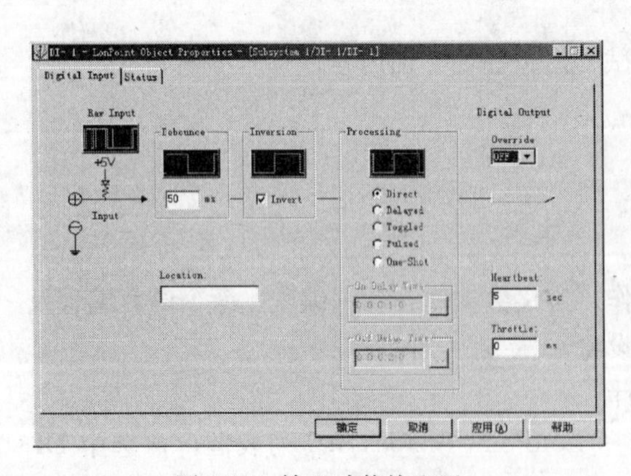

图 2-37 输入功能块配置

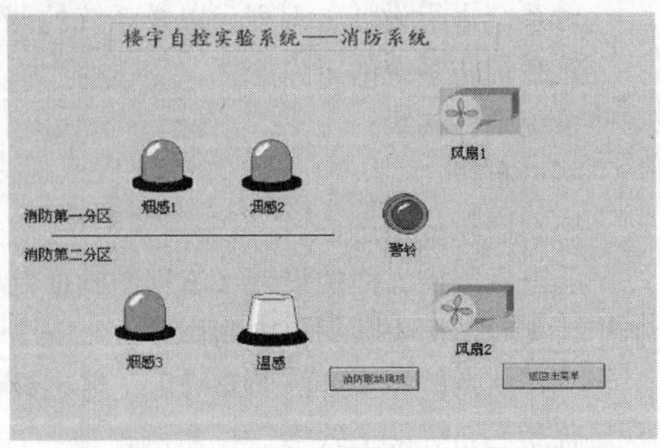

图 2-38 消防控制系统 InTouch 监控界面

第3章 门禁与指纹识别技术实训

3.1 门禁控制系统概述

本系统设计以实用教学为主，采用 Honeywell 公司最先进的 WSE 门禁系统设备，具有高度的集成化环境，能够确保系统的安全、可靠，并提供一个完善、真实的管理环境。门禁系统主要用于系统内部人员的进出管理，防止外部人员随意进出，对所有通道读卡门进行实时监控，同时配合其他门禁系统实现一卡管理。

1. WSE 门禁系统概述

门禁控制系统选用美国西屋（WSE）公司的专业产品，是一个集出入口管理和报警为一体的综合出入口管理控制系统。在通道或出入口安装读卡器，通过授权管理，只有持有效卡的合法用户才能进出门禁控制区域，出入记录全部存储在电脑中，出入口控制完全采用电子控制，保卫人员只需在操作室中，就可对所有门禁区域进行监测和控制。

门禁控制系统由软硬件两部分组成。NSM 系统软件是基于服务器及客户端的应用程序，运行于 Windows 2000 平台。硬件部分主要由门禁控制器、门禁控制器 I/O 接口组成，前端安装读卡器（包括指纹读卡器）、门磁、开门按钮及电控锁。

控制器与电脑之间通过串口、通信转换器（RS-485 总线）或网络接口实现多种方式的连接。若所需控制的门与控制中心距离远，还可以通过调制解调器进行远程连接。

2. 门禁系统结构设计

依据实训室门禁系统布局，本系统采用集中式结构设计，即总线通信方式、模块化设计。

（1）总线通信方式

总线通信子系统为 RS-485 总线方式，由门禁通信接口提供计算机 RS-232 至 RS-485 的连接方式，每台通信接口提供 4 个 RS-485 接口，每个 RS-485 接口可连接 4 台门禁主机。

（2）模块化设计

门禁控制主机选用 2 门控制器。门禁控制主机因具有独立的控制及管理能力，即在系统主机关闭、通信线路离线时仍能实现门禁系统的独立运作，其 I/O 接口也采用 RS-485 串行通信线外挂于总线上，其模块化结构提供了极其灵活的连接方式。

（3）分层星形拓扑结构

水平控制子系统采用星形连接方式，将实训室读卡门信号送至控制箱，其中包括门禁控制信号输出，门磁、出门按钮信号输入。读卡器采用 RS-485 总线方式连接，最大距离可达 4000 英尺（600m）。因所有信号都送至控制箱进行统一配线，极大地减少了系统排错及维护、维修时的工作量。也就是说，提供完整的门禁控制主机，接口与前端的读卡器、门锁同时配有电源及备电，即使系统出现问题乃至受到破坏时，其他区域仍可正常工作，使系统更加安全、稳定、可靠。

3. 控制器连接设计

门禁控制主机连接如图 3-1 所示。

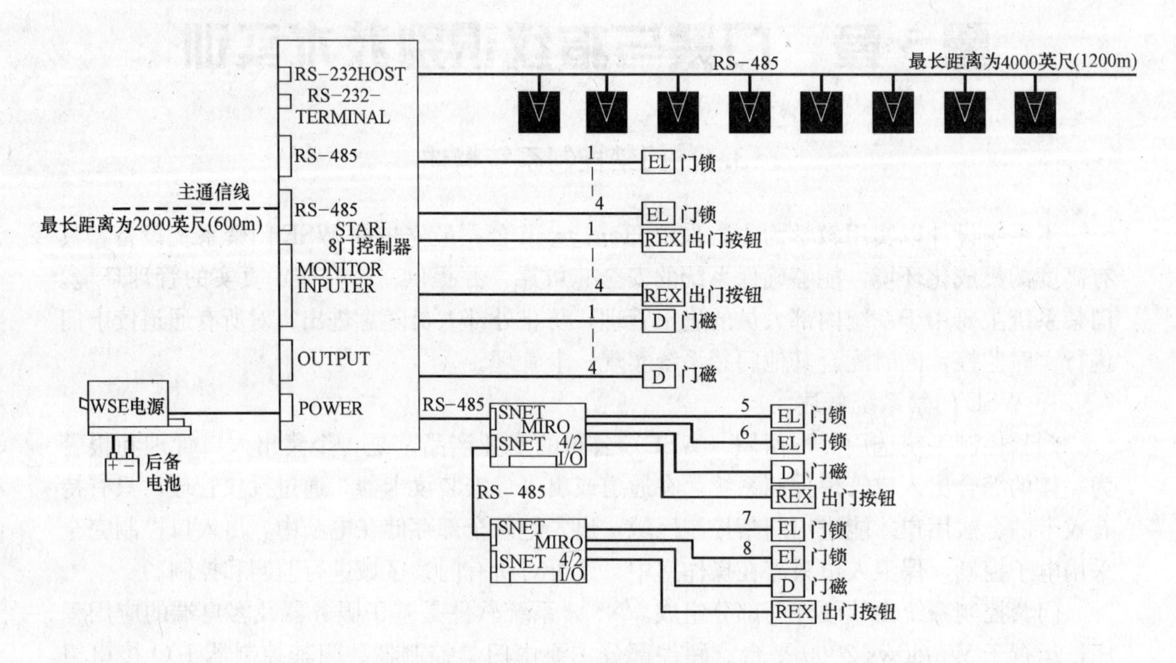

图 3-1　门禁控制主机连接图

门禁控制主机选用 WSE 公司最新的 Star Ⅱ系列主机，具有 1 个 RS-485 总线接口，用于与主机之间进行通信 2000 英尺（600m），2 个 RS-485 接口用于连接读卡器、主机 I/O 接口模块。读卡器以 RS-485 方式挂于总线上，最远距离可达 4000 英尺（1200m）。

Star Ⅱ主机自带 4 个继电器输出口及 16 个输入点，可用于连接门磁、出门按钮信号（输入），并控制电锁（输出）。如需控制 2 个门或连接其他设备，则可根据要求增加 I/O 接口模块（MIRO）。MIRO 有 4/2、16/8、24/0 多种可选形式，MIRO 也为 RS-485 连接方式，因此可挂于总线的任何地方，方便其他设备接入及控制。

4. 门禁系统设计方案

根据以上介绍及实际系统需求设计一个简单的门禁控制系统，其结构详细介绍如下。

系统使用 1 台门禁控制主机、2 个读卡器、2 个出门按钮、2 个磁力锁和 1 台指纹读卡器。2 个读卡器分别管理 2 扇门的进入权限，1 台指纹读卡器和 1 个出门按钮并列管理 1 扇门的出门权限，门锁采用断电开锁方式。

在本系统中，门禁控制主机通过 RS-485 总线与 EBI 中央工作站进行通信，借助一台 PC 机完成指纹录入（在 3.3 节详细介绍）。

3.2　指纹读卡器软硬件安装及使用说明

3.2.1　安装指纹读卡器

1. 指纹读卡器的硬件安装

指纹读卡器安装于墙上，距地面1.5m处，如图3-2所示。指纹读卡器用一根RS 485的屏蔽线与门禁主机相连。当需要向该读卡器输入指纹时，需用其自带的线缆与PC机的串口相连。

2. 读卡器软件VeriAdmin 4.50的安装

(1) 把指纹读卡器自带的软件光盘放入光驱中，程序自动运行。当出现安装向导界面时，单击Next按钮，如图3-3所示。

(2) 当出现选择安装路径的界面时，选择相应的安装路径后，单击Next按钮，如图3-4所示。

(3) 当出现选择安装文件夹的界面时，输入或选择安装文件夹名称后，单击Next按钮，如图3-5所示。安全安装后弹出安装完毕对话框，如图3-6所示，单击Finish按钮完成安装。

图3-2 指纹读卡器

图3-3 软件安装向导界面

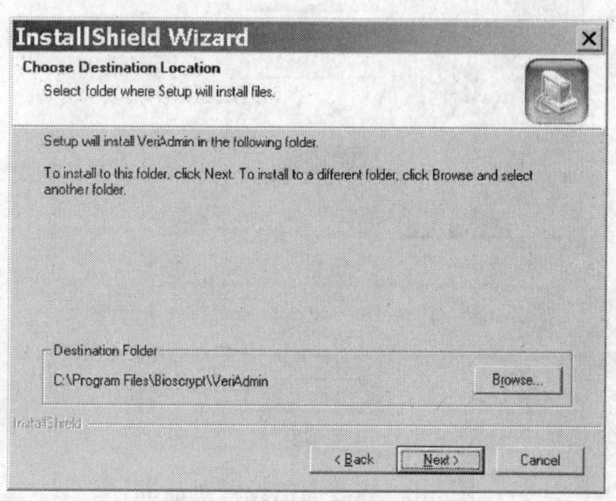

图3-4 软件安装路径界面

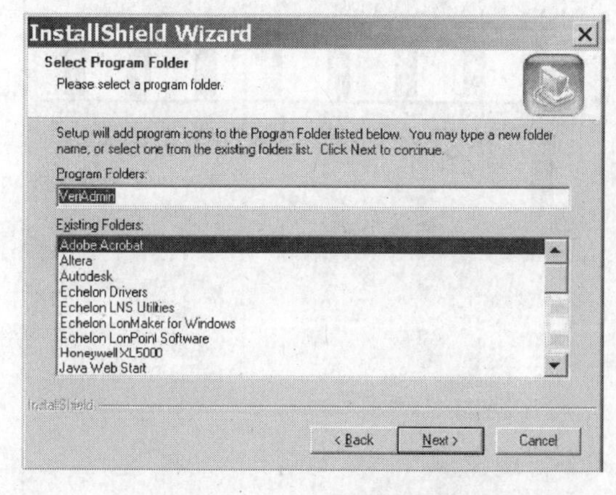

图3-5 安装文件夹界面

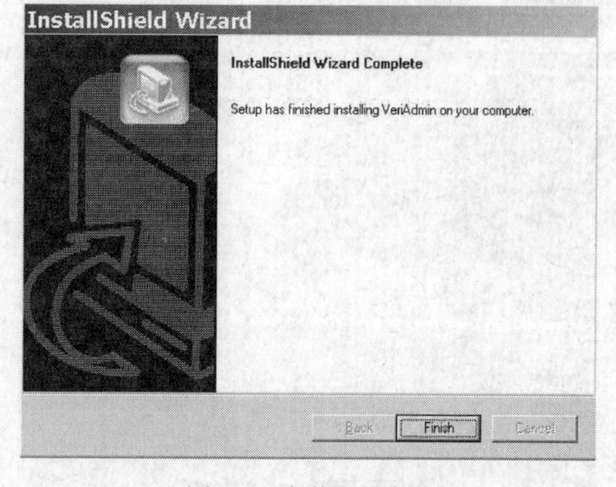

图3-6 安装向导完成

(4) 当所有安装程序完成时，桌面将出现指纹读卡器软件的图标，如图3-7所示。

3.2.2 软件使用说明

(1) 双击指纹读卡器软件使用图标后，打开修改通信设置的对话框，如图3-8所示。在Transmit ID文本框中输入1，在Comm Port下拉列表框中选择1，在Baud Rate下拉列表中选择 9600。

（2）修改完毕后，单击 Test 按钮。

（3）当出现通信成功连接的提示后，单击 Accept 按钮，直接进入指纹读卡器软件的界面，如图 3-9 所示。

（4）单击网络状态按钮，进入 Network Status 对话框，如图 3-10 所示。

（5）单击 Refresh 按钮，将出现网络上所有指纹读卡器的状态，如图 3-11 所示。

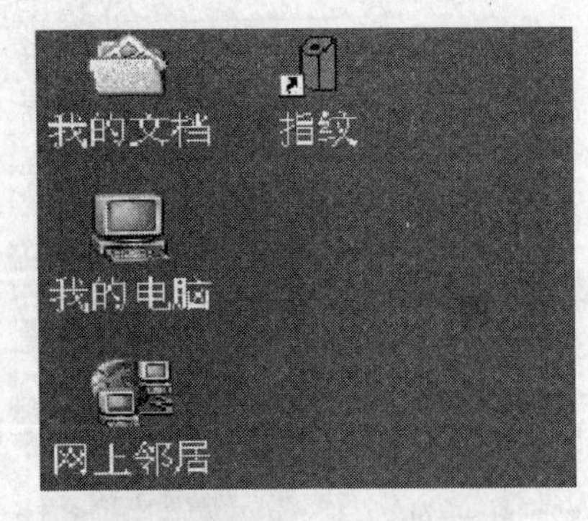

图 3-7　指纹读卡器软件图标

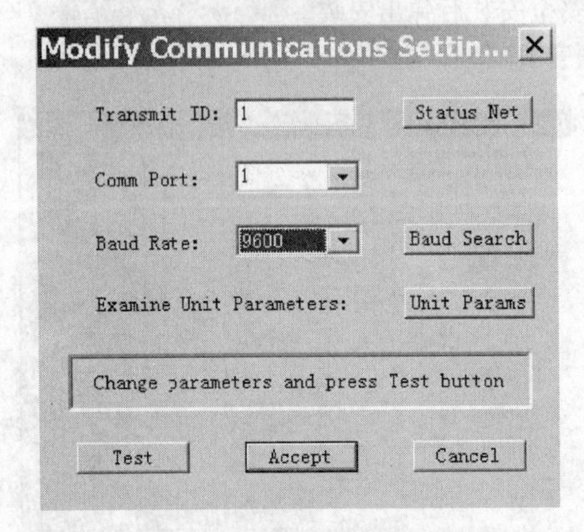

图 3-8　修改通信设置对话框

图 3-9　指纹读卡器软件界面

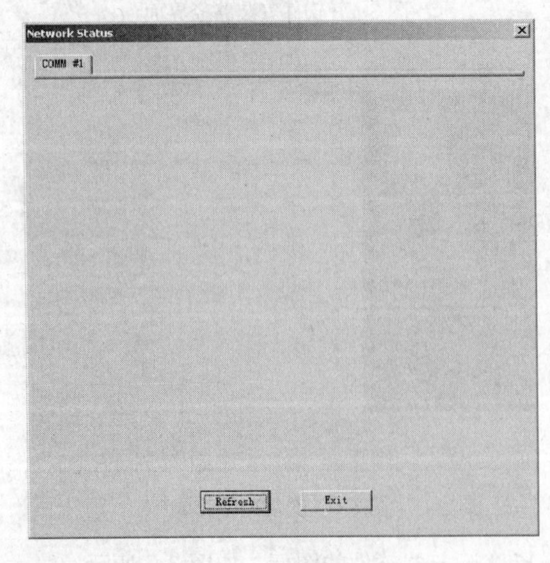

图 3-10　网络状态界面

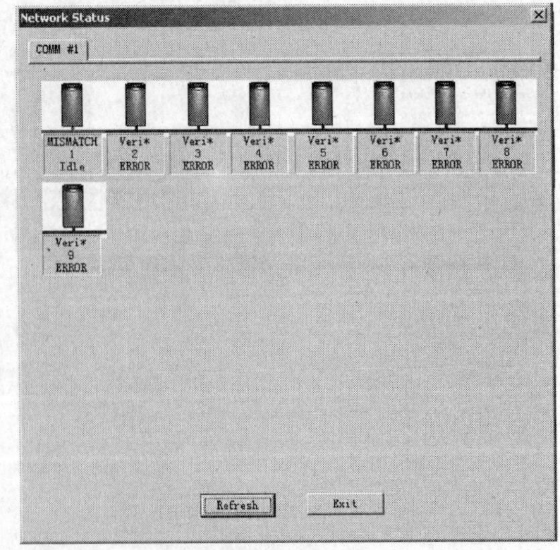

图 3-11　所有指纹读卡器的状态界面

（6）一个网络上可以安装 9 台指纹读卡器，在这个网络中只有第 1 台读卡器可以使用，刷新后单击 Exit 按钮。

（7）单击高级录入程序按钮，当出现如图 3-12 所示的提示框时，单击 Yes 按钮，选择自动人工录入方式。

（8）在 Advanced Enrollment（高级录入）对话框的 mplate ID 文本框中输入指纹 ID 号，把相应手指放在指纹读卡器上，单击 ENROLL 按钮，当听见“嘀”的一声时，手指即可离开指纹读卡器。此时，人为输入的 ID 号为 41，如图 3-13 所示。

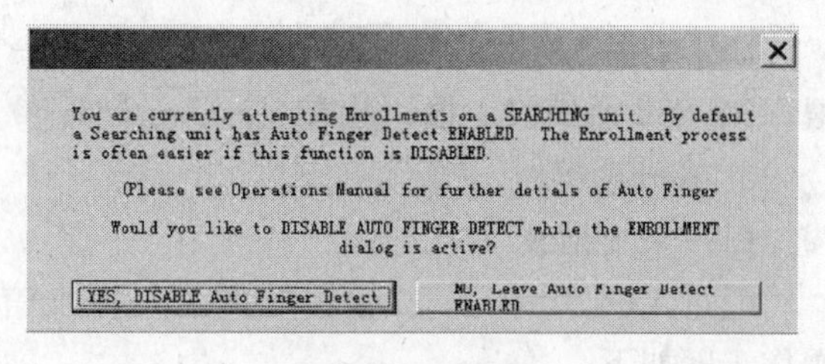

图 3-12　提示框 1

（9）在图 3-13 中单击 ACCEPT 按钮，弹出 Template Editor 对话框，如图 3-14 所示。单击上一步采集的手指图片，在 Current Unit 区域单击 Save 按钮，把相应的手指信息存入指纹读卡器中。

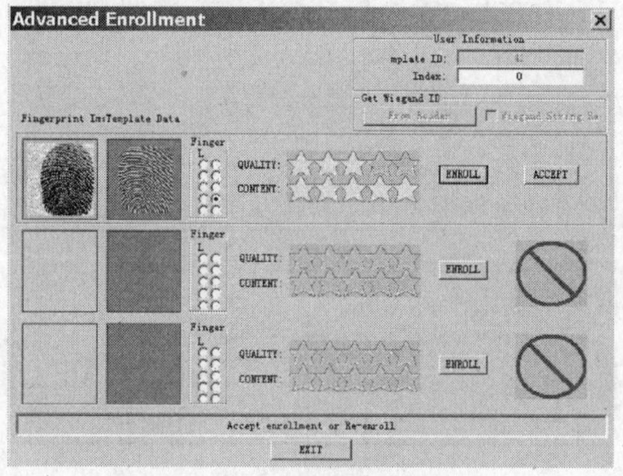

图 3-13　高级录入对话框

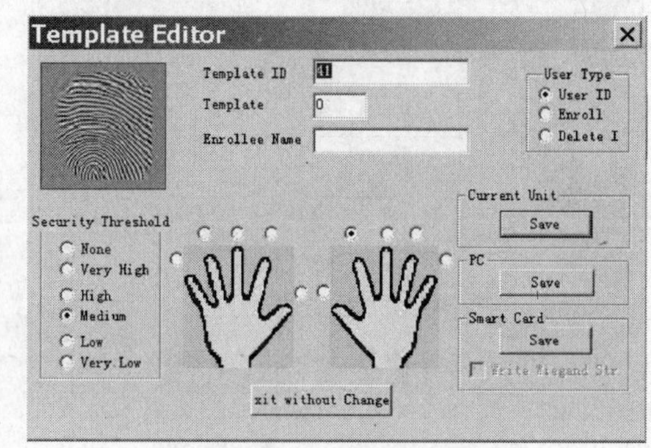

图 3-14　模版编辑对话框

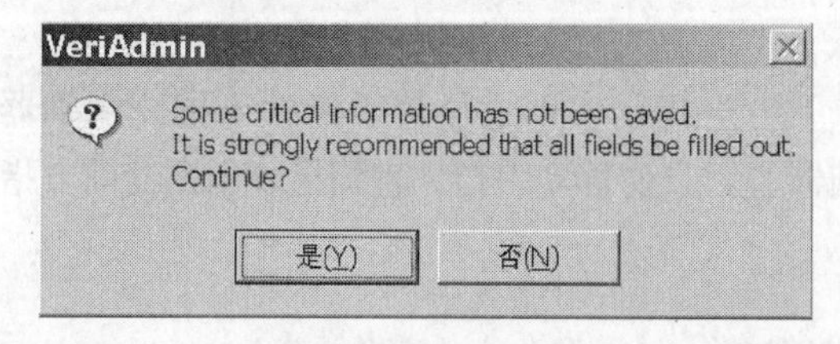

图 3-15　提示框 2

（10）在随后出现的提示框中单击【是】按钮，如图 3-15 所示。

（11）此时又回到高级录入程序的界面中，单击 EXIT 按钮，并同时退出指纹读卡器软件。把相应手指放在指纹读卡器上，3s 后，指示灯由橙色变成绿色，并同时听到开门声，表明该手指指纹录入成功。

（12）若将另一手指放在指纹读卡器上，指示灯则显示为红色，表示该手指未得到认证，不能打开相应的门锁。

整个步骤完成以后，指纹读卡器软件的安装均已完成。

3.3　基于 EBI 的指纹识别技术实训

1. 实训目的

掌握通过 EBI 中央工作站完成指纹采集、录入和下载至门禁控制器的全过程，实现用指纹开锁。

2. 实训设备

EBI 中央工作站、Bioscrypt 指纹识别器 1 个、485-232 转换器 1 个、RS-485 通信线 1 根、RS-232 通信线 1 根、装有 VeriAdmin4.50 软件的计算机 1 台、门禁系统控制器。

3. 实训内容

(1) 采集指纹

通过 VeriAdmin4.50 软件采集某人指纹信息，并将该指纹信息存入指纹识别器中，操作步骤如下：

1) 打开 VeriAdmin4.50 软件，如图 3-16 所示。单击快速采集按钮，在打开的 Quick Enrollment 对话框中，将完成指纹采集的关键过程如图 3-17 所示。

图 3-16　VeriAdmin4.50 软件界面

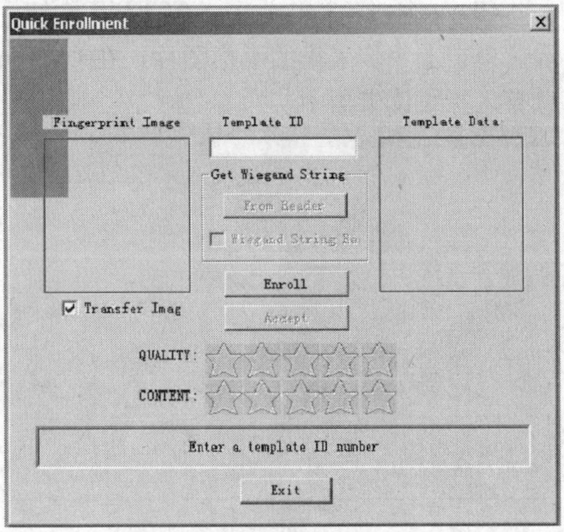

图 3-17　指纹录入界面 1

2) 按照窗口下方提示，在 Template ID 文本框中输入指纹号（由实训人员任意编写，但不可重号），例如输入 1234，如图 3-18 所示。

3) 在图 3-18 中，单击 Enroll 按钮，窗口下方会提示实训人员将手指放于指纹识别器上，实训人员须选择一只手指轻放于指纹识别器上，且勿移动手指，直到指纹识别器前方指

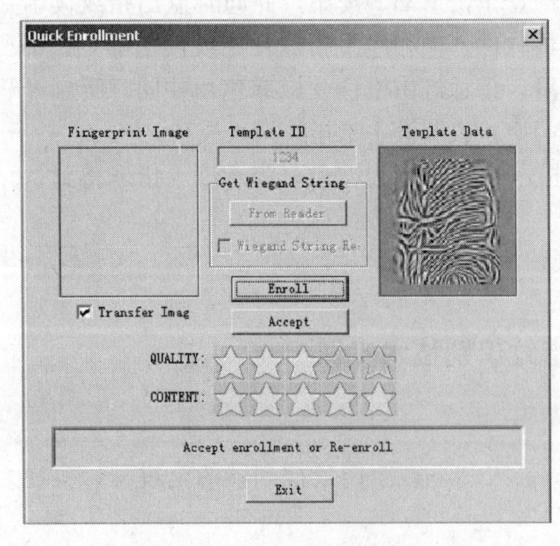

图 3-18　指纹录入界面 2

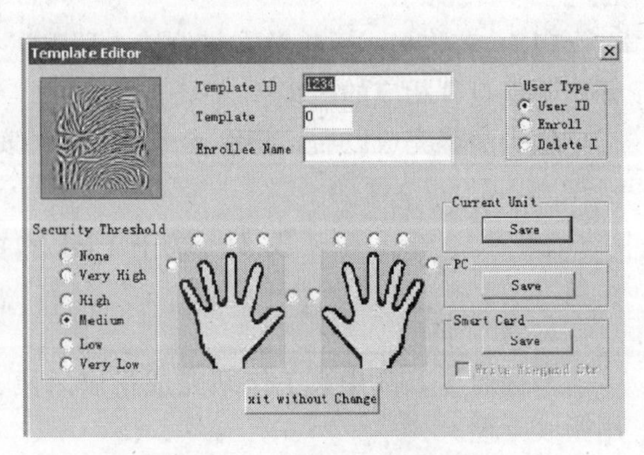

图 3-19　模版编辑对话框

示灯由红变绿，并发出“嘟”的响声，说明该手指指纹已被采集。这时若实训人员认为指纹质量不高，可根据下方提示重新采集一次，步骤同上。

4）实训人员认为指纹质量合格后，单击 Accept 按钮，弹出 Template Editor 对话框，如图 3-19 所示。填写完相应信息后，将该指纹信息存至 Current Unit，即指纹识别器中。这一过程由连接计算机与指纹识别器的 RS-485 通信线与 485-232 转接器实现。

（2）保存指纹

在 EBI 中央工作站录入该指纹，并将该指纹信息下载至门禁系统控制器中，操作步骤如下：

1）在中央工作站所在的计算机上，打开集成软件 Station，如图 3-20 所示，单击窗口状态栏的 Oper 信息，在弹出的输入密码对话框中输入适当密码，就能以管理员身份对站内信息进行添加、删除和修改，如图 3-21 所示。

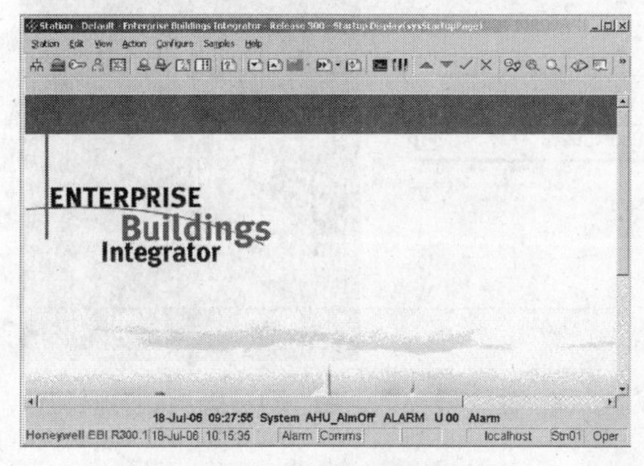

图 3-20　EBI 界面

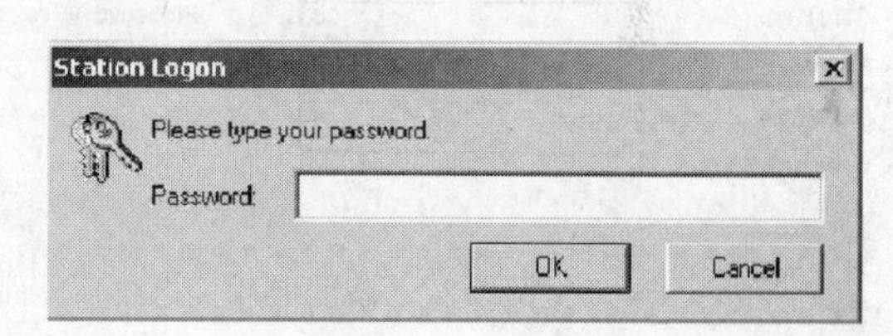

图 3-21　输入密码对话框

2）单击图 3-20 中的按钮（持卡人管理菜单），打开持卡人管理界面，如图 3-22 所

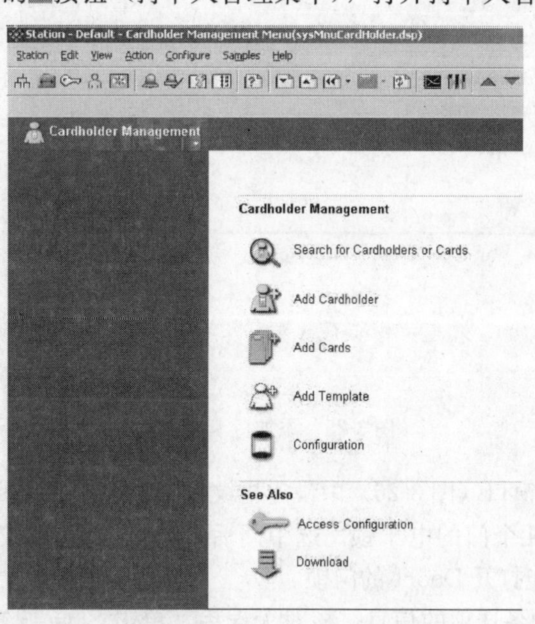

图 3-22　持卡人管理界面

示。单击其中的 Add Cards 选项，打开添加卡片（指纹）界面，如图 3-23 所示（系统默认一个指纹代表一张卡）。

3）在图 3-23 中，填写先前采集的指纹号 1234，填写完其他信息后单击 Add 按钮，完成指纹号码的录入。

4）单击图 3-24 中的 Add Cardholder 选项，在打开的 Add Cardholder 窗口中完成指纹所有人信息的填写（持卡人姓名设为 hn），并将录入的卡号发放给此人，这两项工作完成后，单击 Add 按钮，完成持卡人信息录入和卡的发放，如图 3-25 所示。

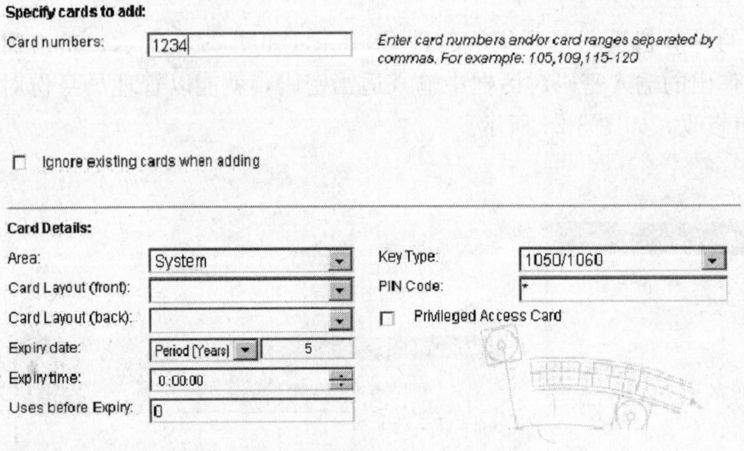

Specify cards to add:
Card numbers: 1234
Enter card numbers and/or card ranges separated by commas. For example: 105,109,115-120
Ignore existing cards when adding
Card Details:
Area: System
Card Layout (front):
Card Layout (back):
Expiry date: Period (Years) 5
Expiry time: 0:00:00
Uses before Expiry: 0
Key Type: 1050/1060
PIN Code: *
Privileged Access Card

图 3-23　添加卡片（指纹）界面

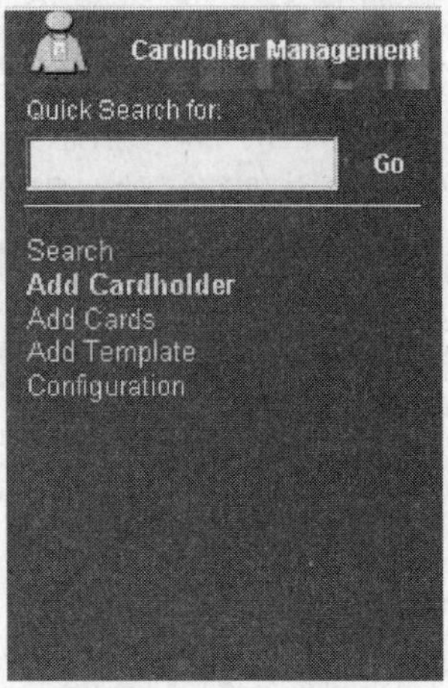

Cardholder Management
Quick Search for:
Go
Search
Add Cardholder
Add Cards
Add Template
Configuration

图 3-24　持卡人管理界面

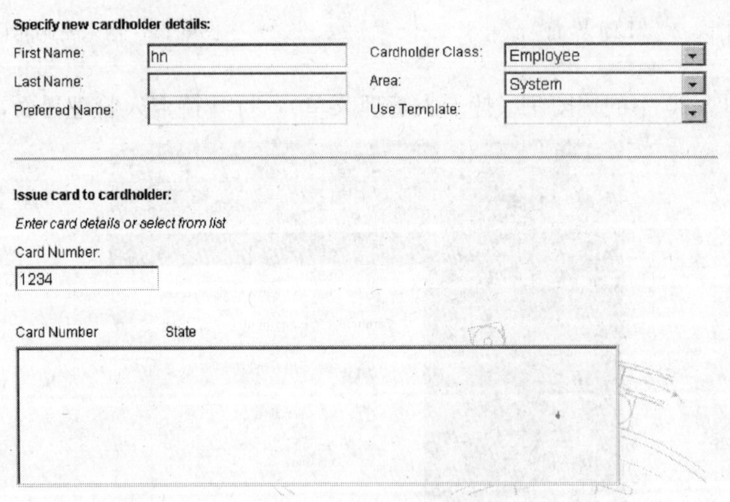

图 3-25　添加持卡人界面

5）在随后出现的窗口（图 3-26）中设定指纹权限，选择 Access Levels 标签，在其中设定该指纹可以开哪几个门的电子锁。选中门后，单击 Assign 按钮即可，如图 3-27 所示。例如设定该指纹能打开 Door1 的门锁。

6）检查图 3-26 中各选项的信息，核对无误后，单击 Save 按钮，保存上面设定的一切信息。

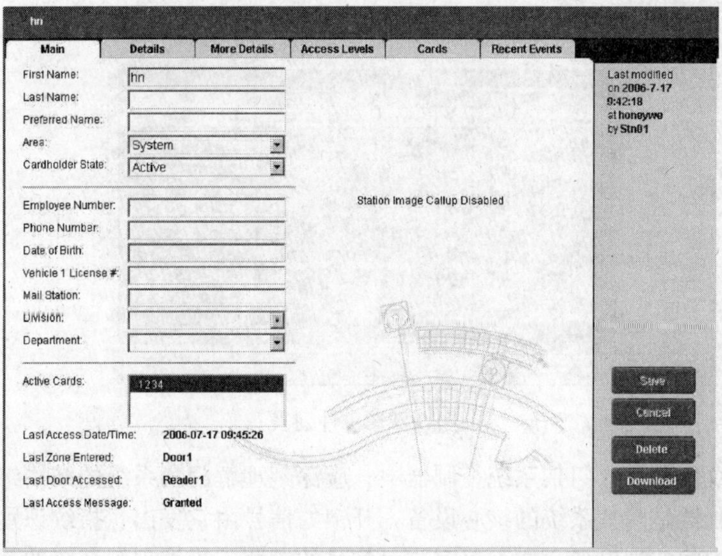

图 3-26　持卡人信息界面

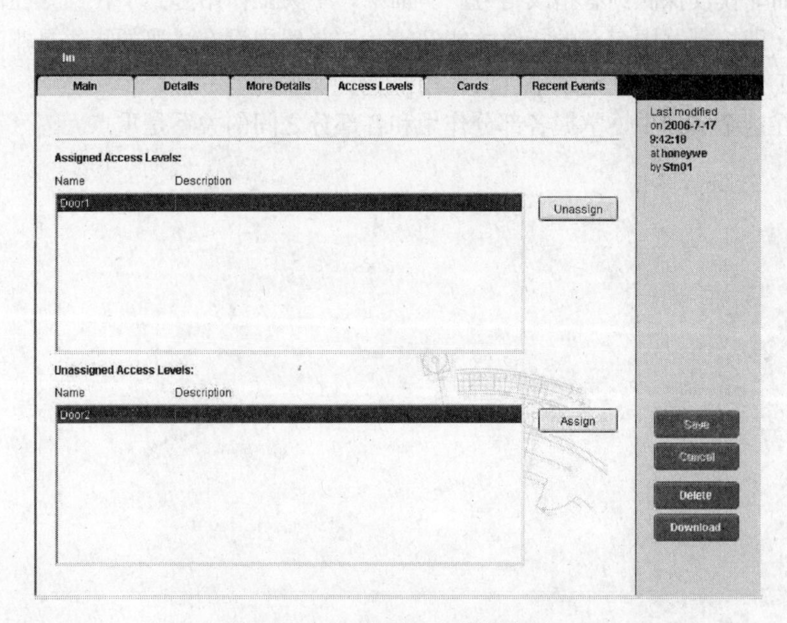

图 3-27　卡（指纹）权限设定界面

7）单击 Download 按钮，将指纹信息与指纹所有人信息下载至门禁系统控制器中，这一过程通过连接工作站与门禁系统控制器的 RS-232 通信线完成。窗口上方有 Download Complete 字样出现，则说明下载过程完毕。

8）现在名为 1234 的指纹即可用来开锁了，将指纹放至指纹识别器，数秒后，指纹识别器的指示灯由红变绿，发出“嘟”声，同时，被设定的相应门的电子锁打开（Door1 门锁打开）。打开工作站的 Recent Events，可看到事件显示列表，如图 3-28 所示。

4. 实训分析

本实训是门禁系统众多实训中的一个，包括两部分：（1）将指纹信息存入指纹识别器

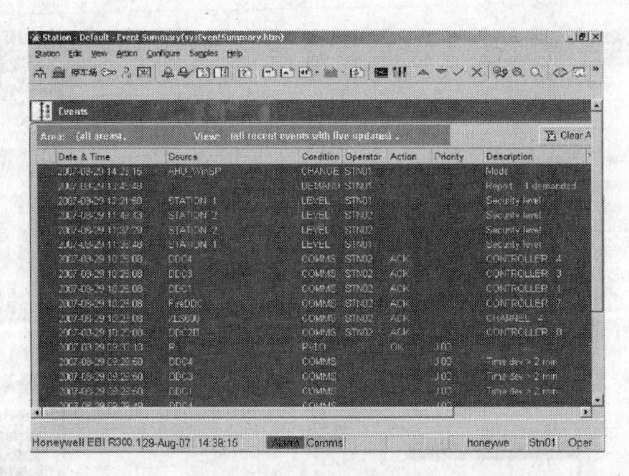

图 3-28　事件列表

中。(2) 将指纹信息存入门禁系统控制器中。应深刻理解门禁系统的结构组成和各部分的作用。门禁控制器是门禁系统的核心设备，开锁的信号由它发出。指纹识别器如同消防和安防其他系统中的前端设备一样，仅完成对信号的探测，指纹识别系统的关键在于用指纹打开门锁，而非仅仅探测到有指纹信号。实训中，中央工作站起到了往门禁控制器中注册信息的作用，即控制器中存在的指纹才能开锁，控制器中没有注册的指纹是非法的，不能进入。中央工作站还起到了记录事件的作用。

总之，在这个实训中，掌握各部分作用和各部分之间的关系是重点。

第4章 消防系统实训

4.1 消防系统概述

本系统模拟现实生活中真实的消防系统，其设计以实用教学为主，主要包括3部分：消防报警系统、消防水系统、消防广播系统。

1. 消防报警系统

(1) 系统结构

消防报警系统包括1台XLS-800消防报警控制器、3个智能感温探测器、3个光电感烟探测器、1个手动报警装置、7个控制模块、7个输入模块、1个双址输入输出模块及声光报警器、防火卷帘门、防火阀等消防联动设备。

在房间顶部放置2个智能感温探测器和2个光电感烟探测器，并根据消防规范在防火卷帘门附近放置1个智能感温探测器和1个光电感烟探测器；双址输入输出模块放置在电梯系统附近，当火灾发生时，致使电梯降底并有反馈信号；防火卷帘门附近安装了2个控制模块和2个输入模块，当火灾发生时，防火卷帘门实现两步降并有反馈信号；在防火阀附近安装微型输入模块，当火灾发生时，关闭防火阀；在空调附近安装控制模块，当火灾发生时强制切断空调电源；在消防水系统附近安装4个控制模块（分别控制喷淋泵和消防泵的启停）和4个输入模块（分别反馈喷淋泵和消防泵的状态及湿式报警阀和水流指示器的状态）。

(2) 消防报警控制器

控制器根据获取的数据及内部存储的大量火灾数据判断火灾的真伪，当复合判定为火警后，向值班人员发出报警信号，并指示火警发生的物理部位，显示火警发生的数量、日期、时间，同时控制器执行预先编程构造的防火联动方案，向现场联动防火设备发出执行命令。本报警系统选用的是XLS-800型号的消防报警控制器，如图4-1所示，它具有以下功能：

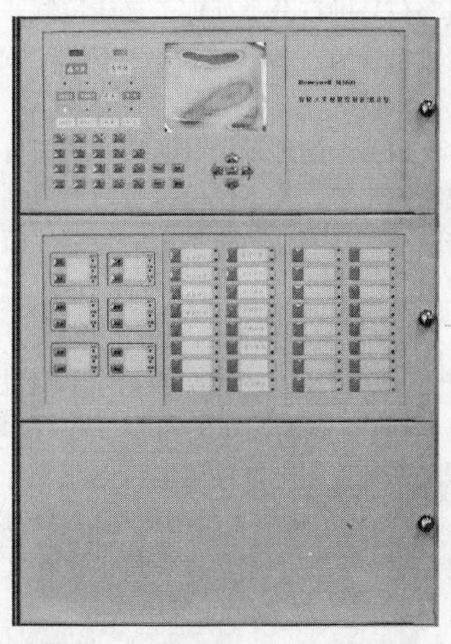

图4-1 XLS-800火灾报警控制器

1) 控制器的网络卡支持XLS-800，可由16台控制器RS-485联网组成主从型火灾报警系统，可跨机联动、跨机共享网络报警信息。网络线总长1500m，介质为屏蔽双绞线，也可与消防控制中心(EBI)工作站连接，实现远程监控与中央集成。

2) 控制器的主机卡（主CPU卡）是控制器的“大脑”部分，主要对液晶显示器、编程操作键盘、打印机、各类插卡的CPU卡（从CPU）进行管理，下达命令。本控制器采用多CPU工作方式，主CPU与从CPU内部资料传递方式为全双工异步通信，某CPU发生故障时，其余CPU仍可独立工作，进行信号传输并维持系统功能。

3）控制器具有双重的软件编程功能。用户可通过控制器键盘操作，在液晶显示器的中文主菜单的引导下，进行构造联动控制模式、对控制器内部硬件插件进行设置、对各编址单元进行物理地址部位交叉联动控制、屏蔽定义等功能的现场编程。上述操作也可以通过计算机编程实现。火灾报警信号传递到控制器后，控制器根据预先编程设置构造的联动控制模式执行联动操作，自动向现场安装的各编址控制模块发出执行命令，联动现场不同物理部位的防火设备，同时接收防火设备动作回授信号。XLS-800的联动控制方式采用自动、手动和直线3种控制方式，通过6路直线联动控制板的6路直线控制可以使得控制器在不能正常工作时可人工远程启动重要的灭火设备：6路直线控制板上有6路直线控制输出，可控制6个消防设备的启停，每路还有一个可编程输出继电器。直接操作面板上的按键可以控制外接设备的启停，通过控制器编程还可以直接启动设备。其功能为：可自动或手动控制6个防火设备的启动与停止；可接受相应控制设备的动作回授信号；可接受相应控制设备的故障回授信号。

4）控制器的数据卡具有可靠性高、操作简便、保密性强等特点，主要对各类报警信息、手动操作、自动控制进行登记存储，本IC卡可以存储4096条记录，当记录的资料大于4096条时，自动存入最新的记录，删除最旧的记录。该卡同时监视着控制器电源、备用电源的工作情况，当电源出现某种故障时，将在液晶上显示出故障类型（主电故障、备电故障、回路24V过压、回路24V欠压、联动24V过压、联动24V欠压、回路接地故障），同时以声光信号提示。数据卡还具有一个RS-232串行通信接口，用以和计算机或其他设备通信，完成对其现场编程等功能。

5）控制器的回路卡是连接现场各编址单元的重要部件，本控制器最多能管理8个回路卡，每个回路卡都有独立的CPU分别对本回路的编址单元进行巡回检测。将检测到的报警信号进行分类处理，等待控制器查询。该卡（每回路）能管理各编址单元的地址，其最大容量为：99个模拟量探测器，99个功能模块（手报、输入、输出模块等），15台楼层复示器。

回路卡的地址由其所插的插槽位置决定，卡自身并无地址。输入模块可选择火灾报警或状态报警，让系统值班员马上辨别出控制器接收的是设备返回信号还是某报警设备的报警信号，从而使值班员更清楚事故原因，作出最佳的决策。报警时，火灾报警优先于故障报警。

6）控制器电源采用低压开关稳压方式。选用转换效率高、抗冲击力强的环形变压器进行一次降压，经脉冲调宽式IC芯片控制进行二次降压，输出稳定的三路直流电压（回路+24V、联动+24V和DC 5V）供给主机、需要可复位电源的编址单元及供6路直线联动系统使用的联动电源（电流小于1.25A）。

7）显示板将系统的所有信息传送给液晶屏予以显示，并用发光二极管重复显示其重要信息，系统的编程操作按键也在其上。

2. 消防水系统

消防水系统分为喷淋系统和消火栓系统，包括4台消防泵、2台稳压泵、1个消防水箱、1 个消火栓箱、2 个电接点压力表、1 个水流指示器、1 个湿式报警阀和 3 个控制屏(三个控制屏分别控制 2 台喷淋泵、2 台稳压泵和 2 台消防泵)。消防泵和喷淋泵分别为一工一备。消防水泵实景图如图 4-2 所示，消防水箱、消火栓箱实景图分别如图 4-3、图 4-4 所示，控制屏装配图如图 4-5 所示。

图 4-2　消防水泵实景图

图 4-3　消防水箱

图 4-4　消火栓箱

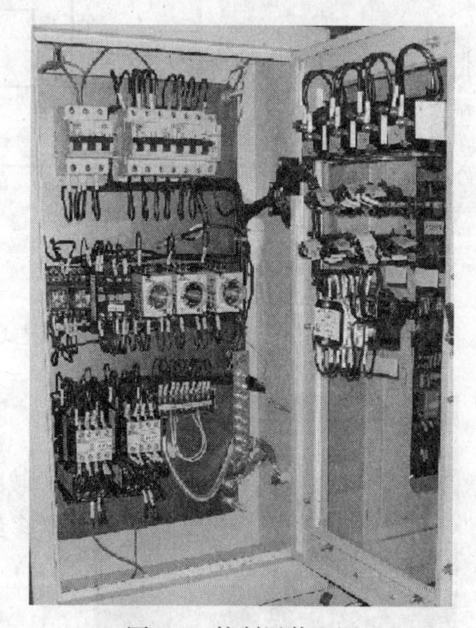
图 4-5　控制屏装配图

图 4-6 为湿式喷水灭火系统工作原理图。该系统包括闭式喷头、管道系统、稳压系统、湿式报警阀、报警装置和供水设施等。

工作原理：火灾发生时，高温火焰或高温气流使闭式喷头的热敏感温元件动作，喷水灭火。此时管网中的水由静止变为流动，水流指示器就会动作送出电信号至消防控制中心。随着喷头喷出水量的增大，湿式报警阀的上部水压低于下部水压。这种压力差达到一定值时，原来处于关闭状态的阀片就会自动开启，此时，压力水通过湿式报警阀，流向干管和配水流，连续不断地向喷头供水，此外，根据水流指示器、压力开关的信号或消防水箱的水位信号，控制器能够自动启动消防水泵向管道加压供水，达到持续自动喷水灭火的目的。系统对消火栓箱进行监视（有独立地址），消火栓按钮启动后，在消防中心可显示该区域消火栓的激活信息。此时，在自动方式下，由程序自动启动消防泵，并返回设备动作回读信号；在手动方式下，由消防中心人员手动启动消防泵，返回设备动作回读信号。消防泵启动成功后，消火栓内的按钮会同时被点亮。消防泵工作中任一台出现故障均可以在消防中心看到故障信号。泵控制柜的选择开关放在手动位置，消防中心无法启动泵时也属于故障，会在消防中心显示。

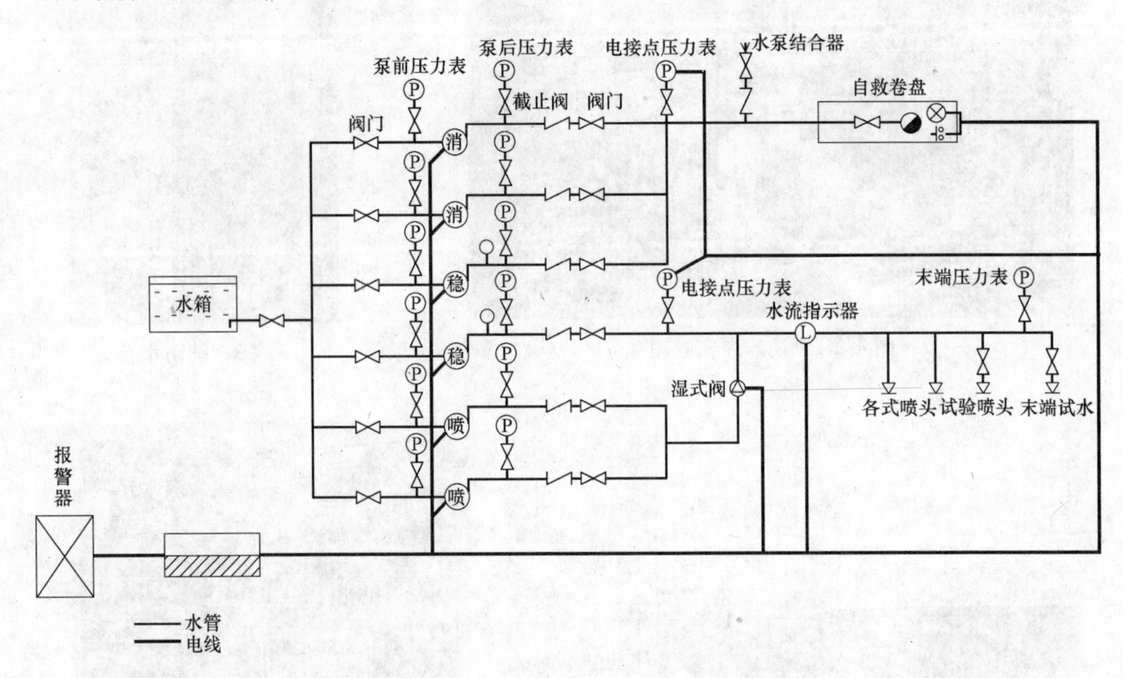

图 4-6　湿式喷水灭火系统工作原理图

3. 消防广播系统

消防广播系统与消防报警主机连接，随时接收各个区域的报警信息，也可随时与消防中心通信。该系统包括多线电话主机、广播录放盘、扬声器、电话插孔（图 4-7）和消防电话分机等设备。

图 4-7　电话插孔

（1）多线电话主机

多线电话主机（图 4-8）采用 24V 直流供电（最大电流 1A），2n 线制；主机与任一分机可相互呼叫、通话；主机可群呼所有分机，可同时与多个分机通话；分机之间可通过主机呼叫、通话；可快速拨打 119 到市话线；可对通话过程录音（采用固态录音）；可将通话过程输出到广播系统进行广播。

（2）广播录放盘

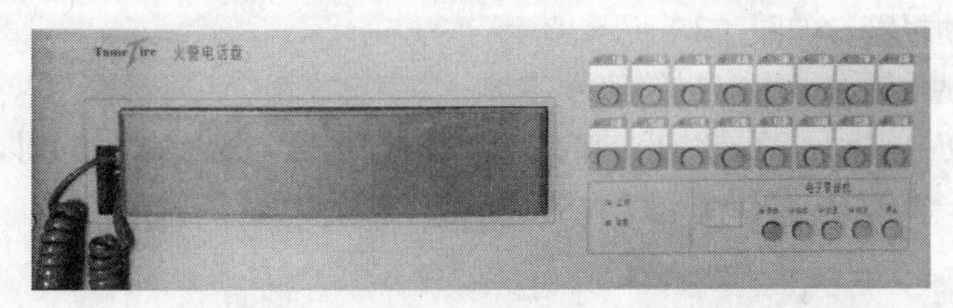

图 4-8 多线电话主机

广播录放盘（图 4-9）采用 24V 直流供电（最大电流 500mA），用于应急广播或背景音乐系统，与广播功率放大器、音箱共同组成应急广播系统，可通过磁带放音，含应急广播用话筒。

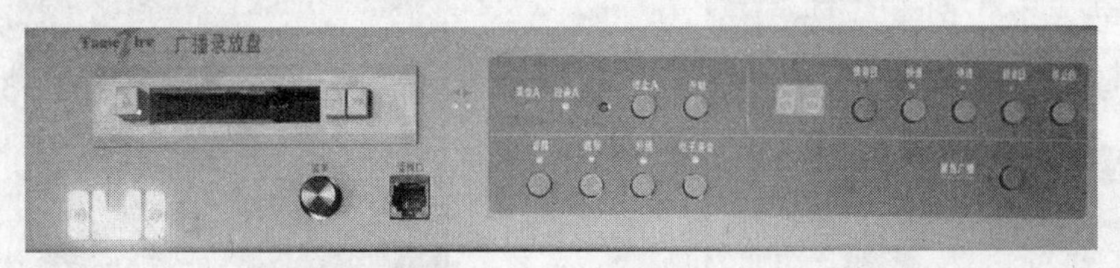

图 4-9 广播录放盘

4.2 消防系统实训

1. 实训目的

熟练掌握消防系统中火灾报警控制器在自动和手动模式下，消防水系统及防火卷帘门等联动设备的动作，从而理解消防系统各部分的结构关系与工作原理。

2. 实训设备

XLS-800 火灾报警控制器、消防广播系统（多线电话主机、广播录放盘、扬声器、电话插孔和消防电话分机等）、消防水系统、防火卷帘门、防火阀等。

3. 实训内容

（1）联动设备功能描述

在 XLS-800 火灾报警控制器中通过面板上的键盘进行编程，以确定联动关系，见表 4-1 所列。

联动设备功能描述　　表 4-1

联动设备	设备及动作描述
紧急广播与声光报警器	房间顶部的烟感和温感动作、卷帘门附近的烟感和温感动作或者房间内的手动报警器动作
卷帘门降半控制	卷帘门附近的烟感动作
卷帘门降底控制	卷帘门附近的温感动作
喷淋泵控启	湿式报警阀及水流指示器动作
消防泵控启	手动报警器动作

（2）XLS-800 火灾报警控制器在自动模式下的实训

给系统上电，液晶显示屏显示自动模式。

1）手动报警器动作使得消防泵启动

① 制造手动报警，如图 4-10 所示。

② 控制器显示屏上显示有报警信号。

③ 随后消防泵启动，打开消火栓的水枪阀门，水枪开始喷水，同时，控制器显示屏上显示泵的状态等信息，如图 4-11 所示。

图 4-10　制造手动报警

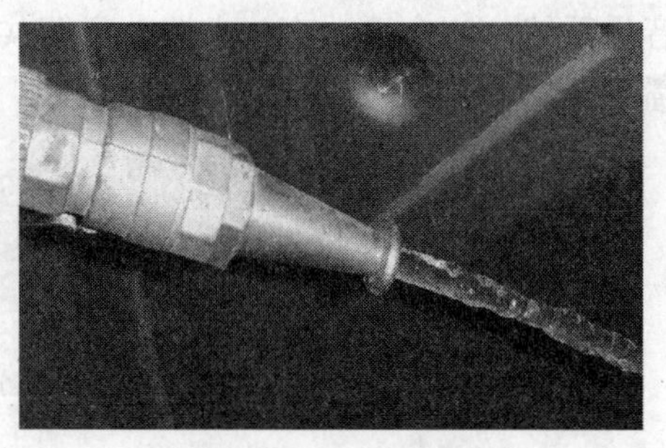

图 4-11　消防水枪动作

④ 按下 Reset 键，系统即可复位。

2）水流指示器与湿式报警阀动作使得喷淋泵启动

① 手动打开稳压泵给喷淋管道施加压力，1 分钟后关掉稳压泵。

② 打开喷淋头阀门，喷淋头在稳压泵的压力下有水喷出，根据 4.1 节所述的消防水系统工作原理，水流指示器与湿式报警阀回授状态信号，控制器收到反馈信号即通过喷淋泵控制模块控制喷淋泵启动，并在液晶显示屏上显示喷淋泵的状态信息。

③ 喷淋泵启动后，给管道持续加压，喷淋头便可以持续喷水灭火，如图 4-12 所示。

④ 按下 Reset 键，系统即可复位。

3）通过感烟探测器使得紧急广播和声光报警器动作

① 给房间顶部的感烟探测器释放烟，直到感烟探测器的巡检灯由闪烁变为常亮，如图 4-13 所示。

图 4-12　喷淋头动作

图 4-13　给感烟探测器制造报警

② 此时，声光报警器（图 4-14）与消防广播同时动作。

4）通过感烟探测器使卷帘门降半，通过感温探测器使卷帘门降底

图 4-14　声光报警器

① 给卷帘门附近的感烟探测器释放烟，直到感烟探测器的巡检灯由闪烁变为常亮，如图 4-13 所示。

② 与此同时，卷帘门开始下降，声光报警器和消防广播开始动作。

③ 卷帘门降至距离地面 1.8m 的高度时停止动作，如图 4-15 所示。

④ 给卷帘门附近的感温探测器加温，直到感温探测器的巡检灯由闪烁变为常亮，如图 4-16 所示。

⑤ 卷帘门开始继续下降，直至降至地面，如图 4-17 所示。

⑥ 卷帘门的复位采用手动方式，在卷帘门附近装有防火卷帘控制器（图 4-18），上面有上行与下行的手动控件，适当操作即可。

图 4-15　防火卷帘门降半

图 4-16　给感温探测器制造报警

(3) XLS-800 火灾报警控制器在手动模式下的实训

控制器操作键盘如图 4-19 所示。

按下键，系统由自动模式转换为手动模式。按下键，液晶屏旁边的“手动允许”指示灯亮，说明系统可以实现手动控制了。手动模式的实训内容与步骤介绍如下。

1）手动控制消防泵和喷淋泵的启停

① 按下水泵控启按钮（左方），按钮右上方的指示灯（按键有效指示灯）亮，随后消

防泵启动，打开消火栓水枪的阀门，水枪开始喷水；同时，水泵控启按钮右下方的指示灯（设备回授指示灯）亮。

② 按下水泵控停按钮（左方），按钮右上方的指示灯（按键有效指示灯）亮，随后消防泵停，水枪停止喷水；同时，水泵控停按钮右下方的指示灯（设备回授指示灯）亮。

③ 在消防泵动作的过程中，控制器的液晶显示屏不间断地显示泵的状态及动作时间等信息，按下 Reset 键系统即可复位。

图 4-17　防火卷帘门降底

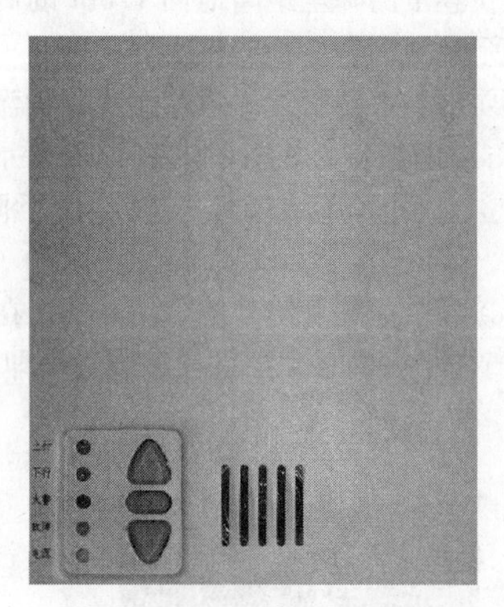

图 4-18　防火卷帘控制器

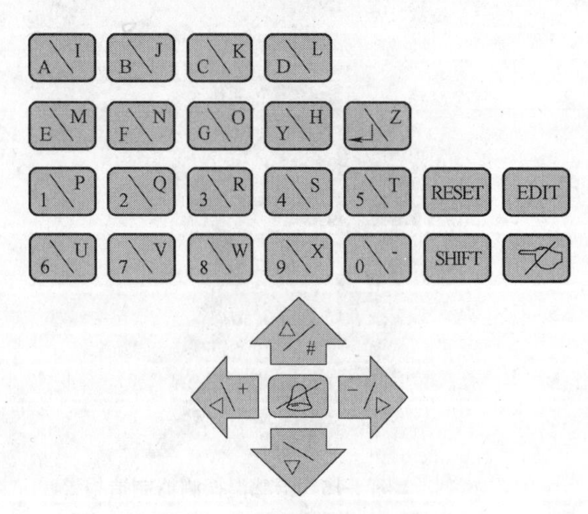

图 4-19　控制器操作键盘

④ 按下喷淋控启按钮（左方），按钮右上方的指示灯（按键有效指示灯）亮，随后喷淋泵启动，打开喷淋头的阀门，喷淋头开始喷水；同时，喷淋控启按钮右下方的指示灯（设备回授指示灯）亮。

⑤ 按下喷淋控停按钮（左方），按钮右上方的指示灯（按键有效指示灯）亮，随后喷淋泵停，喷淋头停止喷水；同时，喷淋控停按钮右下方的指示灯（设备回授指示灯）亮。

⑥ 在喷淋泵动作的过程中，控制器的液晶显示屏不间断地显示泵的状态及动作时间等信息，按下 Reset 键系统即可复位。

2）手动控制防火卷帘门的启停

① 按下卷帘半控按钮（左方），按钮右上方的指示灯（按键有效指示灯）亮，随后卷帘门开始下降，卷帘门降至距离地面 1.8m 的高度时停止动作；同时，卷帘半控按钮右下方的指示灯（设备回授指示灯）亮。

② 按下卷帘底控按钮（左方），按钮右上方的指示灯（按键有效指示灯）亮，随后卷帘门继续下降，直至降至地面；同时，卷帘底控按钮右下方的指示灯（设备回授指示灯）亮。

③ 如前所述，防火卷帘门控停的手动按钮不在火灾报警控制器的操作面板上，而是在位于卷帘门附近的防火卷帘控制器上，适当操作便可将卷帘门复原。

④ 在卷帘门动作的过程中，控制器的液晶显示屏不间断地显示卷帘门的状态及动作时间等信息，按下 Reset 键系统即可复位。

3）手动控制声光报警器与紧急广播的启停

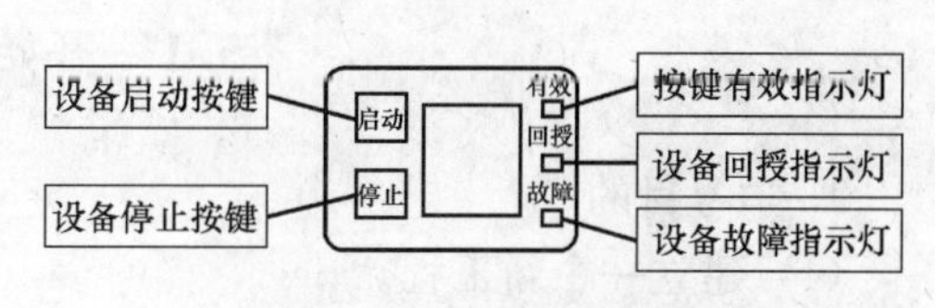

图 4-20　6 路直线控制面板

在 4.1 节论述过 XLS-800 火灾报警控制器的联动控制方式之一的 6 路直线控制方式，XLS-800 控制器的 6 路直线控制板上有 6 路直线控制输出，可控制 6 个消防设备的启停，直接操作面板上的按键可以控制外接设备的启停（图 4-20）。在本系统中，只用了 6 路中的 2 路，分别控制声光报警器和紧急广播。

① 按下声光报警器按钮的启动键（左上方），按钮右上方的执行灯（按键有效指示灯）亮，声光报警器开始报警；同时，按钮右方的设备回授指示灯亮，说明设备联动正常，否则，按钮右下方的故障指示灯亮，提示联动设备故障。按下声光报警器按钮的停止键（左下方），声光报警器停止动作，随后按钮上的所有灯熄灭。

② 按下紧急广播按钮的启动键（左上方），按钮右上方的执行灯（按键有效指示灯）亮，广播系统开始报警；同时，按钮右方的设备回授指示灯亮，说明设备联动正常，否则，按钮右下方的故障指示灯亮，提示联动设备故障。按下紧急广播按钮的停止键（左下方），广播停止动作，随后按钮上的所有灯熄灭。

4. 实训分析

本实训包含了本系统中比较典型的几个部分，通过学习手动与自动模式下各联动设备的动作，可以深刻地理解并掌握消防安全知识和规范（例如，有的设备必须手动复位，不可以自动复位），也可以灵活地掌握设备之间的联动因果关系，即在控制过程中，如何设定联动关系决定了在一定情况下设备如何动作。联动关系的设定灵活多变，视消防系统的实际情况而变。本实训中未涉及的电梯迫降、空调联动停机与防火阀联动等内容将在以后的实训中继续完成。

第 5 章　组态王技术实训

5.1　开始一个新工程

1. 学习目的

(1) 建立一个新工程。

(2) 练习使用工程浏览器。

在组态王中，设计者开发的每一个应用系统都称为一个工程，每个工程必须在一个独立的目录中，不同的工程不能共用一个目录。工程目录也称为工程路径。在每个工程路径下，组态王为此工程生成了一些重要的数据文件，这些数据文件一般是不允许修改的。每建立一个新的应用程序时，都必须先为这个应用程序指定工程路径，以便于组态王根据工程路径对不同的应用程序分别进行不同的自动管理。

2. 工程简介

建立一个反应车间的中央监控站。监控中心从现场采集生产数据，并以动画形式直观地显示在监控画面上。监控画面还将显示实时趋势和报警信息，并提供历史数据查询的功能，最后完成一个数据统计的报表。

反应车间需要采集 3 个现场数据，在数据字典中进行操作。

(1) 原料油液位：最大值为 1000，整型数据。

(2) 催化剂液位：最大值为 1000，整型数据。

(3) 成品油液位：最大值为 1000，整型数据。

工艺流程如图 5-1 所示。

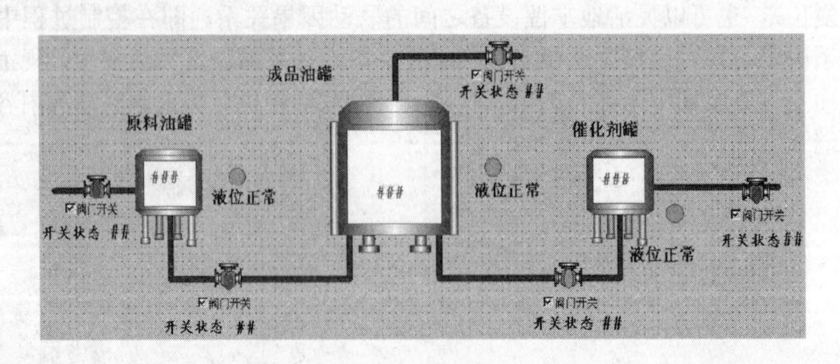

图 5-1　工艺流程图

假设系统共有一个原料油罐、一个催化剂罐和一个成品油罐，原料油罐和催化剂罐都有一个进料阀门和一个出料阀门，成品油罐有一个出料阀门。

（1）阀门与液位的关系

原料油罐和催化剂罐的液位都为1000L。原料油和催化剂进料阀门打开时，进料流量使得原料油液位和催化剂液位都增加30L；原料油和催化剂出料阀门打开时，出料流量使得原料油液位和催化剂液位都减少25L；成品油出料阀门打开时，使得成品油液位减少60L。

（2）阀门与水位的控制及报警关系

假设所有阀门的初始状态均为关闭。

原料油和催化剂进料阀门可以由人工控制开、关，当液位不小于960L时，阀门自动关闭；当液位不大于4L时，阀门自动打开。原料油和催化剂出料阀门由人工控制开、关。

成品油出料阀门自动控制，当成品油液位不小于980L时，成品油出料阀门自动打开，当成品油液位不大于980L时，成品油出料阀门自动关闭。

当原料油和催化剂液位不小于800L时，出现红灯报警，并显示“液位上限”；当原料油和催化剂液位小于300L时，出现黄灯报警，并显示“液位下限”；当液位在300～800L之间，出现绿灯指示，并显示“液位正常”。红灯和黄灯报警时，灯闪烁。

所有阀门处于打开状态时，阀门绿色指示灯亮；处于关闭状态时，阀门红色指示灯亮。

3. 使用工程浏览器

组态王工程管理器的主要作用是为用户集中管理本机上的组态王工程。工程管理器的主要功能包括：新建、删除工程，对工程重命名，搜索组态王工程，修改工程属性，工程的备份、恢复，数据词典的导入导出，切换到组态王开发或运行环境等，如图5-2所示。

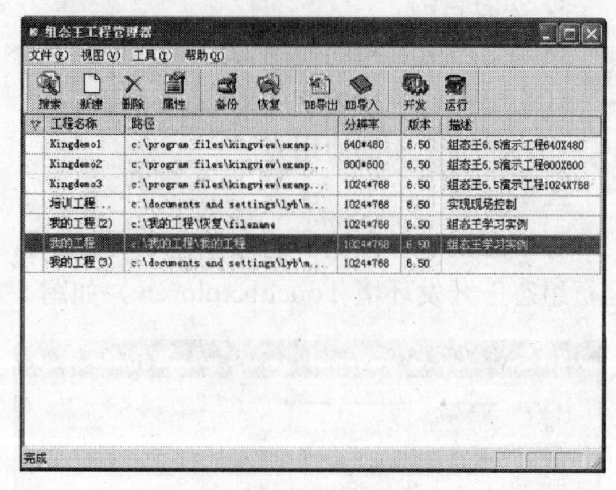

图5-2 组态王工程管理器

4. 建立新工程

（1）首先启动组态王工程管理器。工程管理器运行后，当前选中的工程是上次进行开发的工程，称为当前工程。如果是第一次使用组态王，组态王的示例工程作为默认的当前工程。

（2）在组态王工程管理器窗口中选择【文件】|【新建工程】菜单项，或者单击工具栏的新建按钮，出现【新建工程向导之一】对话框，单击【下一步】按钮，弹出【新建工程向导之二】对话框，如图5-3所示。

（3）单击【浏览】按钮，选择新建工程的存储路径。单击【下一步】按钮，弹出【新建工程向导之三】对话框，如图5-4所示。

（4）在【工程名称】文本框中输入新建工程的名称，如“我的工程”。名称的有效长度小于32个字符。在【工程描述】文本框中输入对新建工程的描述文本，如“组态王学习实例”。描述文本的有效长度小于40个字符，用来对工程名称所代表的工程项目作进一步说明和解释。单击【完成】按钮确认新建的工程，完成新建工程操作。

新建工程的路径是图5-3中指定的路径，在该路径下会以工程名称为目录建立一个文件夹，并生成文件ProjManager. dat，保存新工程的基本信息。

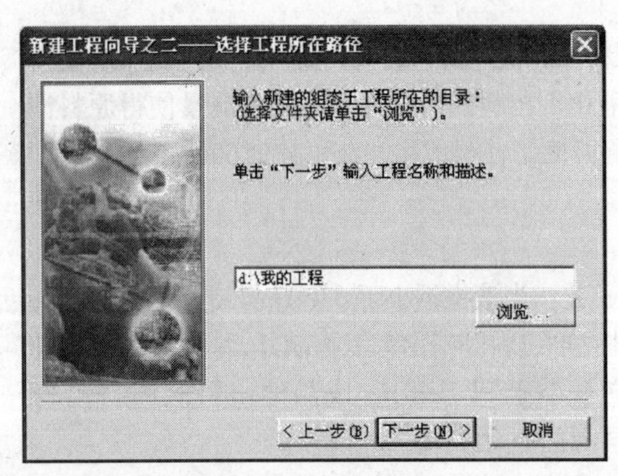

图 5-3　新建工程向导之二

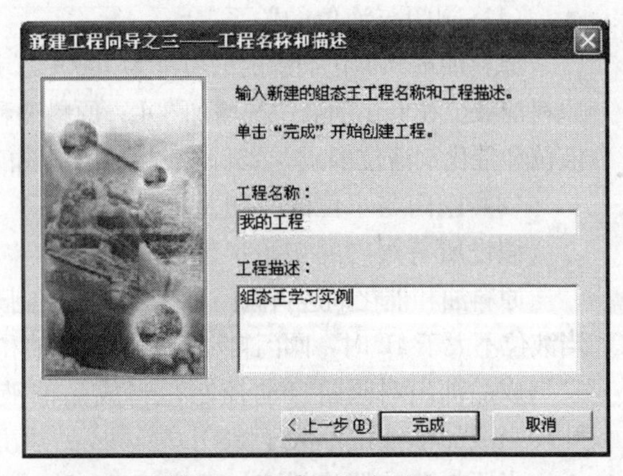

图 5-4　新建工程向导之三

5.2　设计画面

1. 学习目的

(1) 学习工具箱的使用方法。

(2) 学习调色板的使用方法。

(3) 掌握图库的使用方法。

2. 建立新画面

在组态王工程浏览器的左侧选中【画面】，在右侧视图中双击【新建】。工程浏览器将运行组态王开发环境 TouchExplorer，如图 5-5 所示。

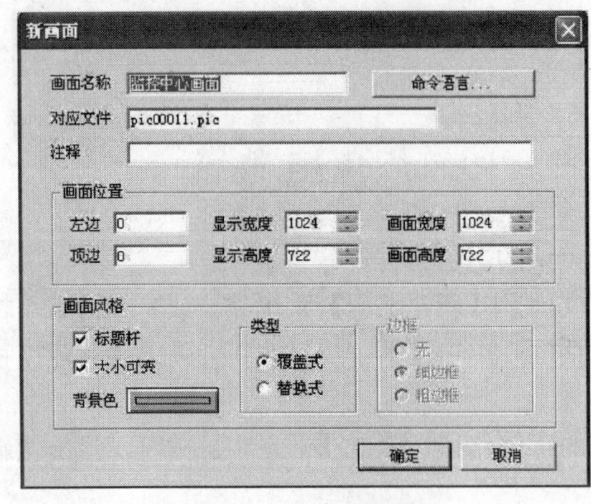

图 5-5　新画面设置

在【新画面】对话框中可定义画面的名称、位置、风格，以及画面在磁盘上对应的文件名。该文件名可由组态王自动生成，用户可以根据自己的需要进行修改。在【新画面】对话框中用户可以自己进行设置，比如按图 5-5 所示进行设置以后，单击【确定】按钮。TouchExplorer 将按照设计者指定的风格产生一幅名为“监控中心画面”的画面。如果对画面的大小、背景等不满意的话，可以选择【编辑】|【画面属性文件】，对画面重新进行设定。

(1) 画面名称：在此文本框内输入新画面的名称，画面名称最长为 20 字符。

(2) 对应文件：此字段输入本画面在磁盘上对应的文件名，由组态王自动生成默认文件名。用户也可根据需要输入，但后缀必须是 .pic。

(3) 注释：此字段用于输入与本画面有关的注释信息。

(4) 画面位置：输入 6 个数值决定画面显示窗口的位置、大小和画面大小。

（5）画面类型：有两种画面类型可供选择。“覆盖式”画面出现时，它重叠在当前画面之上。关闭后被覆盖的画面又可见。“替换式”画面出现时，所有与之相交的画面自动从屏幕上和内存中删除。使用“替换式”画面可以节约内存。

（6）画面边框：画面边框有 3 种样式，可从中选择一种。

（7）标题杆：此选项用于决定画面是否有标题杆，若有标题杆，标题杆上将显示画面名称。

（8）大小可变：此选项用于决定画面在 TouchView 中运行时是否能由用户改变大小。改变画面大小的操作与改变 Windows 窗口相同。

（9）背景色：此按钮用于改变窗口的背景色，按钮中间是当前默认的背景色。单击此按钮后出现一个浮动的调色板窗口，可从中选择一种颜色，也可用空格键激活此浮动窗口，用光标键移动选择颜色。

（10）画面命令语言：根据程序设计者的要求，画面命令语言可以在画面显示时执行、在画面隐含时执行或者在画面存在期间定时执行。关于画面命令语言的学习，将在以后的实训中练习。

3. 使用图形工具箱

接下来在此画面中绘制各图素。绘制图素的主要工具放置在图形工具箱内。当画面打开时，工具箱自动显示，如果工具箱没有出现，选择【工具】|【显示工具箱】菜单项。工具箱中各种基本工具的使用方法和 Windows 中的“画笔”类似。

下面根据 5.1 节提出的控制对象和控制要求，设计一个控制画面。

（1）单击【图库】|【打开图库】菜单项，选择【反应器】选项，弹出【图库管理器】对话框，如图 5-6 所示。

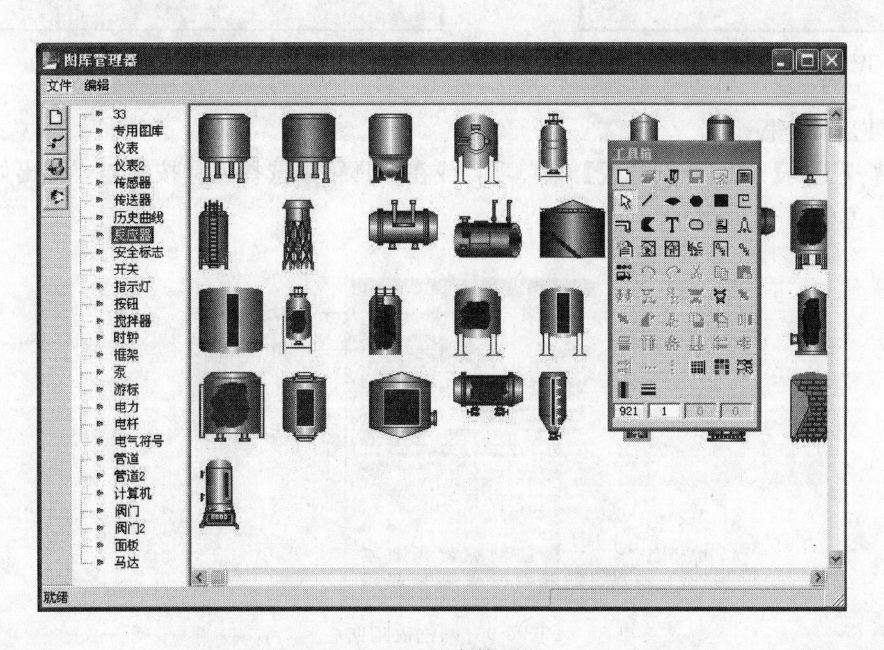

图 5-6 图库管理器

选择一个图形，双击会出现一个小三角，将这个小三角移动到画面上想要放置这个图形的位置单击，就在画面上出现了所选中的图形。在这个图形的周围出现8个小矩形，当鼠标落在任一小矩形上时，单击并拖曳鼠标，可以改变矩形框的大小。当鼠标落在图形对象上时，单击并拖曳鼠标，可以移动图形对象的位置。这一方法适合于大多数图形对象。

（2）单击【图库】|【打开图库】菜单项，用同样的方法，选择并放置阀门。

（3）在【工具箱】中单击圆角矩形工具■，在画面上分别绘制代表原料罐、催化剂罐和成品油罐内腔的矩形框。

（4）在【工具箱】中单击立体管道工具，在画面上绘制管道。单击【工具】|【管道宽度】菜单项，弹出【管道宽度】对话框，如图5-7所示。在文本框中填入数字，确定管道的粗细。

（5）在【工具箱】中单击文本工具T，在画面上输入文字“系统演示”。要改变文字的字体、字号，应先选中文字对象，然后单击【工具】|【字体】菜单项，在如图5-8所示的【字体】对话框中进行设置。

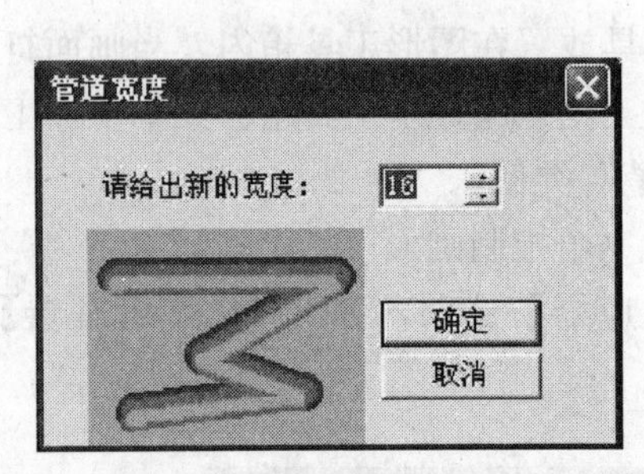

图5-7 管道宽度设置

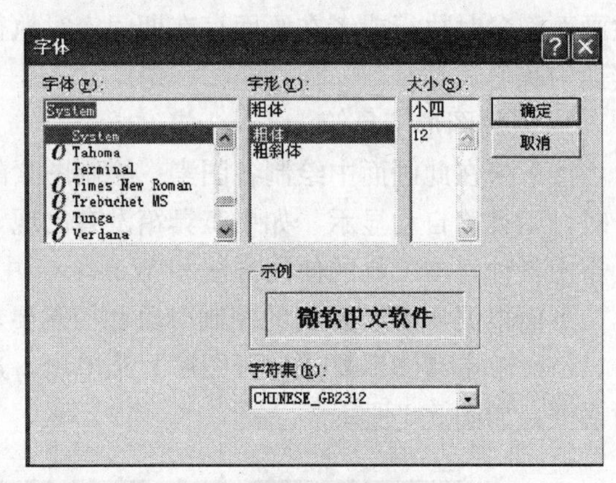

图5-8 字体设置

4. 使用调色板

选择【工具】|【显示调色板】菜单项，或在工具箱中选择工具按钮，弹出如图5-9所示的调色板画面。

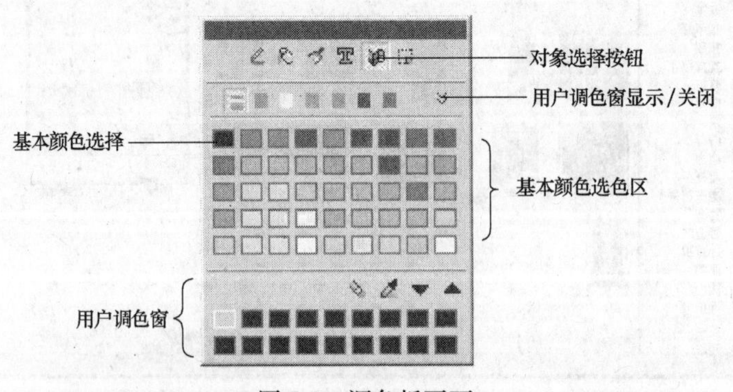

图5-9 调色板画面

选中文本，在调色板上的对象选择按钮中单击文本色按钮，然后在基本颜色选色区选择某种颜色，该文本就变为相应的颜色。

其他图形工具箱的使用方法在此不再赘述。完成的系统演示图形如图 5-10 所示。选择【文件】|【全部存】菜单项，保存绘制的画面。

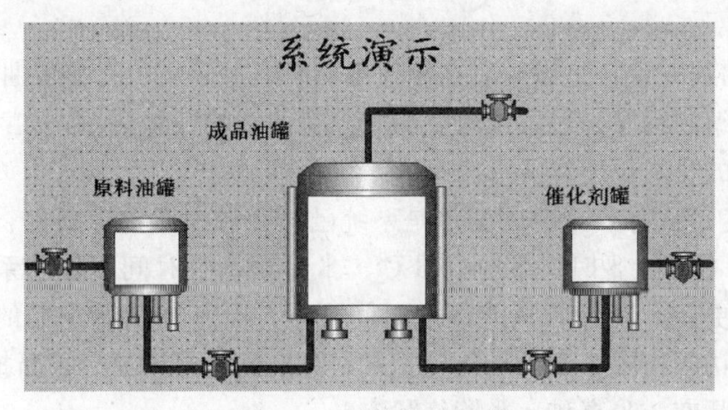

图 5-10　系统演示图形

5.3　定义数据库

1. 学习目的

(1) 了解组态王中的数据库。

(2) 了解变量的类型。

(3) 学习定义变量的方法。

2. 数据库的作用

数据库是组态王最核心的部分。在 TouchView 运行时，工业现场的生产状况要以动画的形式反映在屏幕上，操作者在计算机前发布的指令也要迅速送达生产现场，所有这一切都是以实时数据库为中介，所以说数据库是联系上位机和下位机的桥梁。

在数据库中存放的是变量的当前值，变量包括系统变量和用户自定义变量。变量的集合被形象地称为“数据词典”，数据词典记录了所有用户可使用的数据变量的详细信息。

3. 变量的类型

数据库中存放的是设计者制作应用系统时定义的变量及系统预定义的变量。

(1) 变量的分类

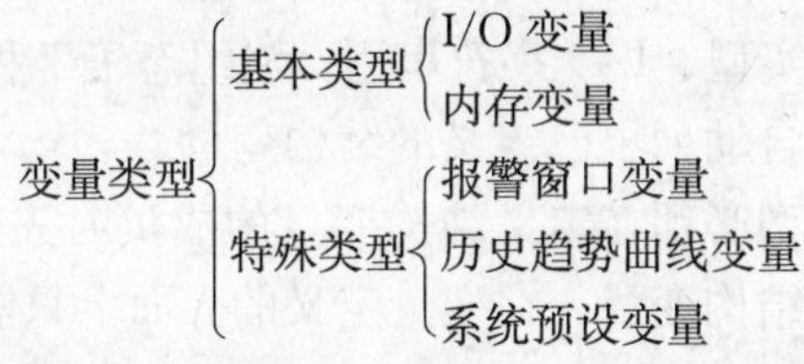

1) I/O 变量：指需要组态王和其他应用程序（包括 I/O 服务程序）交换数据的变量。这种数据交换是双向的、动态的，就是说，在组态王系统运行过程中，每当 I/O 变量的值改变时，该值就会自动写入远程应用程序；每当远程应用程序中的值改变时，组态王系统中的变量值也会自动更新。所以，那些从下位机采集来的数据、发送给下位机的指令，如“原料油液位”、“催化剂液位”等变量，都需要设置成 I/O 变量。

2) 内存变量：是指不需要和其他应用程序交换，只是在组态王内使用的变量，比如计算过程的中间变量，就可以设置成内存变量。

3）报警窗口变量：是设计者在制作画面时通过定义报警窗口生成的变量。用户可用命令语言编制程序来设置或改变报警窗口的一些特性，如改变报警组名或优先级、在窗口内上下翻页等。

4）历史趋势曲线变量：是设计者在制作画面时通过定义历史趋势曲线时生成的变量。用户可用命令语言编制程序来设置或改变历史趋势曲线的一些特性，如改变历史趋势曲线的起始时间或显示的时间长度等。

5）系统预设变量：有8个时间变量是系统已经在数据库中定义的，用户可以直接使用。＄年、＄月、＄日、＄时、＄分、＄秒、＄日期、＄时间，表示系统当前的时间和日期，由系统自动更新，设计者只能读取时间变量，而不能改变它们的值。预设变量还有：＄用户名、＄访问权限、＄启动历史记录、＄启动报警记录、＄新报警、＄启动后台命令、＄双机热备状态、＄毫秒、＄网络状态。

（2）基本类型的变量也可按照数据类型分类

数据类型：
- 离散型
- 实型
- 整型
- 字符串型
- 结构

1）内存离散型变量、I/O离散型变量：类似一般程序设计语言中的布尔（BOOL）变量，只有0、1两种取值，用于表示一些开关量。

2）内存实型变量、I/O实型变量：类似一般程序设计语言中的浮点型变量，用于表示浮点数据，取值范围为10E－38～10E＋38，有效值为7位。

3）内存整型变量、I/O整型变量：类似一般程序设计语言中的有符号长整数型变量，用于表示带符号的整数型数据，取值范围为－2147483648～2147483647。

4）内存字符串型变量、I/O字符串型变量：类似一般程序设计语言中的字符串变量，可用于记录一些有特定含义的字符串，如名称、密码等，该类型变量可以进行比较运算和赋值运算。

5）结构变量：一个结构变量作为一种变量类型，可包含多个成员，每一个成员就是一个基本变量。成员类型可以为：内存离散型、内存整型、内存实型、内存字符串型、I/O离散型、I/O整型、I/O实型、I/O字符串型。当组态王工程中定义了结构变量时，在变量类型的下拉列表框中会自动列出已定义的结构变量。

结构变量成员的变量类型必须在定义结构变量的成员时先定义，包括离散型、整型、实型、字符串型或已定义的结构变量。在变量定义的界面上只能选择该变量是内存型还是I/O型。

4. 定义变量的方法

根据控制系统对象，分析得出共有如下变量：原料油液位、催化剂液位、原料油进料阀门、催化剂进料阀门、原料油出料阀门、催化剂出料阀门、成品油液位、成品油出料阀门。其中液位是内存实型，阀门是内存离散型。

（1）在工程浏览器的左侧选择【数据词典】，在右侧双击【新建】，弹出【定义变量】对话框，如图5-11所示。

（2）按照图 5-11 所示分别填入变量名、变量类型、描述、变化灵敏度、初始值、最小值、最大值。设置完成后，单击【确定】按钮。

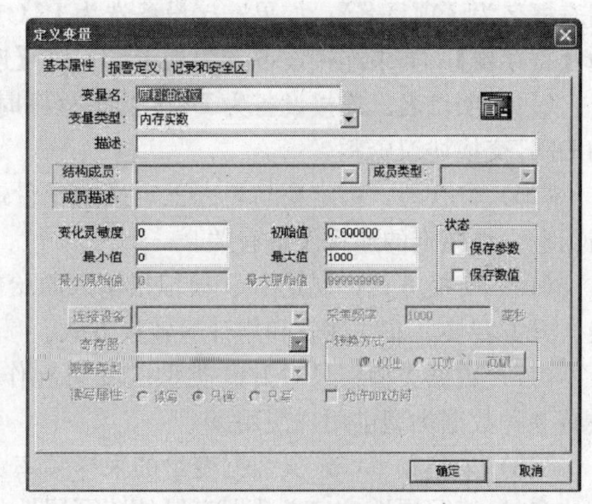

图 5-11　定义变量属性

每一个变量都要采取如上方法进行定义。只有经过定义以后的变量，才能被系统中动画连接、命令语言编程等引用。

【定义变量】对话框中，【基本属性】选项卡的各项用来定义变量的基本特征。

（1）变量名：唯一标识一个应用程序中数据变量的名字。同一应用程序中的数据变量不能重名，不能与组态王中现有的变量名、函数名、关键字、构件名称等相重复。数据变量名区分大小写，第一个字符不能是数字，只能为字符，名称中间不允许有空格、算术符号等非法字符存在。最长不能超过 31 个字符。

（2）变量类型：在对话框中只能定义 8 种基本类型中的一种，单击【变量类型】下拉列表框，列出可供选择的数据类型。当定义有结构模板时，一个结构模板就是一种变量类型。

（3）描述：此文本框用于编辑和显示数据变量的注释信息。

（4）结构成员、成员类型和成员描述：在变量类型为结构变量时有效。

（5）变化灵敏度：数据类型为模拟量或长整型时此项有效。只有当该数据变量值的变化幅度超过变化灵敏度时，组态王才更新与之相连接的图素（默认为 0）。

（6）最小值：指该变量值在数据库中的下限。

（7）最大值：指该变量值在数据库中的上限。

（8）最小原始值：变量为 I/O 模拟变量时，驱动程序中输入原始模拟值的下限。

（9）最大原始值：变量为 I/O 模拟变量时，驱动程序中输入原始模拟值的上限。

（6）～（9）项是对 I/O 模拟变量进行工程值自动转换所需要的。组态王将采集到的数据按照这 4 项的对应关系自动转为工程值。

（10）保存参数：系统运行时，修改变量的域的参数值（可读可写型），系统将自动保存，退出系统后，其参数值不会发生变化。当系统再启动时，变量的域的参数值为上次系统运行时最后一次的设置值。无需用户再去重新定义。

（11）保存数值：系统运行时，当变量的值发生变化后，系统自动保存该值。当系统退出后再次运行时，变量的初始值为上次系统运行过程中变量最后一次变化的值。

（12）初始值：规定软件开始运行时变量的初始值，与所定义的变量类型有关。定义模拟量时出现文本框可输入一个数值，定义离散量时出现开或关两种选择，定义字符串变量时出现文本框可输入字符串。

（13）连接设备：只对 I/O 类型的变量起作用，工程人员只需从下拉列表框中选择相应的设备即可。

注意：如果连接设备选为 Windows 的 DDE 服务程序，则【连接设备】列表框下面的列表框名为【项目名】；如果连接设备选为PLC等，则【连接设备】列表框下的列表框名为【寄存器】；如果连接设备选为板卡等，则【连接设备】列表框下的列表框名为【通道】。

（14）项目名：连接设备为DDE服务程序时，DDE会话中的项目名可参考Windows的DDE交换协议资料。

（15）寄存器：指定要与组态王定义的变量进行连接通信的寄存器变量名，该寄存器与工程人员指定的连接设备有关。

（16）转换方式：规定I/O模拟量输入原始值到数据库使用值的转换方式。有线性转换、开方转换、非线性表和累计等转换方式。

（17）数据类型：只对I/O类型的变量起作用，定义变量对应的寄存器的数据类型，共有9种数据类型供用户使用。

（18）采集频率：定义数据变量的采样频率。

（19）读写属性：定义数据变量的读写属性，工程人员可根据需要定义变量为“只读”属性、“只写”属性、“读写”属性。

1）只读：对于进行采集的变量一般定义属性为“只读”，其采集频率不能为0。

2）只写：对于只需要进行输出控制而不需要读回的变量一般定义属性为“只写”。

3）读写：对于不仅需要进行输出控制还需要读回的变量一般定义属性为“读写”。

（20）允许DDE访问：组态王用Com组件编写的驱动程序与外围设备进行数据交换，为了使工程人员用其他程序对该变量进行访问，可选中“允许DDE访问”，即可与DDE服务程序进行数据交换。

至此，数据库已经完全建立起来，5.4节的任务是使画面上的图素运动起来，实现一个动画效果的监控系统。

5.4 动画连接

1. 学习目的

（1）理解动画连接的概念。

（2）掌握定义动画连接的方法。

（3）学习使用命令语言。

2. 动画连接的作用

所谓“动画连接”，就是建立画面的图素与数据库变量的对应关系。对于即将建立的“监控中心”来说，如果画面上的原料油罐图素能够随着原料油液位等变量值的大小变化实时显示液位的高低，那么对于操作者来说，就能够看到一个反映工业现场的监控画面。

3. 建立动画连接

（1）制作阀门状态指示灯的动画连接

1）打开“监控中心画面”，在工具箱内单击画椭圆的工具，在画面上绘制一个与阀门上指示灯大小相同的小圆形，在调色板内选中填充属性，将小圆形填充成绿色，代表阀门上的绿灯。用同样的方法制作红灯。

2）双击绿灯，弹出【动画连接】对话框，如图5-12所示。

3）单击【隐含】按钮，弹出【隐含连接】对话框，如图5-13所示。在【条件表达式】文本框中输入绿灯所对应的变量。可以单击问号按钮，弹出该工程已经定义过的所有变量，用鼠标直接选中即可。单击【确定】按钮退出对话框。

以上操作表示当原料油进料阀门打开时，绿灯亮。用同样的方法，制作当原料油进料阀门关闭时，红灯亮。在画面上将制作好的绿灯和红灯移动到阀门的指示灯位置处，重叠放置好，至此一个阀门的指示灯动画连接就制作完成。

重复如上操作，为所有的阀门指示灯制作动画连接，需要注意的是不要搞错各个变量的对应关系。

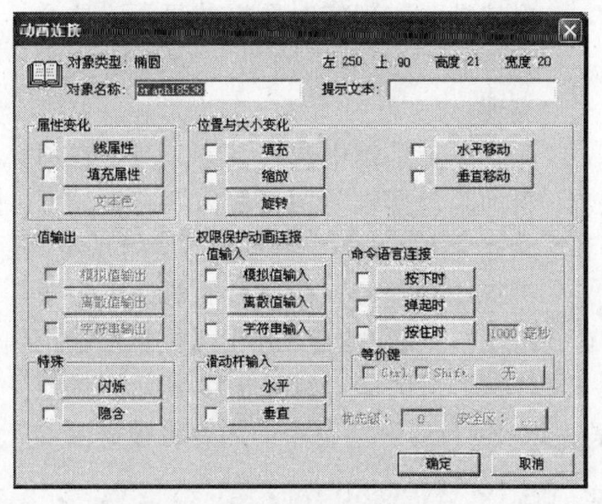

图 5-12　动画连接

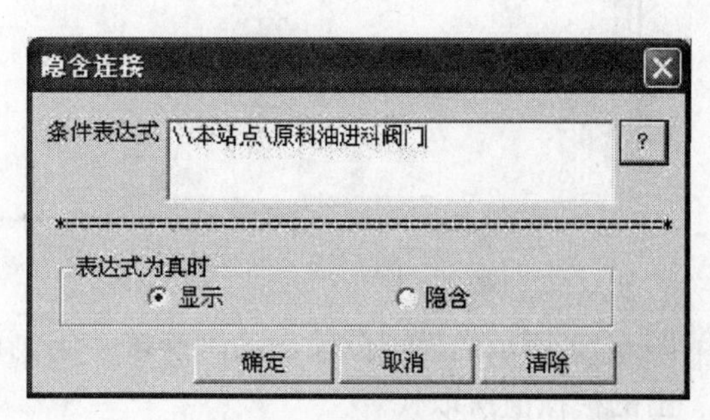

图 5-13　隐含连接 1

（2）为液位制作报警指示动画连接

1）用前述方法在画面上分别画红、黄、绿 3 个小圆，进行动画连接。由于变量是内存实型，故条件表达式中要有运算符。

如控制要求当原料油液位不小于 800L 时，出现红灯报警且红灯闪烁。按照此要求，也要打开【动画连接】对话框。分别单击【隐含】按钮和【闪烁】按钮，弹出两个对话框，分别如图 5-14 和图 5-15 所示。

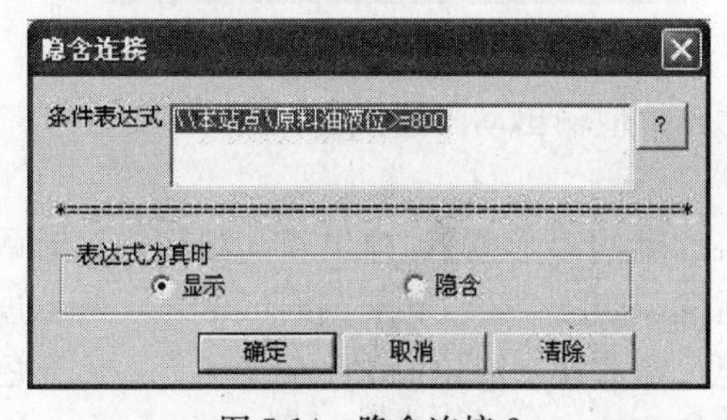

图 5-14　隐含连接 2

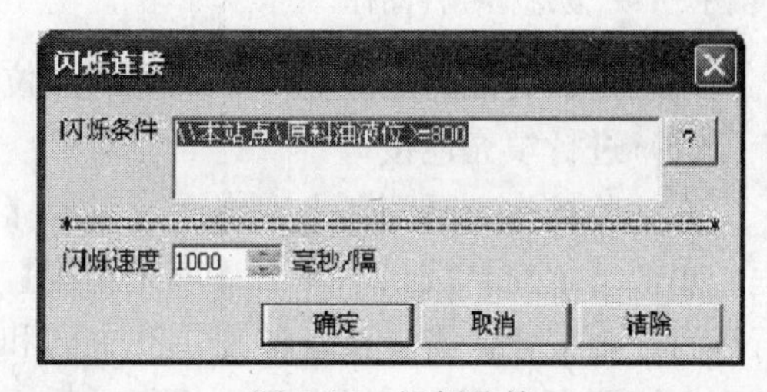

图 5-15　闪烁连接

当原料油液位在 300～800L 之间，需要使用的条件表达式是：\\本站点\原料油液位不小于 300L&& \\本站点\原料油液位小于 800L，其中 && 表示逻辑与。

2）红、黄、绿 3 个小圆，分别完成动画连接后，在画面上重叠在一起即可。

按照相同的方法，输入文本“液位上限”、“液位下限”、“液位正常”，把它们当做对象，根据条件进行不同的动画连接即可。

（3）制作手动开关

在工具箱内单击插入控件按钮，弹出如图 5-16 所示的对话框。双击【复选框】后出现一个小十字光标，在画面的希望放置处单击并拖动，出现如图 5-17 所示的复选框控件图标，双击后弹出如图 5-18 所示的【复选框控件属性】对话框，填入控件名称、变量名称、访问权限、标题文本等内容，按【确定】按钮，一个阀门开关的手动按钮就制作完成了。

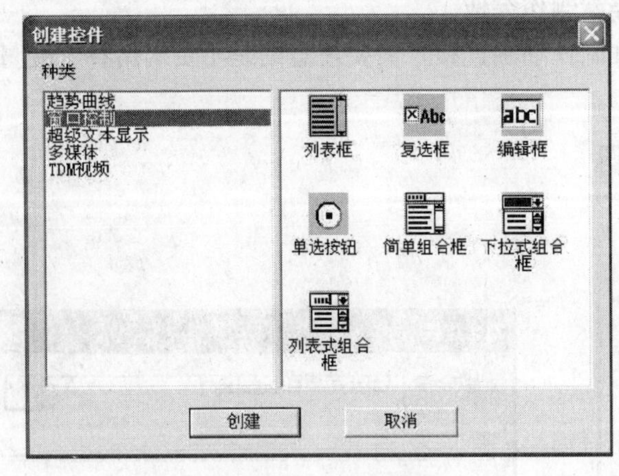

图 5-16　创建控件

(4) 实时数据显示

作为一个实际可用的监控程序，操作者仍需要知道液面的准确高度，也就是要实现实时数据的显示。这个功能由“模拟值输出”动画连接来实现。

在工具箱中选择文本工具，在原料油罐矩形框的中部输入字符串“＃＃＃＃”。双击文本对象“＃＃＃＃”进行动画连接，在弹出的对话框中单击【模拟值输出】，弹出【模拟值输出连接】对话框，如图 5-19 所示。按照图 5-19 所示的模拟值输出动画连接，当画面程序实际运行时，字符串的内容将被需要输出的模拟值所取代。

图 5-17　复选框控件图标　　　　图 5-18　复选框控件属性

用此方法为催化剂罐和成品油罐的液位建立模拟值输出动画连接。

(5) 进行填充连接

在“监控中心画面”上双击图形对象【原料油罐的矩形框】，弹出【动画连接】对话框。单击【填充】按钮，弹出【填充连接】对话框，如图 5-20 所示。按照图 5-20 所示进行设置即可完成。需要注意的是填充方向和填充色的选择，液位要由下向上填充，填充色不要与矩形框的颜色相同，否则运行时看不见液位移动。

用此方法为催化剂罐和成品油罐的液位建立填充输出动画连接。

(6) 与系统实时时钟连接

在指定位置处敲入“＃＃＃＃年＃＃月＃＃日”、“＃＃：＃＃：＃＃”，在年前的＃＃＃＃处，双击图形对象“＃＃＃＃”，弹出【动画连接】对话框。单击【模拟值输出】，弹出【模拟值输出连接】对话框，在【表达式】文本框内输入“＄年”，【整数位数】处输入 4。当画面程序实际运行时，字符串的内容将显示当前的年。用同样方法可连接月、日、时、分、秒，只不过【表达式】文本框内要输入“$月、$日、$时、$分、$秒”，【整数位数】处要输入 2。

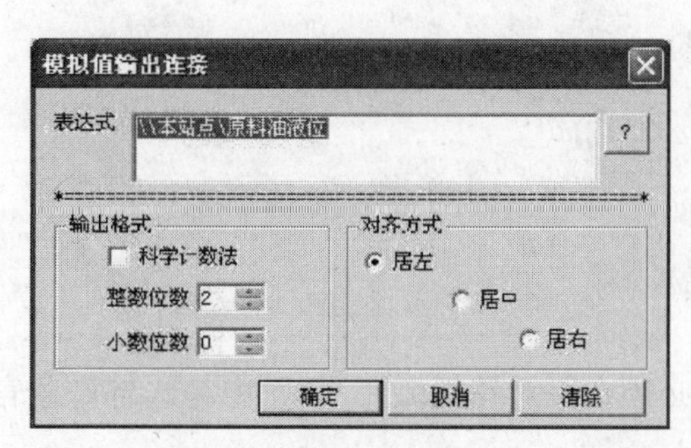

图 5-19 模拟值输出连接

图 5-20 填充连接

最后选择【文件】|【全部存】菜单项，只有保存画面上的内容以后，在 TouchView 中才能正确运行，否则一切改动将不复存在，这一点一定要注意。

至此，动画连接制作已完成。如图 5-1 所示是一个完整的画面。

5.5 命令语言编程

1. 学习目的

(1) 了解命令语言的概念。

(2) 学会命令语言的句法和函数。

(3) 掌握命令语言编程的方法。

2. 命令语言简介

命令语言程序是一段类似 C 语言的程序，程序设计者可以利用这段程序来增强应用程序的灵活性。命令语言包括应用程序命令语言、热键命令语言、事件命令语言、数据改变命令语言、自定义函数命令语言和画面命令语言等。命令语言的语法和 C 语言非常相似，是 C 语言的一个子集，具有完备的词法、语法查错功能和丰富的运算符、数学函数、字符串函数、控件函数、SQL 函数和系统函数。各种命令语言通过“命令语言编辑器”编辑输入，在组态王运行系统中被编译执行。

3. 命令语言语法

命令语言可以进行赋值、比较、数学运算，可执行 if-else 及 while 型表达式的逻辑操作。

运算符：用运算符连接变量或常量就可以组成较简单的命令语言语句，如赋值、比较、数学运算等。

(1) 赋值语句

赋值语句用得最多，语法为：

变量(变量的可读写域)＝表达式

如：自动开关＝1，表示将自动开关置为开（1 表示开，0 表示关）。

颜色=2，表示将颜色置为黑色（如果数字 2 代表黑色）。

（2）if-else 语句

if 语句用于按表达式的状态有条件地执行各个指令，语法为：

```
if (表达式)
{
一条或多条语句（以“;”结尾）
}
else
{
一条或多条语句（以“;”结尾）
}
```

需要注意的是 if 后面即使是单条语句，也必须在一对花括弧“{ }”中，这与 C 语言不同，else 分支可以省略。

（3）while 语句

用于循环执行各条指令，语法为：

```
while（表达式）
{
一条或多条语句（以“;”结尾）
}
```

同 if 语句一样，while 后面即使是单条语句，也必须在一对花括弧“{ }”中。这条语句要慎用，否则，会造成死循环。

4. 命令语言函数

组态王支持使用内建的复杂函数，其中包括字符串函数、数学函数、系统函数、控件函数、配方函数、报告函数及其他函数。

由于函数较多，在此不占用过多篇幅叙述，在后面章节凡是用到的函数，再给以说明。读者也可以通过“帮助”学习。

5. 应用程序命令语言

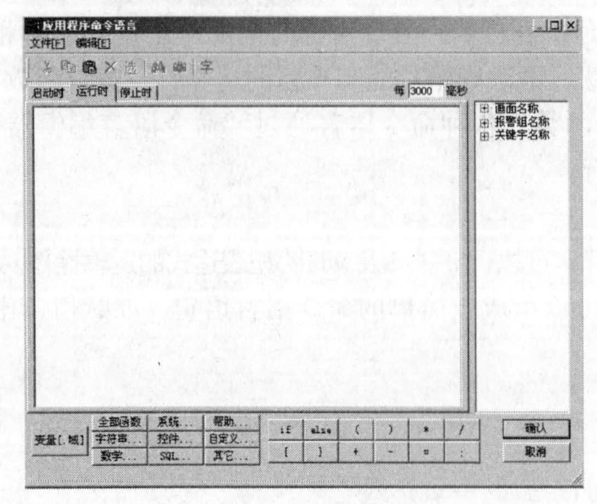

图 5-21 应用程序命令语言

根据程序设计者的要求，应用程序命令语言可以在程序启动时执行、关闭时执行或者在程序运行期间定时执行。如果希望定时执行，还需要指定时间间隔。

在工程浏览器的目录显示区，选择【文件】|【命令语言】|【应用程序命令语言】，在右边的内容显示区将出现【请双击这儿进入＜应用程序命令语言＞对话框】图标，双击图标，弹出【应用程序命令语言】对话框，在此对话框的右侧有关键字选择列表，下部有变量、函数和运算符命令按钮，如图 5-21 所示。

选择应用程序命令语言的执行时只需单击相应的按钮即可。

关键字选择列表：可直接选择现有的画面名称、报警组名称、其他关键字名称（如运算连接符等）。如选中一个画面名称双击，该画面名称就被自动添加到了编辑器中。

变量选择：选择变量或变量的域到编辑器中。单击该按钮时，弹出变量浏览器【选择变量名】对话框，在对话框中直接选择变量。

函数选择：单击某一按钮，弹出相关的函数选择列表，直接选择某一函数到命令语言编辑器中。函数选择按钮有：(1) 全部函数——显示组态王提供的所有函数列表；(2) 系统只显示系统函数列表；(3) 字符串——只显示与字符串操作相关的函数列表；(4) 数学——只显示数学函数列表；(5) SQL——只显示 SQL 函数列表；(6) 控件——选择 Active X 控件的属性和方法；(7) 自定义——显示自定义函数列表。当用户不知道函数的用法时，可以单击【帮助】进入在线帮助，查看使用方法。

运算符输入：单击某一个按钮，按钮上标签表示的运算符或语句自动被输入到编辑器中。

以上 4 种工具都是为减少手工输入而设计的。

命令语言编辑区：输入命令语言程序的区域。【应用程序命令语言】对话框的左侧区域为命令语言编辑区，用户在此编辑区输入和编辑程序。编辑区支持块操作：块操作之前需要定义块。在块开始处按下鼠标左键，保持按下状态，拖动鼠标到块结束处，放开鼠标左键，此时定义的块加亮；也可用键盘的 Shift＋方向键定义块。按下 Shift 键的同时移动方向键，到块结束处松开 Shift 键即可。定义块后，对话框下面有剪切、复制、粘贴、复原、清除按钮用来操作块。系统对块的操作是利用 Windows 的剪切板来完成的，用户利用系统剪切板可以把命令程序保存在单独的文本文件中，也可把已经编好的程序通过剪切板读入命令语言编辑区中。还可用此功能在一个编辑区和另一个编辑区之间复制程序。

应用命令语言编程：根据前面对控制系统所提出的控制要求，在程序运行时原料油罐和成品油罐需要执行的程序编制如下。

```
/*原料油液位控制*/
if (原料油进料阀门==1&& 原料油出料阀门==0)
{原料油液位=原料油液位+30;}
if(原料油进料阀门==1&& 原料油出料阀门==1)
{原料油液位=原料油液位+5;}
if(原料油进料阀门==0&& 原料油出料阀门==1)

{原料油液位=原料油液位-25;}
if(原料油进料阀门==0&& 原料油出料阀门==0)
{原料油液位=原料油液位;}

/*原料油进料阀门控制*/
if(原料油液位>960)
{原料油进料阀门=0;}
if(原料油液位<=4)
```

```
{原料油进料阀门=1;}

/*成品油液位控制*/
if(原料油出料阀门==1&&催化剂出料阀门==1&&成品油出料阀门==0&&原料油液位>=25&&催化剂液位>=25)
{成品油液位=成品油液位+50;}
if(原料油出料阀门==0&&催化剂出料阀门==1&&成品油出料阀门==0&&催化剂液位>=25)
{成品油液位=成品油液位+25;}
if(原料油出料阀门==1&&催化剂出料阀门==0&&成品油出料阀门==0&&原料油液位>=25)
{成品油液位=成品油液位+25;}
if(原料油出料阀门==1&&催化剂出料阀门==1&&成品油出料阀门==1&&原料油液位>=25&&催化剂液位>=25)
{成品油液位=成品油液位-10;}
if(原料油出料阀门==0&&催化剂出料阀门==1&&成品油出料阀门==1&&催化剂液位>=25)
{成品油液位=成品油液位-35;}
if(原料油出料阀门==1&&催化剂出料阀门==0&&成品油出料阀门==1&&原料油液位>=25)
{成品油液位=成品油液位-35;}
if(原料油出料阀门==0&&催化剂出料阀门==0&&成品油出料阀门==1)
{成品油液位=成品油液位-60;}

/*根据成品油液位控制成品油出料阀门状态*/
if(成品油液位>=980)
{成品油出料阀门=1;}
if(成品油液位<=70)
{成品油出料阀门=0;}
```

请模仿上述编程方法，将催化剂罐的控制程序编写出来，并将所有控制程序输入到命令语言编辑区。

设置命令执行的周期为1000ms。这样在程序运行以后，每隔1000ms执行一次上述程序。

6. 定义热键（热键命令语言）

在实际的工业现场，为了操作的需要可能定义一些热键，当某键被按下时，系统执行相应的命令。例如，想要使F1键被按下时，原料油出料阀的状态切换，就可以使用热键命令语言来实现。

（1）在工程浏览器左侧的工程目录显示区内选择【命令语言】下的【热键命令语言】，单击目录内容显示区的 新建... ，弹出【热键命令语言】对话框，如图5-22所示。

（2）单击按钮 键... ，在弹出的【选择键】对话框中选择F1键后关闭对话框，则热键 F1 就显示在按钮 键... 的右侧。

(3) 在命令语言编辑区输入如下语句:

```
if (\\本站点\原料油进料阀==1)
    {
    \\本站点\原料油进料阀=0;
    }
else
    {
    \\本站点\原料油进料阀=1;
    }
```

(4) 单击【确认】按钮完成设置。

当工程运行时，按下 F1 键时，执行上述命令：首先判断原料油进料阀门的当前状态，如果是打开的，则将其关闭；否则，就将它打开。

以同样的方法将催化剂出料阀门和成品油出料阀门状态切换的热键分别定义为 F2 键和 F3 键。

当切换到 TouchView 时，就会看到一幅运动着的画面，并且可以由操作者进行控制，如图 5-23 所示。

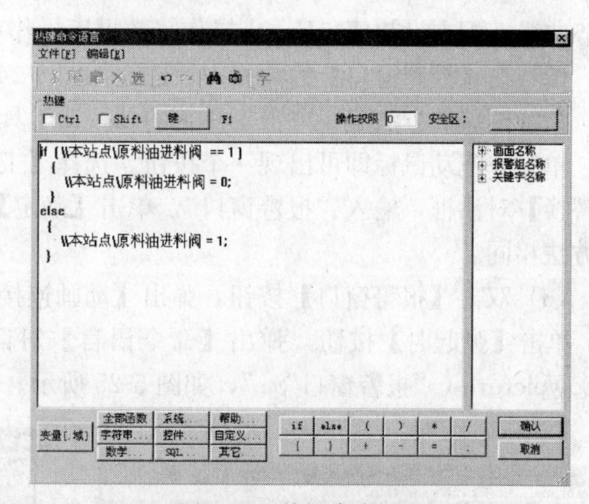

图 5-22　热键命令语言

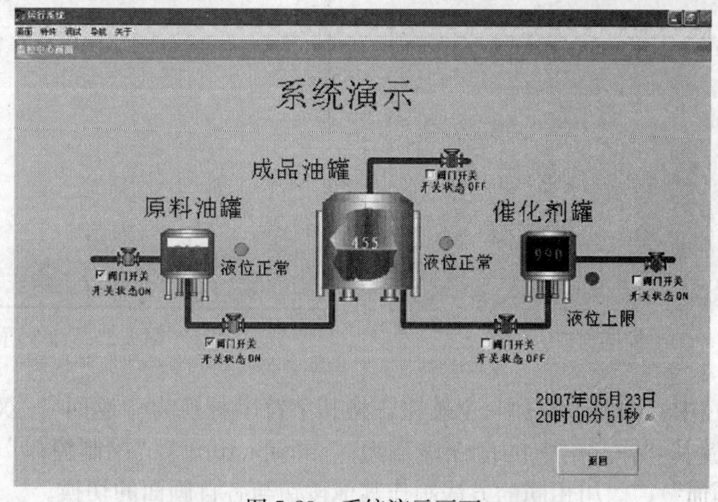

图 5-23　系统演示画面

5.6　画面切换

1. 学习目的

（1）学习画面切换的方法和制作。

（2）复习新建画面的方法。

2. 画面切换的目的

在一个实际的控制系统中，往往还需要查阅其他参数数据，记录一些报警事件，或有多个控制现场。这些不可能都制作在一个画面上，因此就需要进行画面的切换。

3. 画面切换的方法

可以通过制作按钮进行画面切换，也可以在发生某一事件时，如报警，自动弹出报警窗口进行切换。下面将为系统建立报警窗口、数据报表、趋势曲线、配方设初值、Excel 操作、数据库操作 6 个画面，再建立一个控制窗口画面，并与监控中心画面进行切换。

（1）按照建立新画面的方法，分别建立 7 个画面，画面名称为报警窗口、数据报表、趋势曲线、配方设初值、Excel 操作、数据库操作和控制窗口。

（2）在【控制窗口】的画面中，建立如图 5-24 所示的按钮。

添置按钮的方法是：单击工具箱的画按钮工具，将出现的小十字形光标移到画面按钮处，单击并拖动鼠标即可出现一个按钮。选择【工具】|【按钮文本】菜单项，弹出【字符串替换】对话框，输入“报警窗口”，单击【确定】，一个按钮就制作完成。其他按钮的制作方法相同。

（3）双击【报警窗口】按钮，弹出【动画连接】对话框，在【命令语言连接】列表框中，单击【弹起时】按钮，弹出【命令语言】对话框，在【命令语言】文本框内，输入“showpicture（“报警窗口”）;”，如图 5-25 所示。

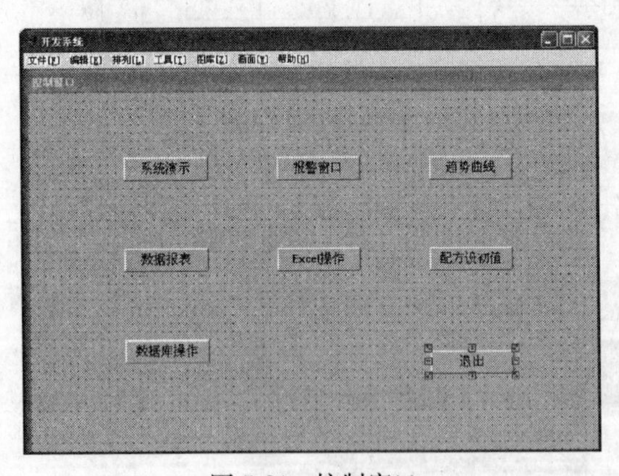

图 5-24　控制窗口

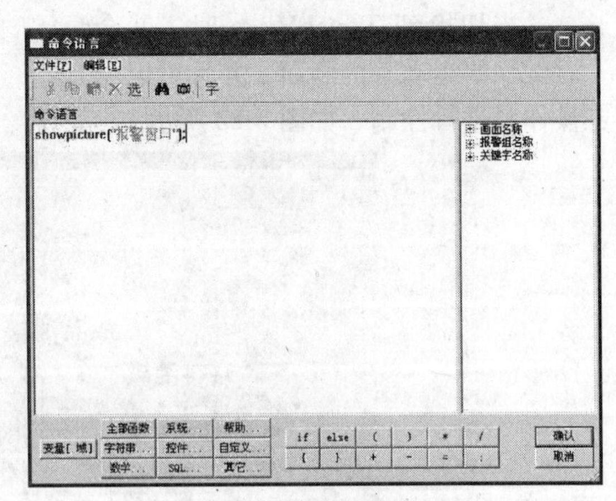

图 5-25　命令语言

（4）在监控中心画面中添加一个按钮，将其字符串替换为“返回”。双击此按钮进行动画连接，设置其“弹起时”的命令语言为“showpicture（“控制窗口”）; closepicture（“监控中心画面”）;”。用相同的方法制作其他按钮与各自画面的切换。

5.7　报警窗口的制作

1. 学习目的

（1）学习实时报警窗口制作。

（2）学习历史报警窗口制作。

2. 报警窗口的作用

报警窗口用来反映变量的不正常变化，组态王自动对需要报警的变量进行监视。当发生报警时，将这些报警事件在报警窗口中显示出来，其显示格式在定义报警窗口时确定。

报警窗口也有两种类型：实时报警窗口和历史报警窗口。实时报警窗口只显示最近的报警事件，要查阅历史报警事件只能通过历史报警窗口。

为了分类显示报警事件，可以把变量划分到不同的报警组，同时指定报警窗口中只显示所需的报警组。

趋势曲线、报警窗口和报警组都是一类特殊的变量，有变量名和变量属性等。趋势曲线、报警窗口的绘制方法和矩形对象相同，移动和缩放方法也相同。

为使报警窗口内能显示变量的报警和事件信息，必须先做以下设置。

3. 定义报警组

（1）切换到工程浏览器，在左侧选择【报警组】，然后双击右侧的图标进入【报警组定义】对话框。

（2）在【报警组定义】对话框中单击【修改】按钮。在【修改报警组】对话框中将“RootNode”修改为“实验系统”。单击【确认】按钮，关闭【修改报警组】对话框。单击【报警组定义】对话框中的【确认】按钮，结束对报警组的设置。

4. 设置变量的报警属性

设置变量“原料油液位”的报警属性。

（1）在工程浏览器的左侧选择【数据词典】，在右侧双击变量名【原料油液位】，弹出【定义变量】对话框。在【定义变量】对话框中，单击【报警定义】选项卡，如图 5-26 所示。

（2）具体设置如图 5-26 所示。低低：200，低：300，高：800，高高：900。报警组名：实验系统。优先级：1。单击【确定】按钮，关闭此对话框。

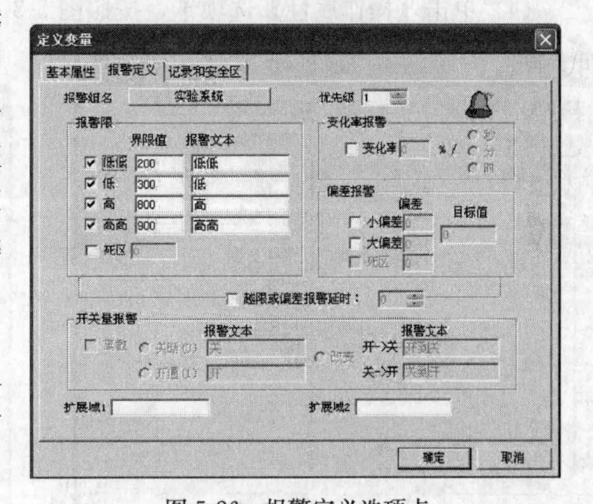

图 5-26　报警定义选项卡

采用同样的方法定义“催化剂液位”、“成品油液位”的报警属性。

注意：只有在【定义变量】对话框中定义了变量所属的报警组和报警方式后，才能在报警和事件窗口中显示此变量报警信息。

5. 制作实时报警窗口

（1）打开在 5.6 节中建立的“报警窗口”画面，在工具箱中选用报警窗口工具，绘制报警窗口如图 5-27 所示。

（2）双击此报警窗口对象，弹出【报警窗口配置属性页】对话框，如图 5-29 所示。其中，【通用属性】选项卡按照图 5-28 所示的进行设置。

（3）单击【列属性】选项卡，按照图 5-29 所示的进行设置。

此选项卡允许用户定义在运行系统中需要显示的各项信息。如图 5-29 所示的设置，在运行时将顺序显示为事件日期、事件时间、报警日期、报警时间、变量名、报警类型、报警值/旧值、恢复值/新值、界限值、优先级、报警组名、事件类型、变量描述等各项信息。

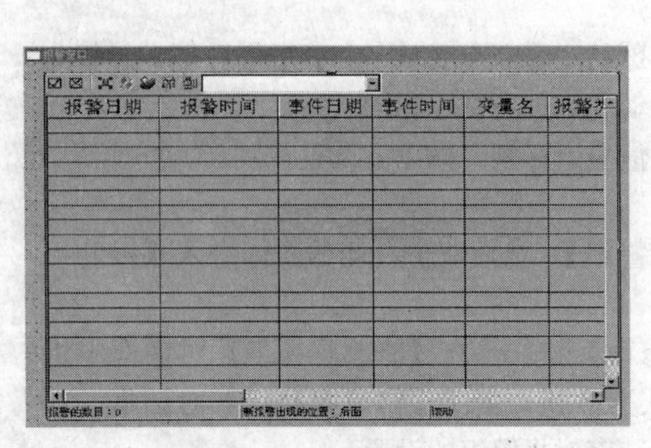

图 5-27　报警窗口

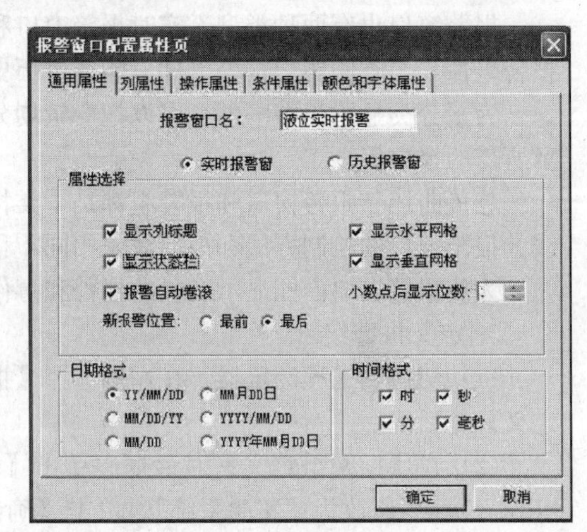

图 5-28　通用属性选项卡

(4) 单击【操作属性】选项卡，按照图 5-30 所示的进行设置。

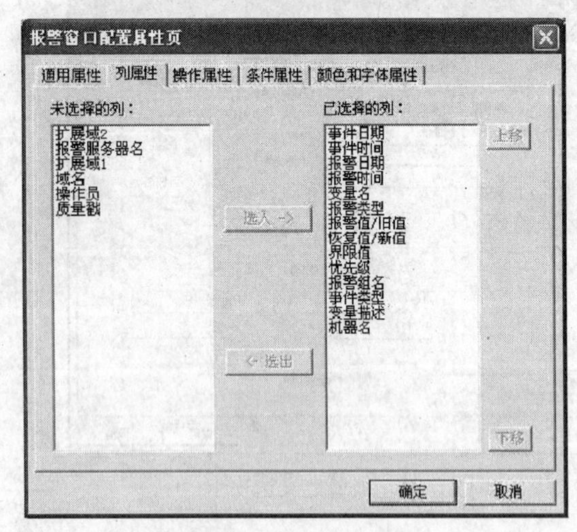

图 5-29　列属性选项卡

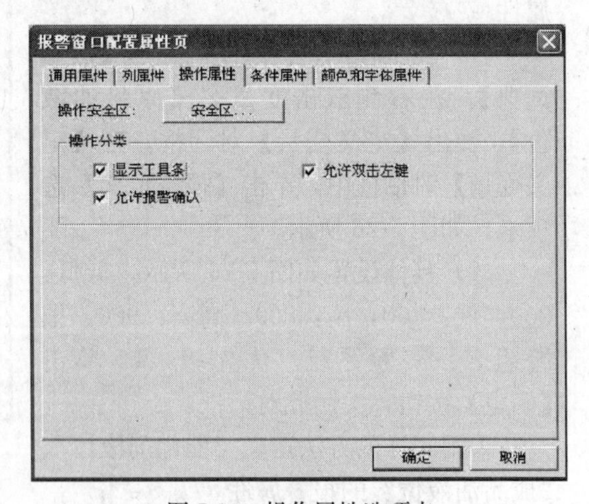

图 5-30　操作属性选项卡

(5) 单击【条件属性】选项卡，按照图 5-31 所示的进行设置。

此选项卡是设置运行时报警窗口显示的内容所需满足的条件。报警组：实验系统。优先级为 999，表示允许所有优先级在 999 以上的报警和事件信息在信息窗口中显示。

注意：报警优先级的范围在 1～999 之间，999 是最低的优先级。

(6) 单击【颜色和字体属性】选项卡，按照图 5-32 所示的进行设置。

对于颜色和字体等各项属性，用户可根据工程需要进行设置。

(7) 单击【确定】按钮，结束以上的各项设置。

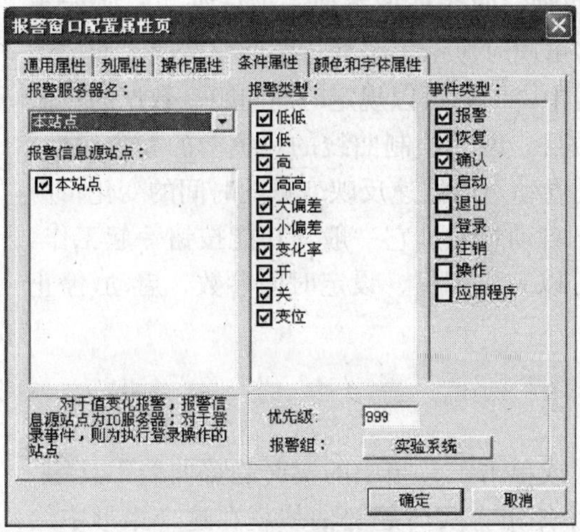

图 5-31　条件属性选项卡

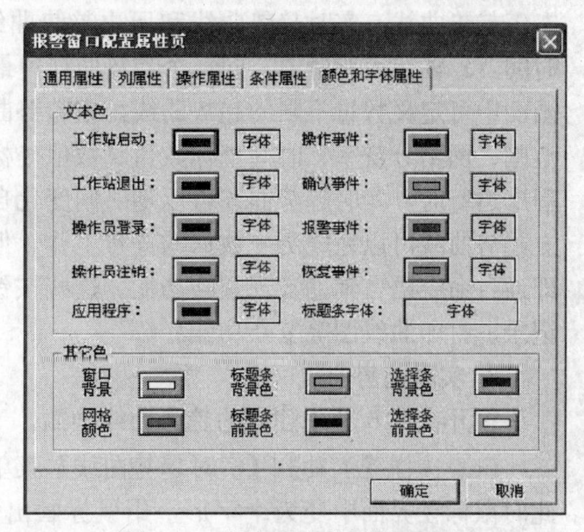

图 5-32　颜色和字体属性选项卡

选择【文件】|【全部存】菜单项，保存工作成果。

6. 制作历史报警窗口

制作历史报警窗口的方法同上，不同之处在于窗口的设置不同。在图 5-28 的【通用属性】选项卡中选择【历史报警窗】即可。

下面以历史报警窗口为例制作翻页按钮。

添加一个“前”按钮和一个“后”按钮。动画连接命令语言编程分别为：

PageUp（液位历史报警，5）；

PageDown（液位历史报警，5）；

其中，液位历史报警是报警窗口名，5 表示翻页 5 行，PageUp 为向上翻页，PageDown 为向下翻页。

报警窗口运行时显示的界面如图 5-33 所示。

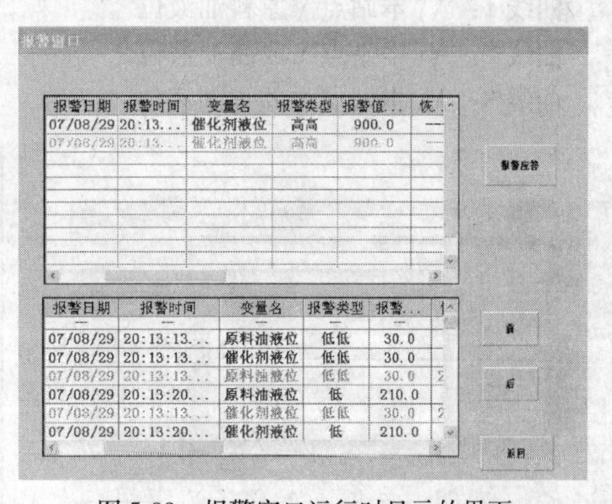

图 5-33　报警窗口运行时显示的界面

5.8　趋势曲线

1. 学习目的

(1) 了解趋势曲线的相关知识。

(2) 掌握实时趋势曲线的使用方法。

(3) 掌握历史趋势曲线的使用方法。

2. 趋势曲线介绍

趋势曲线分析是控制软件必不可少的功能，用来反映数据变量随时间变化的情况。组态王趋势曲线有实时趋势曲线和历史趋势曲线两种。曲线外形类似于坐标纸，X 轴代表时间，Y 轴代表变量值。同一个趋势曲线中最多可同时显示 4 个变量的变化情况，而一个画面中可定义数量不限的趋势曲线。在趋势曲线中，用户可以规定时间间距、数据的数值范围、网格分辨率、时间坐标数目、数值坐标数目，以及绘制曲线的“笔”的颜色属性。程序运行时，实时趋势曲线可以随时间变化自动卷动，以快速反映变量随时间的变化；历史趋势曲线可以完成历史数据的查看工作，但不自动卷动，它一般与功能按钮一起工作，即通过命令语言辅助实现查阅功能。这些按钮可以完成翻页、设定时间参数、启动/停止记录、打印曲线图等复杂功能。

3. 实时趋势曲线

打开在 5.6 节中建立的趋势曲线画面。

(1) 选择【工具】|【实时趋势曲线】菜单项或单击工具箱中的实时趋势曲线工具，此时鼠标在界面中变为十字形，用鼠标画出一个矩形，实时趋势曲线就在这个矩形中绘出，如图 5-34 所示。

(2) 双击此实时趋势曲线对象，弹出【实时趋势曲线】对话框，打开【曲线定义】选项卡如图 5-35 所示。

曲线 1：\\本站点\原料油液位。

曲线 2：\\本站点\成品油液位。

曲线 3：\\本站点\催化剂液位。

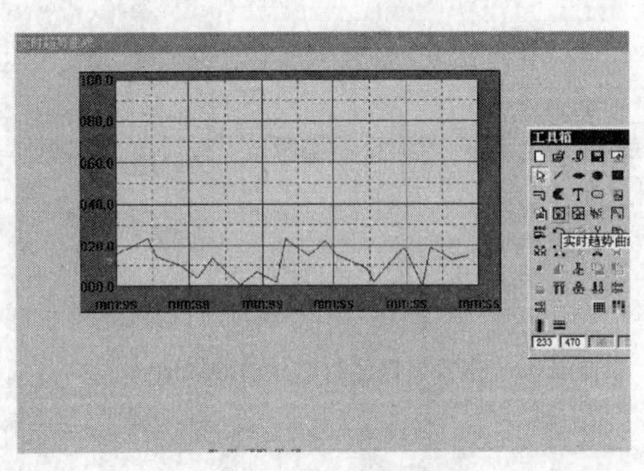

图 5-34　实时趋势曲线

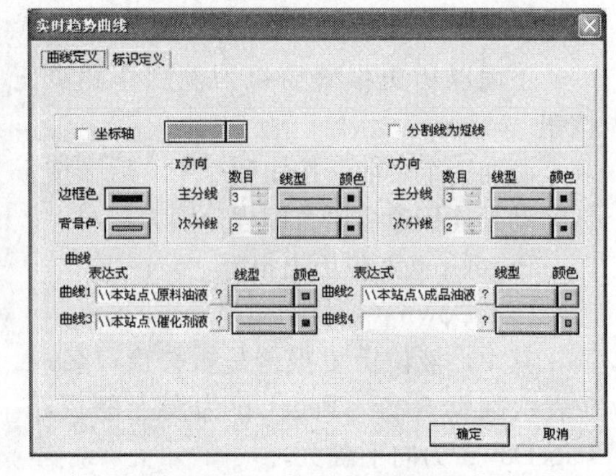

图 5-35　曲线定义选项卡

分割线：主分割线将绘图区划分成矩形网格，次分割线将再次划分主分割线划分成的小矩形。用户可以根据实时趋势曲线的大小决定分割线的数目，分割线最好与标识定义（标注）相对应。

曲线：定义所绘的 1～4 条曲线 Y 坐标对应的表达式。曲线的文本框中分别输入各曲线所对应的表达式，表达式所用变量必须是数据库中已定义的变量。右边的“?”按钮可列出数据库中已定义的变量或域以供选择。每条曲线可由右边的属性按钮分别选择颜色和线型。

(3) 单击【标识定义】选项卡，如图 5-36 所示。

标识数目：数值轴标识的数目在数值轴上等间隔分布，最小为 1，最大为 100。时间轴标识的数目在时间轴上等间隔分布。时间轴标识的格式，用于选择显示哪些时间量。

更新频率：TouchView 是自动重绘一次实时趋势曲线的时间间隔。

时间长度：时间轴所表示的时间范围。

(4) 单击【确定】按钮，关闭对话框，完成实时趋势曲线的制作。

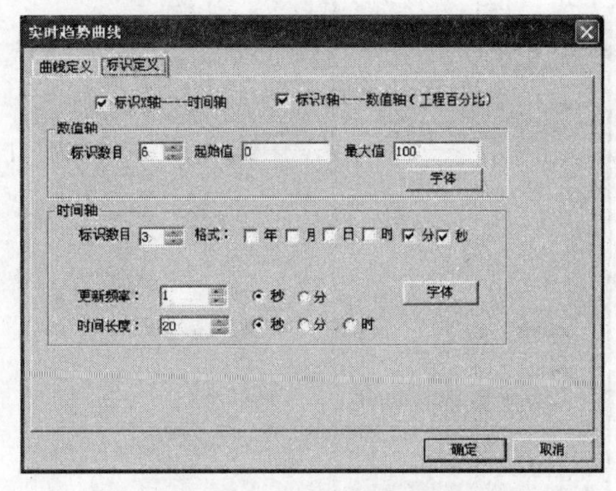

图 5-36　标识定义选项卡

4. 历史趋势曲线

组态王目前有 3 种历史趋势曲线，工具箱上的、图库内的及新增的一种 KVHTrend 曲线控件。第 3 种控件是组态王以 Active X 控件形式提供的绘制历史曲线和 ODBC 数据库曲线的功能性工具。通过该控件，不但可以实现历史曲线的绘制，还可以实现 ODBC 数据库中数据记录的曲线绘制，而且在运行状态下，可以实现在线动态增加/删除曲线、曲线图表的无极缩放、曲线的动态比较、曲线的打印等。该曲线控件最多可以绘制 16 条曲线。

(1) 创建历史曲线控件

在组态王开发系统中新建画面，在工具箱中单击【插入通用控件】或选择【编辑】【插入通用控件】菜单项，弹出【插入控件】对话框。在列表中选择【历史趋势曲线】，单击【确定】按钮，对话框自动消失，鼠标箭头变为小十字形。在界面上选择控件的左上角，按下鼠标左键并拖动，界面上显示出一个虚线的矩形框，该矩形框为创建后的曲线的外框。当达到所需大小时，松开鼠标左键，则历史曲线控件创建成功，界面上显示出该曲线，如图 5-37 所示。

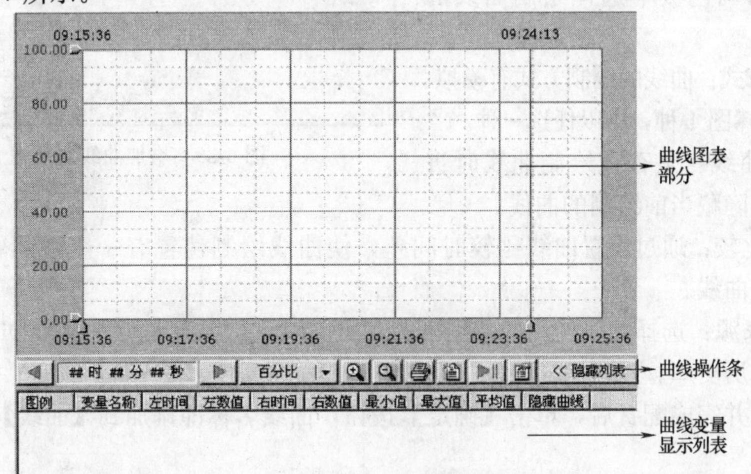

图 5-37　历史曲线控件

(2) 设置控件固有属性

控件创建完成后，右击控件，在弹出的快捷菜单中选择【控件属性】命令，弹出历史曲线控件的固有属性对话框，如图 5-38 所示。

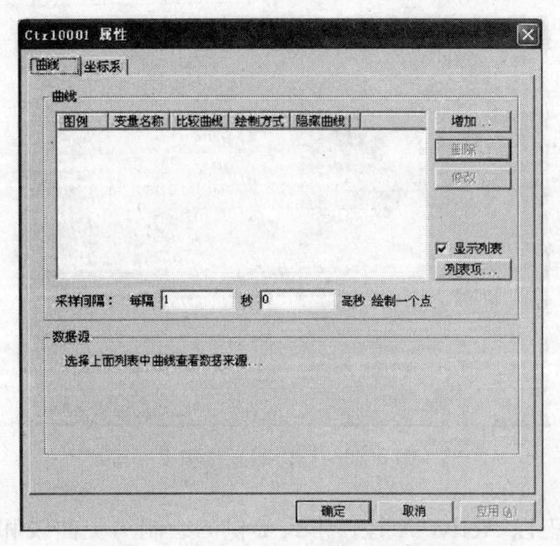

图 5-38　历史曲线控件的固有属性设置

1)【曲线】选项卡

【曲线】选项卡的下半部分为【数据源】区域，即定义在绘制曲线时历史数据的来源。可以选择组态王的历史数据库或其他数据库为数据源。

【曲线】区域定义曲线图表初始状态的曲线变量、绘制曲线的方式、是否进行曲线比较等。

列表框：显示已经添加的变量名称及绘制方式定义等。

【增加】按钮：增加变量到曲线图表，并定义曲线绘制方式。单击此按钮，弹出如图 5-39 所示的对话框。

① 变量名称：在【变量名称】文本框中输入要添加的变量的名称，或在左侧的列表框中选择，该列表框列出了本工程中所有定义了历史记录属性的变量，单击鼠标选择，则选中的变量名称自动添加到【变量名称】文本框中。

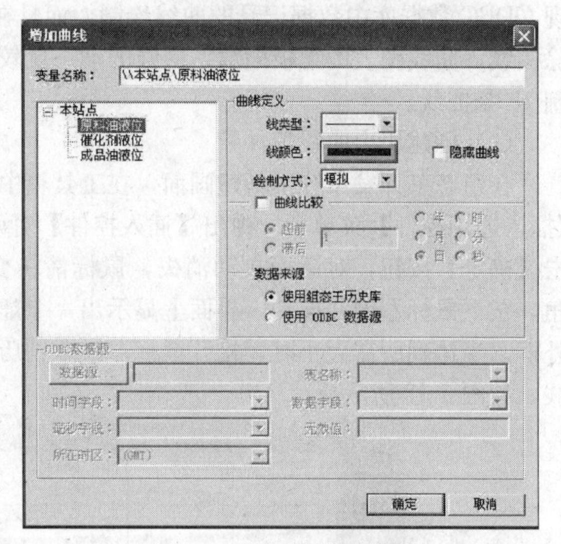

图 5-39　增加曲线对话框

② 线类型：单击【线类型】的下拉列表框按钮，选择当前变量绘制曲线时的线类型。

③ 线颜色：单击【线颜色】后的按钮，在弹出的调色板中选择绘制曲线的颜色。

④ 绘制方式：曲线的绘制方式有模拟、阶梯、逻辑、棒图 4 种，可以任选一种。

⑤ 隐藏曲线：是否在绘制曲线时进行初始设置，隐藏当前绘制的曲线。

⑥ 曲线比较：通过设置曲线比较时间差，使曲线绘制位置有一个时间轴上的平移，从而比较两条曲线。

⑦ 数据来源：选择曲线使用的数据来源，可同时支持组态王历史库和 ODBC 数据源，此处选组态王历史库。

选择变量并完成配置后，单击【确定】按钮，曲线名称即添加到【曲线】列表中，如图 5-40 所示。

按照上述方法，可以增加多个变量到【曲线】列表中。

【删除】按钮：删除当前列表框中选中的曲线定义。

【修改】按钮：修改当前列表框中选中的曲线定义。

【显示列表】选项：是否显示曲线变量列表。

2）【坐标系】选项卡

【坐标系】选项卡如图 5-41 所示。

边框颜色和背景颜色：设置曲线图表的边框颜色和图表背景颜色。单击相应按钮，弹出浮动调色板，选择所需颜色。

绘制坐标轴：是否在图表上绘制坐标轴。单击【轴线类型】列表框选择坐标轴线的线型；单击【轴线颜色】按钮，选择坐标轴线的颜色。绘制出的坐标轴为带箭头的表示 X、Y 方向的直线。

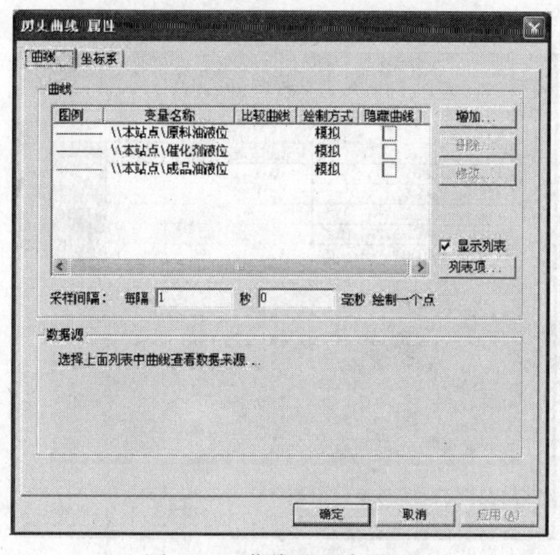

图 5-40 曲线选项卡设置

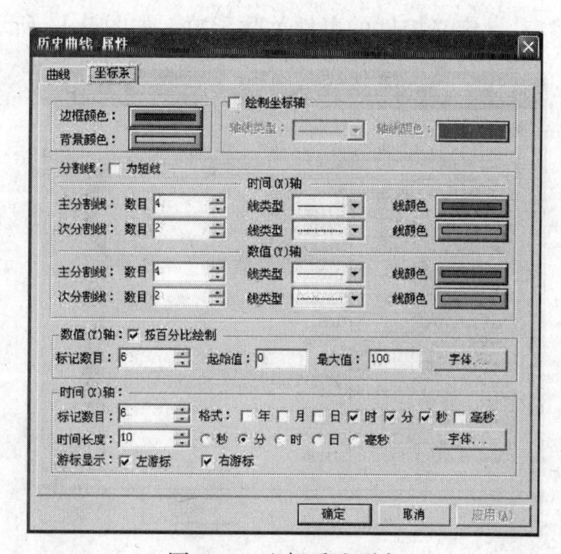

图 5-41 坐标系选项卡

分割线：定义时间轴、数值轴主次分割线的数目、线类型、线颜色等。

数值（Y）轴：【标记数目】文本框中定义数值轴上标记的个数，【起始值】、【最大值】文本框定义初始显示值的百分比范围（0%～100%）。单击【字体】按钮，弹出字体、字型、字号选择对话框，选择数值轴标记的字体及颜色等。

时间（X）轴：【标记数目】文本框中定义时间轴上标记的个数。通过选择【格式】后面的复选项，选择时间轴显示时间的格式及内容。【时间长度】文本框定义初始状态图表所显示的时间段长度。单击【字体】按钮，弹出字体、字型、字号选择对话框，选择时间轴标记的字体及颜色等。

完成各项设置后，单击【确定】按钮返回。

（3）设置控件的动画连接属性

在组态王中使用控件，不仅要设置控件的固有属性，还需设置控件的动画连接属性。

用鼠标选中并双击该控件，弹出【动画连接属性】对话框，如图 5-42 所示。

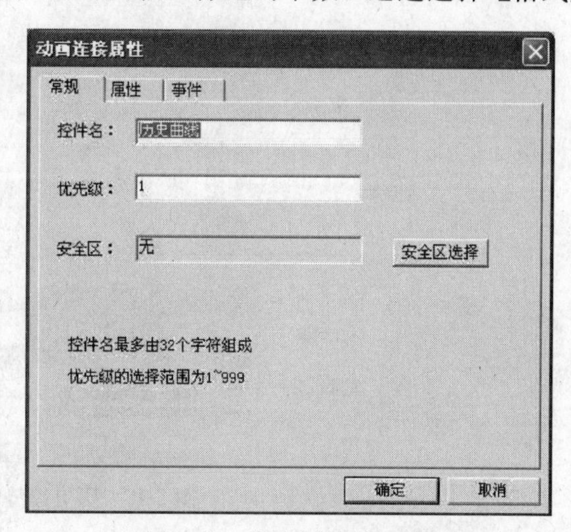

图 5-42 动画连接属性设置

1)【常规】选项卡

控件名：定义该控件在组态王中的标识名，如“历史曲线”，该标识名在组态王当前工程中应该唯一。优先级、安全区：定义控件的安全性，单击【安全区选择】按钮选择所需安全区。

2)【属性】选项卡

定义控件的属性、与组态王的关联变量，如图 5-43 所示。

3)【事件】选项卡

定义控件的事件关联函数，如图 5-44 所示。

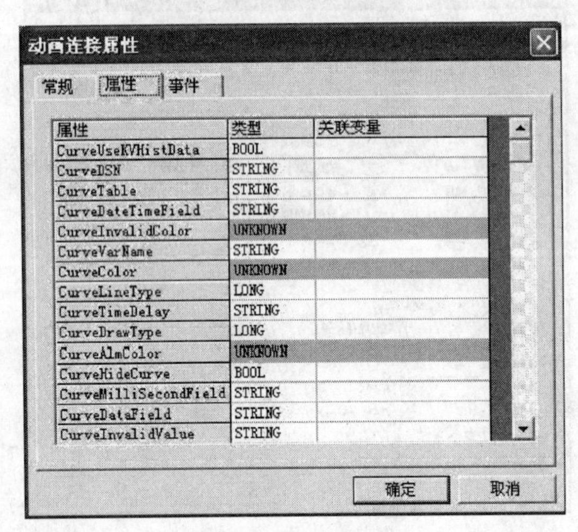

属性	类型	关联变量
CurveUseKVHistData	BOOL	
CurveDSN	STRING	
CurveTable	STRING	
CurveDateTimeField	STRING	
CurveInvalidColor	UNKNOWN	
CurveVarName	STRING	
CurveColor	UNKNOWN	
CurveLineType	LONG	
CurveTimeDelay	STRING	
CurveDrawType	LONG	
CurveAlmColor	UNKNOWN	
CurveHideCurve	BOOL	
CurveMilliSecondField	STRING	
CurveDataField	STRING	
CurveInvalidValue	STRING	

图 5-43　属性选项卡

动画连接属性

常规　属性　事件

事件	关联函数
GetLoggedVar	
GetIDFromName	
GetVarPropFromID	
GetHistDataAtZoneFromID	
GetMilliSecHistDataFromID	

确定　取消

图 5-44　事件选项卡

(4) 运行时修改控件属性

控件属性定义完成后，启动组态王运行系统，如图 5-45 所示。

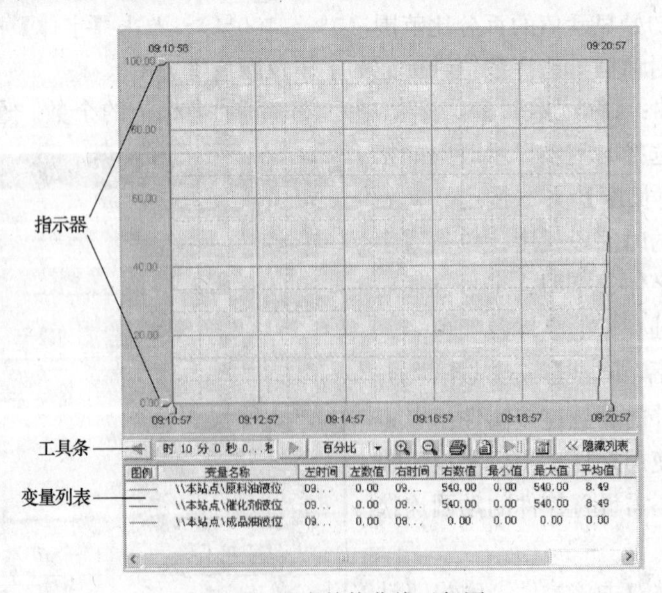

图 5-45　历史趋势曲线运行图

1）数值轴指示器的使用

拖动数值轴（Y 轴）指示器，可以放大或缩小曲线在 Y 轴方向的长度。一般情况下，该指示器标记为当前图表中变量量程的百分比。另外，用户可以修改该标记值为当前曲线列表中某一条曲线的量程数值。修改方法为：单击工具条中的【百分比】下拉列表按钮，弹出曲线颜色列表框。该列表框中显示了每条曲线所对应的颜色，曲线颜色对应的变量可以从图表的列表中看到。选择完曲线后，弹出如图 5-46 所示的对话框，该对话框为设置修改当前标记后数值轴显示数据的小数位数。选择完成后，数值轴标记显示的数据变为当前选定的变量的量程范围，标记字体颜色也相应变为当前选定的曲线颜色。

2）时间轴指示器的使用

时间轴指示器所获得的时间字符串显示在曲线图表的顶部。时间轴指示器可以配合函数等获得曲线某个时间点上的数据。

3）工具条的使用

曲线图表的工具条是用来操作曲线图表、查看变量曲线的。工具条的具体作用可以通过将鼠标放到按钮上时弹出的提示文本看到。下面详细介绍每个按钮的作用。

① 调整如图 5-47 所示的跨度设置按钮。

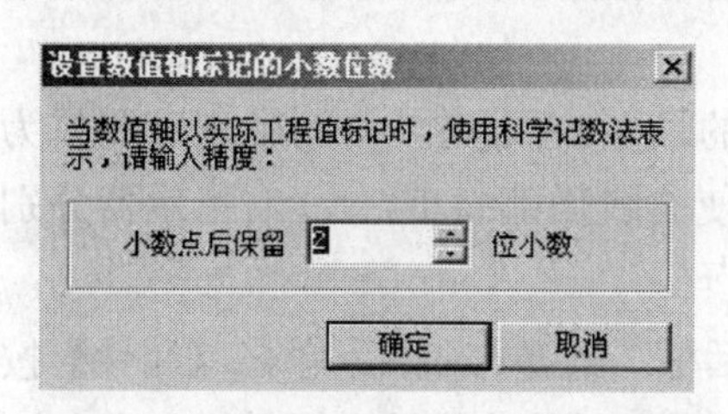

图 5-46　设置数值轴标记的小数位数

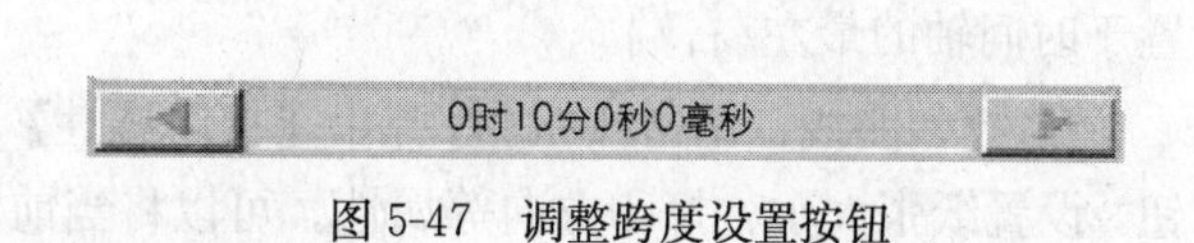

图 5-47　调整跨度设置按钮

单击时间显示区域 0 时 10 分 0 秒 0 毫秒 ，弹出如图 5-48 所示的对话框，修改当前时间跨度设定值。由于组态王历史库还不支持毫秒数据，因此目前只有 ODBC 数据库支持毫秒级。待高速历史库完成后，组态王历史库才真正支持到毫秒级。时间轴最短宽度为 10ms。放缩、移动都支持到毫秒。

在设置参数对话框中（运行时单击设置参数按钮弹出）不能设置到毫秒级，使用命令语言才能设置到毫秒级。

在【单位】列表框中选择跨度的时间单位：日、时、分、秒、毫秒。在【跨度】文本框中输入时间跨度的数值。

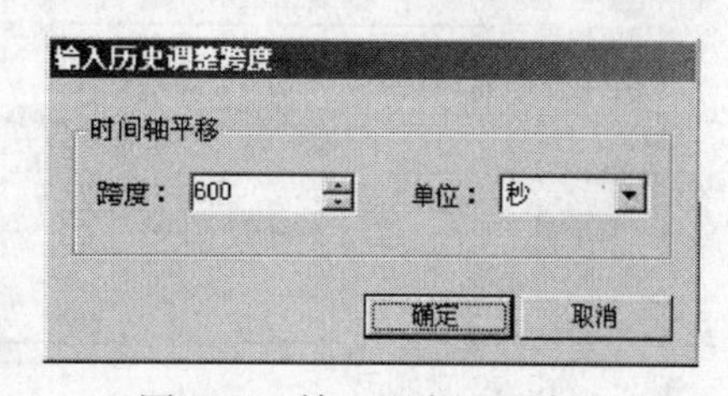

图 5-48　输入历史调整跨度

单击按钮 ◀ 使曲线图表向左移动一段指定的时间段。单击按钮 ▶ 使曲线图表向右移动一段指定的时间段。

② 放大按钮：在曲线图表中选择一个曲线区域，单击此按钮可以放大当前的曲线图表。

A. 当在曲线区域选取了矩形区域时，时间轴最左/右端调整为矩形左/右边界所在的时间，数值轴最上/下端调整为矩形上/下边界所在的数值，从而使曲线局部放大，左/右指示器分别置于时间轴的最左/右端。

B. 当未选定矩形区域时，如左/右指示器不在时间轴的最左/右端，则时间轴最左/右端调整为左/右指示器所在的时间，数值轴不变，从而使曲线局部放大，左/右指示器分别置于时间轴的最左/右端。

C. 当未选定矩形区域时，左/右指示器在时间轴的最左/右端时，时间轴宽度调整为原来的一半，保持中心位置不变，数值轴不变，从而使曲线局部放大，左/右指示器分别置于时间轴的最左/右端。

③ 缩小按钮：在曲线图表中选择一个曲线区域，单击此按钮可以缩小当前的曲线图表。

A. 当在曲线区域选取了矩形区域时，矩形左/右边界所在的时间调整为时间轴最左/右端的时间，矩形上/下边界所在的数值调整为数值轴最上/下端的数值，从而使曲线局部缩小，左/ 右指示器分别置于时间轴的最左/右端。

B. 当未选定矩形区域时，如左/右指示器不在时间轴的最左/右端，则左/右指示器所在的时间调整为时间轴最左/右端的时间，数值轴不变，从而使曲线局部缩小，左/右指示器分别置于时间轴的最左/右端。

C. 当未选定矩形区域时，左/右指示器在时间轴的最左/右端时，时间轴宽度调整为原来的 2 倍，保持中心位置不变，数值轴不变，从而使曲线局部缩小，左/右指示器分别置于时间轴的最左/右端。

④ 打印曲线：单击按钮 弹出【打印属性】对话框。选择打印机，单击【属性】按钮，设置纸张大小、打印方向等属性。可以将当前图表中显示的曲线及坐标系打印出来。

⑤ 定义新曲线：单击按钮 弹出【增加曲线】对话框。选择需要增加曲线的变量名称，定义其绘制属性，单击【确定】按钮，即可在曲线图表中增加一条曲线。

⑥ 更新终止时间：单击按钮 将曲线图表的终止时间更新为当前时间。

⑦ 设置图表数值轴和时间轴参数：单击按钮 弹出【输入新参数】对话框，如图 5-49所示。修改时间轴的起止时间范围和数值轴百分比的范围。

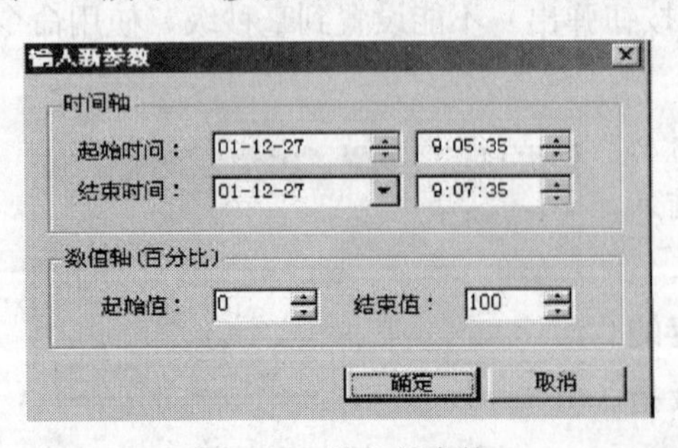

图 5-49 输入新参数

⑧ 隐藏/显示变量列表：单击按钮 << 隐藏列表 或 显示列表 >> 可以隐藏/显示曲线变量列表。

4）曲线变量列表

曲线变量列表主要显示当前曲线图表中所显示曲线对应的变量名称，左右指示器的时间，指示器对应的曲线上点的数据值，在当前图表范围中曲线变量的最大值、最小值和平均值，动态选择是否隐藏某条曲线。

在变量列表上单击右键或选中某列表项后单击右键，可弹出快捷菜单，包含以下菜单项。

① 增加曲线：增加一条曲线到当前曲线图表。

② 删除曲线：删除当前列表中选中的曲线。

③ 修改曲线属性：修改当前选中的曲线的绘制属性。

注意：要查看变量的历史曲线，显示的变量必须是定义记录属性的，而且其最大值和最小值都不能过大，因为缺省是以工程百分比显示的。

5.9 数据库操作

1. 学习目的

(1) 熟悉组态王对数据库的操作。

(2) 学习定时将数据存入数据库的方法。

(3) 练习使用数据改变命令语言。

2. 在组态王中使用数据库简介

(1) 组态王 SQL 访问功能

组态王 SQL 访问功能是为了实现组态王和其他 ODBC 数据库之间的数据传输。它包括组态王 SQL 访问管理器和 SQL 函数。

SQL 访问管理器用来建立数据库列和组态王变量之间的联系。通过表格模板在数据库中创建表格，表格模板信息存储在 SQL. def 文件中；通过记录体建立数据库表格列和组态王之间的联系，允许组态王通过记录体直接操纵数据库中的数据，这种联系存储在 BNID. def 文件中。

SQL 函数可以在组态王的任意一种命令语言中调用。这些函数用来创建表格、插入删除记录、编辑已有的表格、清空删除表格、查询记录等。

(2) SQL 访问管理器

SQL 访问管理器包括表格模板和记录体两部分功能。当组态王执行 SQLCreateTable () 指令时，使用的表格模板将定义创建的表格结构。当执行 SQLInsert ()、SQLSelect () 或 SQLUpdate () 时，记录体中定义的连接将使组态王中的变量和数据库表格中的变量相关联。

组态王提供集成的 SQL 访问管理。在组态王工程浏览器的左栏中，可以看到 SQL 访问管理器。

组态王专门设立了 SQL 访问管理器对数据库进行操作。这是组态王中的一个重要部分。以下将介绍如何使用这一功能对 Access 数据库进行操作，定时将数据存入数据库。

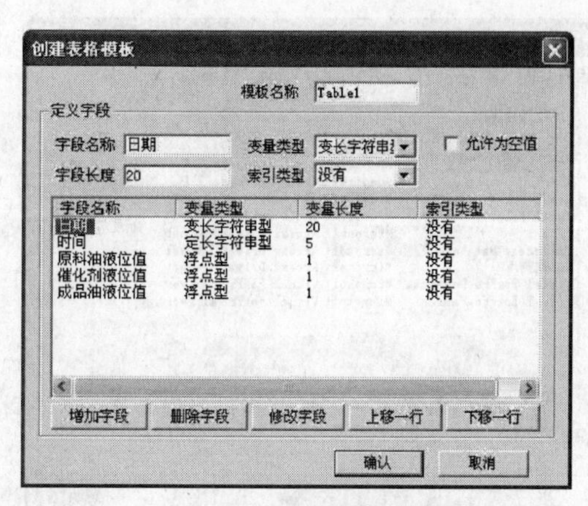

图 5-50 创建表格模板

3. 创建表格模板

在工程浏览器左侧的工程目录显示区中选择【SQL 访问管理器】下的【表格模板】选项，在右侧的目录内容显示区中双击【新建】，弹出【创建表格模板】对话框，如图 5-50 所示。

在表格模板中建立日期、时间、原料油液位值、催化剂液位值和成品油液位值5个记录，字段名称、变量类型、字段长度、索引类型分别如图5-51所示进行设置。

建立表格模板的目的在于定义一种格式，后面用到的SQLCreatTable()将以此格式在Access数据库中建立表格。

4. 创建记录体

在工程浏览器左侧的工程目录显示区中选择【SQL访问管理器】下的【记录体】，在右侧的目录内容显示区中双击【新建】，弹出【创建记录体】对话框，如图5-51所示。

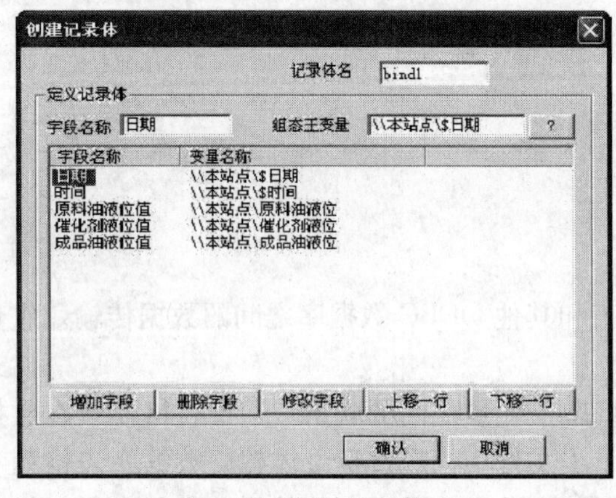

图5-51 创建记录体1

记录体定义了组态王变量“$日期、$时间、原料油液位、催化剂液位、成品油液位”和Access数据库表格中相应字段“日期、时间、原料油液位值、催化剂液位值、成品油液位值”之间的对应连接关系。

注意：记录体中的字段名称和顺序必须与表格模板中的字段名称和顺序保持一致，记录体中的字段对应变量的数据类型必须和表格模板中相同字段对应的数据类型相同。

5. 建立Ms Access数据库

建立一个空Access文件，命名为mydb.mdb。

(1) 定义数据源

1) 双击控制面板下的【ODBC数据源(32位)】选项，弹出【ODBC数据源管理器】对话框，如图5-52所示。

2) 选择【用户DSN】选项卡，并单击【添加】按钮。在弹出的【创建新数据源】对话框中，选择【Microsoft Access Driver】，单击【完成】按钮，弹出如图5-53所示的【ODBC Microsoft Access安装】对话框。

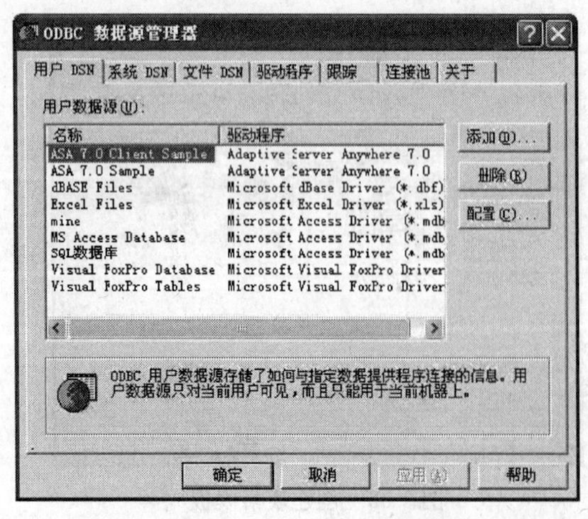

图5-52 ODBC数据源管理器

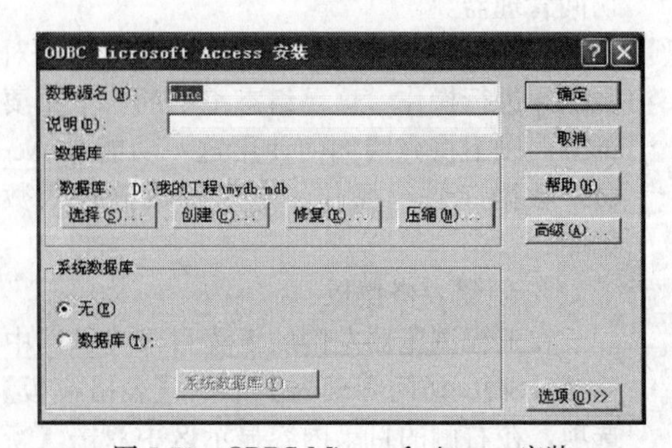

图5-53 ODBC Microsoft Access安装

（2）定义数据源名：mine

单击【选择】按钮，从中选择相应路径下的数据库文件：mydb.mdb。单击【确定】按钮，完成对数据源的配置。

6. 对数据库的操作

在数据词典里定义新变量。

变量名称：DeviceID。

变量类型：内存整数。

（1）连接数据库

打开 5.6 节中建立的【数据库操作】界面，在界面上设置一个按钮。

按钮文本：连接数据库。

“弹起时”动画连接：SQLConnect（DeviceID，“dsn=mine；uid=；pwd=”）；

该命令用于和数据源名（dsn）为 mine 的数据库建立连接，uid 表示登录数据库的用户 ID，pwd 是登录的密码，此处没有设置用户 ID 和密码。每次执行 SQLConnect（）函数都会返回一个 DeviceID 值，这个值在后面对所连接的数据库的操作中都要用到（注：此时不能在数据计算中改变变量 DeviceID 的值）。

（2）创建表格

在【数据库操作】界面上设置一个按钮。

按钮文本：创建表格。

“弹起时”动画连接：SQLCreateTable（DeviceID，“KingTable”，“Table1”）；

该命令用于以表格模板 Table1 的格式在数据库中建立名为 KingTable 的表格。在生成的 KingTable 表格中，将生成 5 个字段，字段名称分别为：日期、时间、原料油液位值、催化剂液位值、成品油液位值。每个字段的变量类型、变量长度及索引类型由表格模板 Table1 中的定义所决定。

（3）插入记录

在【数据库操作】界面上设置一个按钮。

按钮文本：插入记录。

“弹起时”动画连接：SQLInsert（DeviceID，“KingTable”，“bind1”）；

该命令使用记录体 bind1 中定义的连接在表格 KingTable 中插入一个新的记录。

该命令执行后，组态王运行系统会将变量“＄日期”的当前值插入到 Access 数据库表格 KingTable 中最后一条记录的“日期”字段中，同理变量“＄时间、原料油液位、催化剂液位、成品油液位”的当前值分别赋给最后一条记录的字段：时间、原料油液位值、催化剂液位值和成品油液位值。

运行过程中可随时单击此按钮，执行插入操作，在数据库中生成多条新的记录，将变量的实时值进行保存。

（4）查询记录

定义下列变量，这些变量用于返回数据库中的记录。

记录日期：内存字符串。

记录时间：内存字符串。

原料油液位返回值：内存实型。

催化剂液位返回值：内存实型。

成品油液位返回值：内存实型。

定义记录体 bind2，用于定义查询时的连接。如图 5-54 所示，得到一个特定的选择集。

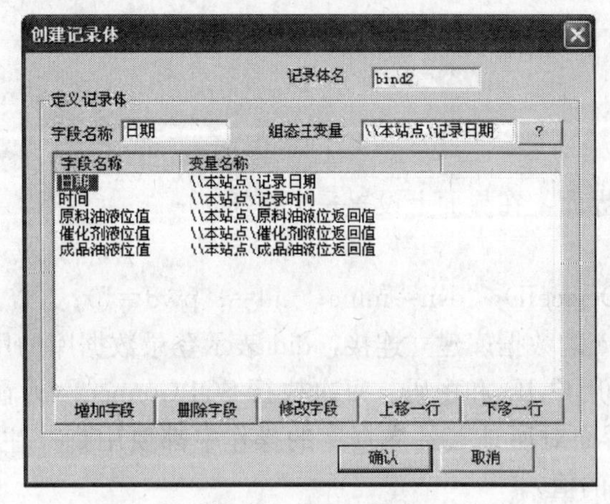

图 5-54 创建记录体 2

在【数据库操作】界面上设置一个按钮。

按钮文本：得到选择集。

“弹起时”动画连接：SQLSelect (DeviceID,“KingTable”,“bind2”,“”,“”);

该命令选择表格 KingTable 中所有符合条件的记录，并以记录体 bind2 中定义的连接返回选择集中的第一条记录。此处没有设定条件，将返回该表格中所有记录。

执行该命令后，运行系统会把得到的选择集的第一条记录“日期”字段的值赋给记录体 bind2 中定义的与其连接的组态王变量“记录日期”。同样 KingTable 表格中的时间、原料油液位值、催化剂液位值、成品油液位值字段的值分别赋给组态王变量：记录时间、原料油液位返回值、催化剂液位返回值、成品油液位返回值。

(5) 查询返回值显示

在【数据库操作】界面上设置文本，如图 5-55 所示。

前两个文本“＃＃＃＃”对应的“字符串输出”和后三个文本“＃＃＃＃”对应的“模拟值输出”动画连接分别为：记录日期、记录时间、原料油液位返回值、催化剂液位返回值、成品油液位返回值。

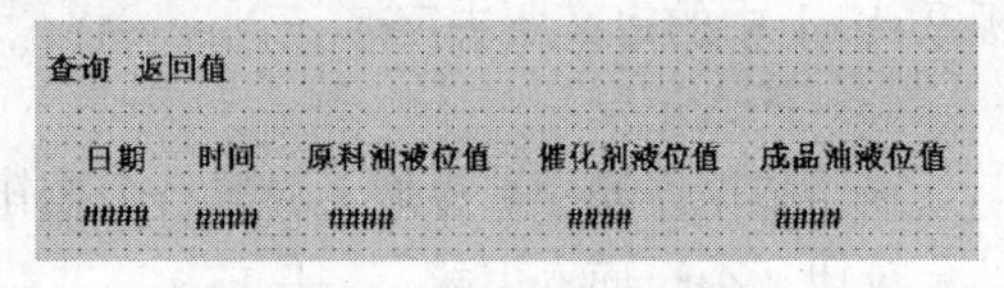

图 5-55 文本建立样式

在执行 SQLSelect () 函数后，首先返回选择集的第一条记录，在画面上“＃＃＃＃”将显示返回值。

(6) 查询记录

在【数据库操作】界面上设置 4 个按钮。

1) 按钮文本：第一条记录。

“弹起时”动画连接：SQLFirst (DeviceID);

2) 按钮文本：下一条记录。

“弹起时”动画连接：SQLNext (DeviceID);

3) 按钮文本：上一条记录。

“弹起时”动画连接：SQLPrev (DeviceID);

4) 按钮文本：最后一条记录。

“弹起时”动画连接：SQLLast (DeviceID);

(7) 断开连接

在【数据库操作】界面上设置一个按钮。

按钮文本：断开连接。

“弹起时”动画连接：SQLDisconnect (DeviceID)；

该命令用于断开和数据库 mydb. mdb 的连接。最后生成的界面如图 5-56 所示。

(8) 本例运行过程

在系统启动后，打开数据库连接界面。

1) 单击【连接数据库】按钮，系统将建立以 mine 为数据源名的 Access 数据库 mydb. mdb 的连接。

观察组态王信息窗口，连接成功后会出现一条信息：“运行系统：数据库：数据库 (F：\ 我的工程 \ mydb) 连接成功”。

2) 单击【创建表格】按钮，将在数据库中以表格模板 Table1 为格式建立表格 KingTable 。观察组态王信息窗口，信息提示：“运行系统：数据库：创建表格 (KingTable)”。

如果反复执行此命令则提示：“运行系统：数据库错误：表 (KingTable) 已存在”。

3) 单击【插入记录】按钮，使用记录体 bind1 中定义的连接，在表格 KingTable 中插入一个新的记录，记录当前的日期、时间及液位值。该命令可随时执行已记录变量的实时值，从而在表格中不断插入记录。

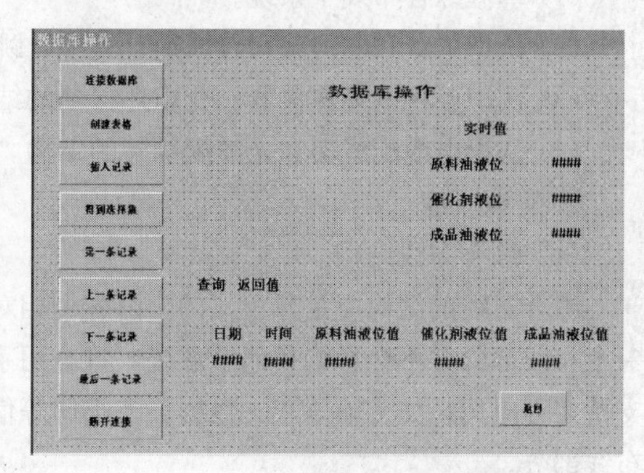

图 5-56　数据库操作最后生成的界面

4) 单击【得到选择集】按钮，该命令选择表格 KingTable 中所有符合条件的记录，并以记录体 bind2 中定义的连接返回选择集中的第一条记录。

观察组态王信息窗口，信息提示：“运行系统：数据库：选择操作成功”。

5) 单击【第一条记录】、【上一条记录】、【下一条记录】、【最后一条记录】按钮，从而返回选择集中的不同记录。返回记录中的字段值将赋给 bind2 中定义的相应变量，在界面上可以直接看出来。

6) 当不需要对数据库进行操作的时候，单击【断开连接】按钮，断开与数据库的连接。

第6章　综合布线系统实训

6.1　综合布线系统认知

1. 实训目的

通过在实训室模拟各子系统环境，对综合布线的各子系统的功能和相互关系建立一个感性认识。对综合布线的各种布线材料进行认识。

2. 实训内容

(1) 掌握综合布线子系统。

(2) 认识屏蔽和非屏蔽双绞线缆、光缆、跳线的结构。

(3) 认识各种电缆连接器、光缆连接器的结构。

(4) 认识电缆配线架和光缆配线架的结构。

3. 实训原理

(1) 综合布线结构

综合布线的结构应是开放式的，由各个相对独立的部件组成，改变、增加或重组其中一个布线部件并不会影响其他子系统，将应用系统的终端设备与信息插座或配线架相连可支持多种应用，如传输语音、数据、多媒体等信号。但完成这些连接所用设备不属于综合布线部分。

(2) 综合布线部件

综合布线采用的主要布线部件有下列几种：

1) 建筑群配线架（CD）；

2) 建筑群干线电缆、建筑群干线光缆；

3) 建筑物配线架（BD）；

4) 建筑物干线电缆、建筑物干线光缆；

5) 楼层配线架（FD）；

6) 水平电缆、水平光缆；

7) 转接点（选用）（TP）；

8) 信息插座（TO）。

(3) 布线子系统

综合布线可分为3个布线子系统：建筑群子系统、干线子系统和配线子系统，各个布线系统可连接成如图6-1所示的综合布线原理图。

4. 实训报告

画出综合布线各子系统之间相互连接的示意图。

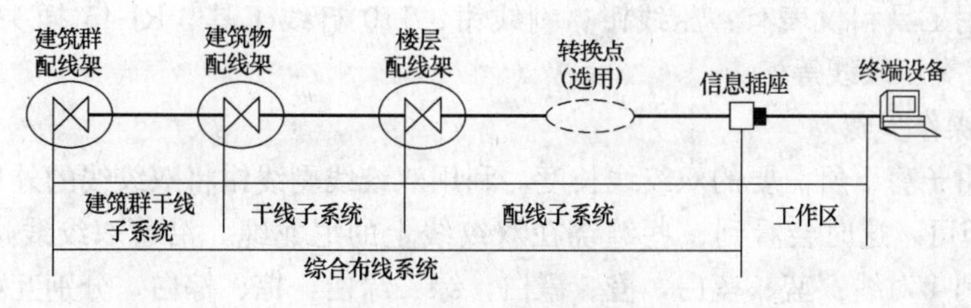

图 6-1　综合布线原理图

6.2　信息插座与双绞线的连接和认证测试

1. 实训目的

掌握双绞线的两种连接方法和导线色标的识别，以及压接工具和测试仪器的使用。

2. 实训内容

(1) 掌握信息模块的压接技术和压接工具。

(2) 掌握双绞线与 RJ-45 头的连接技术和测试技术。

(3) 熟悉网线测试仪的使用方法。

3. 实训原理

为了在配线架上管理链路，每一根水平线缆都应端接在信息插座上。电缆在信息插座的端接有两种方式。

(1) 按照 T568B 标准接线方式，信息插座引针与线对的分配如图 6-2 (*a*) 所示；

(2) 按照 T568A 标准接线方式，信息插座引针与线对的分配如图 6-2 (*b*) 所示。

比较图 6-2 (*a*) 和图 6-2 (*b*)，可以看出，按 T568B 标准接线，配线子系统 4 对双绞电缆的线对 2 接信息插座的 1、2 位/针，线对 3 接信息插座的 3、6 位/针，而按 T568A 标准连接时线对 2 和线对 3 正好相反。

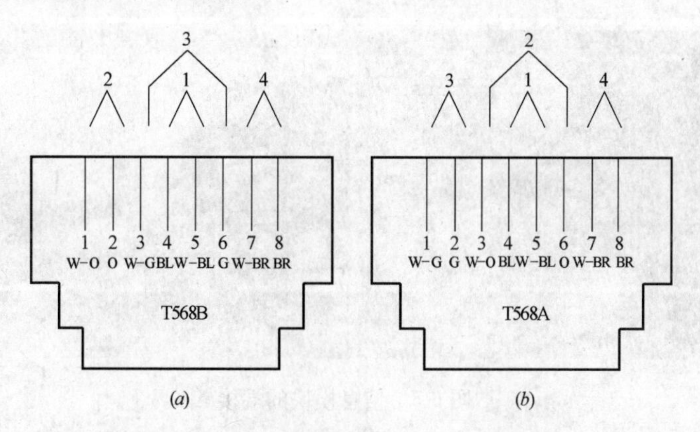

图 6-2　信息插座引针与线对分配

(*a*) 按照 T568B 标准信息插座引针与线对安排正视图；

(*b*) 按照 T568A 标准信息插座引针与线对安排正视图

W—白色；O—橙色；G—绿色；BL—蓝色；BR—棕色

4. 实训使用工具和仪表

实训使用工具和仪表有：压线钳、剥线钳、110 打线工具、RJ-45 插头、信息模块、测试仪表、5 类双绞线等。

5. 实训操作步骤

(1) 用钳子剪下所需要的双绞线长度，利用双绞线剥线钳将双绞线的外皮剥掉，留下约 4～5cm 即可。这时会看到一些缠绕在双绞线上的尼龙绳，沿着双绞线边缘剪下尼龙绳，可以看到 4 对线：蓝、蓝白，橙、橙白，绿、绿白，棕、棕白，分别互相对绞，如图 6-3 所示。

(2) 把 4 对双绞线解纽、分开、展平、捏住。

(3) 接下来进行拨线操作。按照 T568B 标准接线方式，裸露的双绞线自左至右依次为：橙白、橙、绿白、蓝、蓝白、绿、棕白、棕。

(4) 用压线钳对准 RJ-45 口，压下水晶头金属片，使水晶头金属片与双绞线金属芯接触。至此一个 RJ-45 接头就接好了，如图 6-4 所示。

图 6-3 剥除电缆外皮

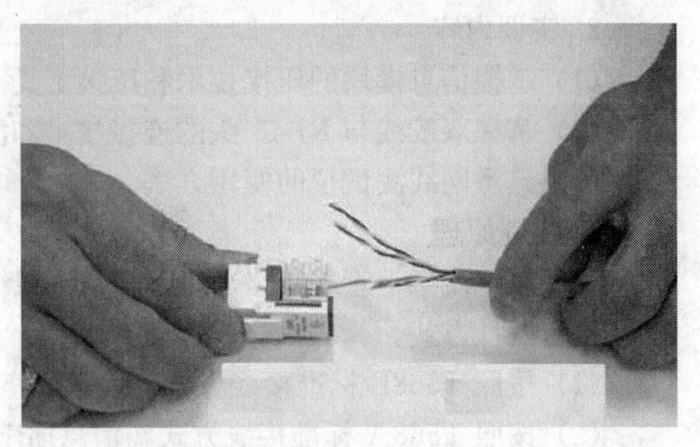

图 6-4 RJ-45 的端接

(5) 接下来进行信息模块的端接操作，如图 6-5 所示，将双绞线对按 T568B 标准依次嵌入到信息模块的对应槽中。

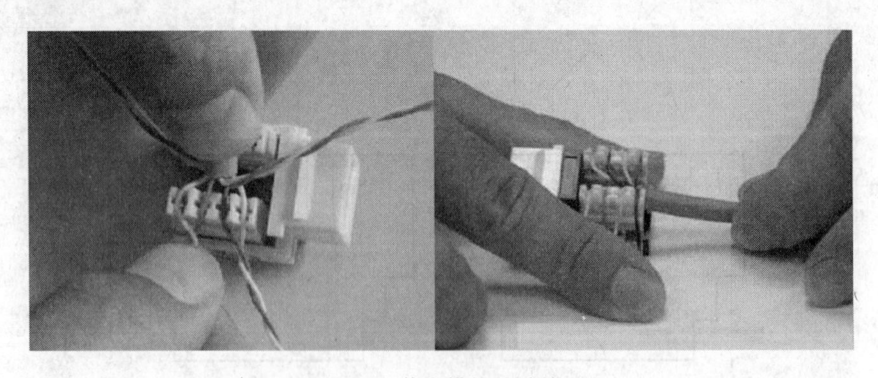

图 6-5 信息模块的端接

(6) 压线工具这时候就登场了，在每一线槽上向下重击两下。注意工具上的刀片方向应该朝外，这样多余的线才会被裁剪掉，如图 6-6 所示。

(7) 盖上防尘盖，除了可以避免灰尘外，也可以防止线拉扯造成芯线的接触不良，如图 6-7 所示。

(8) 将信息模块装到面板上，如图 6-8 所示。

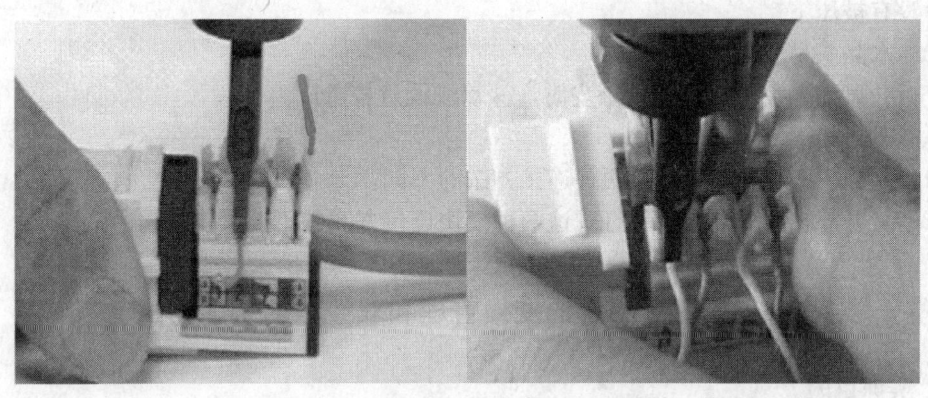

图 6-6　打线操作

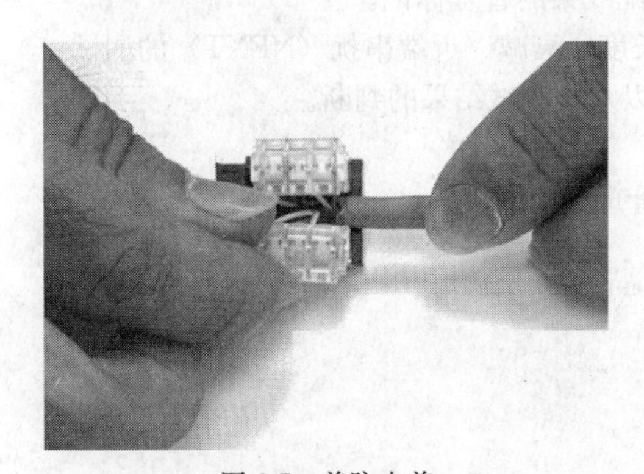

图 6-7　盖防尘盖

图 6-8　将信息模块装到面板上

(9) 最后将信息模块连同面板安装到墙上，如图 6-9 所示。

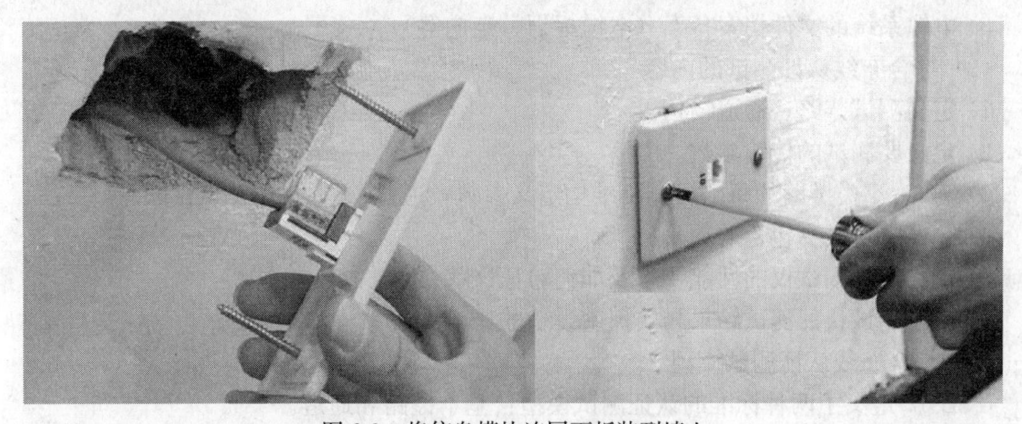

图 6-9　将信息模块连同面板装到墙上

6. 常见错误分析

(1) 水晶头测试为短路

分析：可能是剥线过程中剥线钳把线割断；也可能是在步骤④的压线过程中水晶头金属片与双绞线金属芯接线不实造成；还有测试仪使用错误。

(2) 水晶头插不进信息模块

分析：可能是在步骤（4）的压线过程中水晶头金属片与双绞线金属芯接线不实造成，

金属片没有被压下。

(3) 水晶头易脱落

分析：可能是在剥双绞线的外皮时，裸双绞线过长造成。

7. 实训报告

(1) 说明 T568B 和 T568A 两种连接方法的不同。

(2) 说明普通打线方式和免打式这两种模块连接方式的不同操作过程。

6.3 管理子系统的交接管理和双绞线的认证测试

1. 实训目的

(1) 掌握管理子系统的交接方案、线缆和配线架的管理标记。

(2) TSB-67 定义的测试参数：接线图、长度、衰减、近端串扰（NEXT）的测试。

(3) DSP-100 电缆测试仪的操作与使用，以及对测试结果的判断。

2. 实训内容

(1) 110 配线架和快接式配线架的接线，管理标记的设置。

(2) 电缆链路和通道的认证测试。

(3) DSP-100 电缆测试仪的使用。

(4) 双绞线测试错误的解决方法。

3. 实训原理

(1) 认证测试的目的

1) 检验电缆系统的安装质量（物理特性）。

2) 安装的 5 类电缆系统是否满足其传输性能的要求（电气特性）。

3) 电缆系统的文件档案备案（电缆标识、走向等）。

(2) 综合布线认证测试的内容

1) 定义测试链路、通道结构。

2) 定义要测试的传输参数。

3) 为 3、5 类链路的每一种链路结构定义参数，通过/不通过的测试极限。

4) 测试报告最少包含的项目。

5) 定义现场测试仪的性能要求及如何验证这些要求。

6) 现场测试仪的测试结果与实训室设备的比较方法。

(3) 综合布线认证测试模型

TSB-67 定义了两种标准的认证测试模型：基本链路和通道。

基本链路用来测试综合布线中的固定链路部分。它包括最长 90m 的水平布线，两端可分别有一个连接点及用于测试的两条各 2m 长的连接线。

通道用来测试端到端的链路整体性能。它包括最长 90m 的水平电缆、一个工作区附近的转接点、在配线架上的两处连接及总长不超过 10m 的连接线和配线架跳线。

(4) TSB-67 定义的测试参数

TSB-67 定义了 4 种测试参数：接线图（WireMap)、长度（Length)、衰减（Attenuation）和近端串扰（NearEndCrossTalk，NEXT)。

1）接线图测试

目的是检查 8 芯电缆中的每对线的连接是否正确，该测试属于连接性能测试。

2）长度测试

长度是指链路的物理长度。常见的测试综合布线长度的测量方法有：时域反射法（TDR）与电阻法。

采用时域反射法测量综合布线的长度是最常用的方法。它的测试是依赖于对给定的电缆的额定传输率（*NVP*）和链路的传输延迟来实现的。

额定传输率是指电信号在该介质中传输的速度与真空中光的传输速度的比值。通过测量测试信号在链路上的延迟时间，然后与该电缆的 *NVP* 值进行计算就可得出链路的电子长度。

电缆的生产厂家对电缆的 *NVP* 值的标定有相当大的不定度，所以要获得比较精确的链路长度就应该在对综合布线测试之前，对同一批标号的电缆进行校正测试，以得到精确的 *NVP* 值。由于严格的 *NVP* 值的校正很难全部实现，一般有 10％的误差，所以 TSB-67 修正了长度测试的通过/未通过的参数。

对于通道，长度为 100＋100×10％＝110m。

对于基本链路，长度为 94＋94×10％＝103.4m。

3）衰减

衰减是信号沿链路传输损失的量度，衰减以 dB 表示。衰减是频率的连续函数，此外，衰减会随着链路长度的增加而增大，衰减到一定程度，将会引起链路传输的信息不可靠。引起衰减的原因还有温度、阻抗不匹配及连接点等因素。

表 6-1 给出基本链路和通道衰减的允许值，这个表是在 20℃时给出的允许值。随着温度的增加，衰减也会增加。具体来说对于 3 类电缆每增加 1℃衰减增加 1.5％，对于 5 类电缆每增加 1℃，衰减增加 0.4％，当电缆安装在金属管道内时链路的衰减增加2％～3％。

通道与基本链路的衰减极限 **表 6-1**

频率(MHz)	20℃下最大衰减值(dB)					
	通道 100m			基本链路 94m		
	3类	4类	5类	3类	4类	5类
1	4.2	2.6	2.5	3.2	2.2	2.1
4	7.3	4.8	4.5	6.1	4.3	4.0
8	10.2	6.7	6.3	8.8	6.0	5.7
10	11.5	7.5	7.0	10.0	6.8	6.3
16	14.9	9.9	9.2	13.2	8.8	8.2
20		11.0	10.3		9.9	9.2
25			11.4			11.5
31.25			12.8			16.5
62.5			18.5			16.7
100			24.0			12.6

4）近端串扰

近端串扰是指在一条双绞电缆链路中一条线对与另一线对的信号耦合，也就是说当一条线对发送信号时，在另一条相邻的线对收到的信号。近端串扰是决定链路传输能力的最重要的参数，它与长度没有比例关系，而与频率有关。

对于双绞电缆链路来说，这是一个关键的性能指标，也是最难精确测量的一个指标，尤其是随着信号频率的增加，其测量难度更大。TSB-67 中定义：5 类电缆链路必须在 1～100MHz 的频率范围内测试，同衰减测试一样；3 类电缆链路的测试范围是 1～16MHz；4 类电缆链路的测试范围是 1～20MHz。表 6-2 列出了不同频率下近端串扰的最小值。实测的近端串扰值小于表中的值，表示线缆性能越好。近端串扰值小表示一条线对与另一线对耦合的信号小。

对于近端串扰的测试，采样频率点的步长越小，测试就越准确，所以 TSB-67 定义了近端串扰测试时的最大频率步长。

测试范围：1～31.25MHz，最大步长：0.15MHz；

测试范围：31.26～100MHz，最大步长：0.25MHz。

测试一条双绞电缆链路的近端串扰需要在每一线对之间进行。也就是说，对于 4 对双绞电缆来说要有 6 对线对关系的组合，即测试 6 次。另外，近端串扰必须进行双向测试。

不同频率下近端串扰的最小值 **表 6-2**

频率(MHz)	近端串扰损耗最小值(dB)					
	通道 100m			基本链路 94m		
	3 类	4 类	5 类	3 类	4 类	5 类
1	39.1	53.3	60.0	40.1	54.7	60.0
4	29.3	43.3	50.6	30.7	45.1	51.8
8	24.3	38.2	45.6	25.9	40.2	47.1
10	22.7	36.6	44.0	24.3	38.6	45.5
16	19.3	33.1	40.6	21.0	35.3	42.3
20		31.4	39.0		33.7	40.7
25			37.4			39.1
31.25			35.7			37.6
62.5			30.6			32.7
100			27.1			29.3

4. 实训使用工具和仪表

实训使用工具和仪表有：110 配线架、连接好的电缆链路及 DSP-100 电缆测试仪等。

5. 实训操作步骤

（1）开机

打开主机或智能远端器之前先将电池充电 3 小时左右。将交流稳压电源连接至测试仪或智能远端器，就可对测试仪内的电池充电。充电的同时可使用本测试仪。电池完全充满需要 10～12 小时。

（2）菜单的使用

测试仪在菜单系统中显示设置信息、测试选项和测试结果。表 6-3 说明了在菜单系统中用于选项和屏幕移动的按键。

菜单系统中按键的功能　　表 6-3

按　键	功　能
▲▼◀▶	上、下、左、右的移动
ENTER	选择突出显示的项目
TEST	开始执行突出显示的测试
EXIT	退出当前的屏幕
1　2　3　4	功能键用于选择屏幕上相应的功能。具体功能取决于当时的屏幕

（3）双绞电缆的自动测试

1）测试内容

自动测试将执行所有需要的测试来确认所安装的电缆是否符合相关的局域网标准，双绞电缆测试内容有：

① 接线图：测试开路、短路、错对、反接和串扰。

② 近端串扰（NEXT）：测试双绞电缆的近端串扰（NEXT）。

③ 长度：以米或英尺显示双绞电缆的长度。

④ 传输延迟：测量信号沿每对电缆传输的时间。

⑤ 延迟偏离：计算线对之间的传输延迟。

⑥ 阻抗：测量每对电缆的阻抗。如果发现阻抗异常，将报告每对线缆最大的异常点。

⑦ 衰减：测量每对线缆的衰减。

⑧ 电阻：测量每对线缆的环路电阻。

⑨ 衰减串扰比（ACR）：计算所有电缆绕对的衰减和串扰的比值。

⑩ 环路损耗（RL-Return Loss）：测量由于电缆中信号的反射所引起的损耗。

2）具体操作步骤

① 根据要求设置测试参数，将测试仪旋钮转至 SETUP。

② 根据屏幕提示选择测试参数，选择后的参数将自动保存到测试仪中，直至下次修改。

③ 将测试仪和远端单元分别接入待测链路的两端。

④ 将旋钮转至 AUTOTEST，按下 TEST 键，测试仪自动完成全部测试。

⑤ 按下 SAVE 键，输入被测链路编号、存储结果。全部测试结束后，可将测试结果直接接入打印机打印，或通过随机软件 DSP-LINK 与 PC 机连接，将测试结果送入计算机存储或打印。如果在测试中发现某项指标未通过，将旋钮转至 SINGLETEST，根据中文速查表进行相应的故障诊断测试。查找故障后，排除故障，重新进行测试直至指标全部通过为止。

（4）对记录纸记录的数据进行分析

1）接线图是否全部连接上；

2）连线的长度；

3）近端串扰值是否小于标准值。

6. 实训报告

通过随机软件 DSP-LINK 与 PC 机连接，将测试结果送入计算机存储、打印。

7. FLUK DSP-100 数字式网络布线测试仪的操作与使用

福禄克公司 DSP-100 数字式网络布线测试仪是综合布线现场认证测试工具。该测试仪是美国国家标准协会 TIA/EIATSB-67 规定的 3、4、5 类链路及国际布线标准 ISO/IEC11801：1995（E）规定的 B、C、D 级链路进行认证和故障诊断的手持式工具，它可以应用于专业综合布线工程、网络管理及维护等多方面。

（1）功能概述

该测试仪包括下述功能：

1）根据 IEEE、ANSI、TIA、ISO/IEC 标准检查安装的局域网电缆。

2）在简单的菜单系统中显示测试选项和结果。

3）用英、德、法、西班牙、意大利文来显示和打印报告。

4）自动运行所有关键的测试。

5）用大约 20s 的时间给出双向自动测试结果。

6）测试仪存储了常用的测试标准和电缆类型。

7）最多允许设置 4 个用户的电缆标准。

8）时域串扰分析（DTX^{TM}）可以对电缆串扰问题定位。

9）测试环路损耗（RL）。

10）提供 NEXT、衰减、衰减串扰比（ACR）和 RL 的曲线绘图。可以显示直至 155MHz 的 NEXT、ACR 和衰减的曲线图。

11）在非易失存储器中存储至少 500 条电缆的测试结果。

12）监测以太网的流量和脉冲噪声。Hub 端口定位可帮助识别端口连接情况。

13）存储的测试结果可以传至 PC 机或直接输出至串口打印机。

14）可刷新 EPROM 支持标准和软件升级。

（2）主要性能指标

1）通过 UL 认证，达到 TSB-67 级精度标准。

2）以二级精度快速、准确、可靠地测试基本链路和通道，最高测试频率达到 155MHz。

3）快捷的测试：测试时间＜20s。

4）智能远端单元：实现近端串扰双向测试一次完成。

5）专利 TXD 技术实现近端串扰故障定位，以图形化时域反射法显示。

6）全自动执行美国国家标准协会 TIA/EIATSB-67 标准所要求的全部性能测试。

7）测试多种电缆：非屏蔽双绞电缆、屏蔽双绞电缆、同轴电缆。

8）连续存储 500 个测试结果，智能电源管理，保存测试数据。

9）随机 PC 软件 DSP-LINK 分析管理复杂的测试结果，可绘出时域、频域图，供链路性能分析。

10）外部干扰监测功能：干扰门阈 100～500mV 任意选择。

11）大屏幕图形化液晶显示。

12）提供中文手册。

13）以太网流量与碰撞检测、集线器（HUB）端口测试。

14）防震设计。

（3）测试仪组成

DSP-100 测试仪由主机和远端单元组成，主机的 4 个功能键取决于当前屏幕显示：TEST 键用于自动测试；EXIT 键用于从当前屏幕显示或功能退出；SAVE 键用于保存测试结果；ENTER 键进行确认操作。

DSP-100 测试仪的远端很简洁，在 RJ-45 插座处有通过（PASS）、未通过（FAIL）的指示灯显示。

（4）主机功能

表 6-4 给出了主机的功能说明。

主机功能说明 **表 6-4**

功能	说明
旋钮开关	选择工作模式； 指向 OFF：关机状态； AUTO TEST：自动测试； SINGLE TEST：单项测试； MONITOR：监控； SETUP：设置； PRINT：打印； SPECIAL FUNCTION：特殊功能
EXIT	退出当前屏幕
TEST	启动突出显示所选的测试，或再次启动上次运行的测试
1 2 3 4	提供和显示相关功能
显示屏	对比度可调的液晶 LCD 显示屏，有背景灯
▼▲	在显示屏中上下左右移动，定义数值的增减
SAVE	存储自动测试结果和改变的参数
ENTER	选择菜单中突出显示的项目
◎ WAKE UP	背景灯控制，按住 1s，可调整显示对比度。 测试仪进入睡眠状态时，该键为唤醒按钮
RS-232 串行接口	通过标准 IBM-AT EIA RS-232C 串行电缆，将 9 芯电缆与打印机或 PC 机连接
交流稳压电源（充电）插口	连接稳压电源
交流电源指示灯	方式 1：绿色发光二极管表示测试仪正在使用交流稳压电源。 方式 2：多色发光二极管表示 4 种状态。 不亮：未连接交流稳压电源，或连接而测试仪未装充电电池。 红灯闪烁：稳压电源准备快速充电前的微电流充电，表明电池电压很低，不能进行测试。 红灯长亮：稳压电源正在快速充电。 绿灯长亮：快速充电完毕，保持微电流充电状态
RJ-45 插座	用于屏蔽或非屏蔽双绞线缆的 8 芯插座
BNC 连接器	用于同轴电缆的连接器

(5) 旋钮开关使用说明

1) OFF (关)

测试仪关机。利用 SAVE 键可以将测试结果和设置存入非易失存储器。

2) AUTO TEST (自动测试)

自动测试是局域网电缆测试最常用的功能。自动测试会运行认证电缆所需的所有测试。测试完毕，所作的测试和结果全部列出，可以查看每项测试的详细结果。至少 500 个测试结果可以存储、打印或传至 PC 机。

3) SINGLE TEST (单项测试)

单项测试提供了通向由所选测试标准规定的单独测试项目的入口，除了 ACR 测试。在该方式下还可进行时域反射 (TDR) 和时域串扰分析测试 (TDX™)。在接线图、电阻、TDR 和 TDX 下可进行连续地重复测量，即扫描方式。

4) MONITOR (监测)

监测方式可以监测网络电缆中的脉冲噪声或以太网系统的工作情况。网络的监测包括碰撞、长帧和系统利用率。监测方式还包括 Hub 端口识别，可以帮助确认所连接的 Hub 端口。

5) SETUP (设置)

① 选择测试标准和电缆类型。

② 按标准要求选择平均电缆温度。

③ 如果标准要求导管设置，则可以设置仪器来测试导管中的电缆安装。

④ 当使用另一台测试仪或智能远端器作为远端器时，可实现远端测试或自动远端识别。

⑤ 设置电缆识别号码，以便每次自动增加要存储的自动测试结果。

⑥ 设置测试仪的背景灯，以便在一段时间不使用后自动关闭。

⑦ 设置测试仪在一段时间不使用后切换至低功耗模式。

⑧ 设置脉冲噪声的电平值。

⑨ 选择串行端口的参数。

⑩ 使可以关闭测试仪的蜂鸣器。

⑪ 设置日期和时间。

⑫ 选择日期和时间的格式。

⑬ 选择长度单位。

⑭ 选择数值显示的格式。

⑮ 选择显示和打印的语言。

⑯ 选择市电的频率。

⑰ 使可以关闭屏蔽层连通性测试。

⑱ 根据用户的电缆配置来修改测试标准。

⑲ 选择 100MHz 或 155MHz 作为 NEXT、ACR 和衰减的最大频率范围。

6) PRINT (打印)

此功能可以将存储的报告或综合报告输出至串口打印机；也可以将以前存储的自动测试报告打印出来；还可以编辑报告的识别信息。

7) SPECIAL FUNCTIONS (特殊功能)

① 查看或删除存储器中的报告。

② 确定电缆的 *NVP* 值，从而保证电缆长度和电阻测量的最好精度。

③ 查看测试仪和智能远端器中镍镉（NiCd）充电电池的状态。

④ 校准测试仪使其可以和另一个新的远端器配合使用。

⑤ 运行自校准，检查测试仪和远端器是否可以正常工作。

（6）智能远端器

智能远端模式使测试仪作为智能远端器使用。在智能远端模式下，当在主机中能进行远端测试时，远端器会将测试结果传送至主机。

（7）测试仪开机

只需将旋钮开关从关（OFF）转至任何模式就可将测试仪打开。开机后屏幕显示约3s，便可显示主机和远端器的软件、硬件和测试标准的版本。

此时测试仪会执行自检。如果自检出现信息 Internal fault detected. Refer to manual（发现内部错误，请参考手册）时，可查看操作手册排除错误。如果没有问题，则可进行如下操作。

1）选择显示和报告的语言

本测试仪可以用英、德、法、西班牙、意大利语显示或打印报告。

2）执行自检

自检的目的是验证测试仪和远端器是否工作正常。

3）过压测试

测试仪周期性的监测连接至 RJ-45 插座的直流电压，出现直流电压意味着测试仪连接至电话线或有源电缆上。如果检测到过电压会出现如下信息：

Warning! Excessive voltage detected at input.（警告！输入端出现过电压）

电缆上的电压可能损坏测试仪或导致错误的测量结果。做任何电缆测试之前必须排除出现过电压。

4）噪声测试

在测试过程中，测试仪定期检测过量的电子噪声。如果检测到过量的电子噪声则出现如下信息：

Warning! Excessive noise detected. Measurement accuracy may be degraded.（警告！有过量噪声，测量精度可能下降）

如果要继续测试可按 ENTER 键。如果选择继续测试并存储结果，则测试报告将会包括上面给出的警告信息。

如果要停止测试并转回第一个屏幕，可按 EXIT 键。

（8）几点说明

1）使用注意事项

① 在测试仪连接电缆之前必须先开机，这样可使测试仪内的保护电路工作。

② 除非在监测网络工作的情况下，否则不要将监测仪接入工作的网络中，这样可能会影响网络的正常工作。

③ 禁止将非 RJ-45 的插头插入本测试仪的 RJ-45 插座，例如 RJ11（电话）插头，否则将永久损坏测试仪的插座。

④ 进行电缆测试时禁止由 PC 机向测试仪传送数据，否则会产生错误的测试结果。

⑤ 进行电缆测试时禁止使用便携的无线电发送设备，否则会产生错误的测试结果。

⑥ 禁止测试两端都有测试器连接的电缆，否则会产生错误的测试结果。

⑦ 为保证测试结果的最高精度，应进行测试仪的自校准。

2）快速启动

① 打开主机或智能远端器之前先将电池充电 3 小时左右。将交流稳压电源连接至测试仪或智能远端器，就可对测试仪内的电池充电，充电的同时可使用本测试仪。电池完全充满需要 10～12 小时。

注意：当测试仪内没有电池时交流稳压电源不能使测试仪工作；标准远端器使用 9V 碱电池供电，当电池能量不足时主机会作出提示。

② 测试仪在菜单系统中显示设置信息、测试选项和测试结果。表 6-3 说明了在菜单系统中用于选项和屏幕移动的按键。

3）快速设置

表 6-5 说明了测试仪的快速设置内容。

测试仪的快速设置 **表 6-5**

设置内容	说明
测试标准和电缆类型	选择测试标准和电缆类型。此选择决定了电缆测试的规范和电缆测试的项目
电缆平均温度	选择安装电缆环境的平均温度范围。电缆温度不适用所有测试标准
导管设置	导管设置不适用于所有测试标准
远端测试	使能远端测试。使用标准远端器可选择禁止或自动识别远端器
长度单位	可选择以米或英尺作为长度单位
数据格式	可选择 0.00 或 0.00 作为数据显示格式
显示和报告语言	可选英、德、法、西班牙、意大利语
噪声滤波频率	选择当地交流市电的频率，测试仪将 50Hz 或 60Hz 的频率滤出

（9）双绞电缆的自动测试

自动测试将执行所有需要做的测试来确认所安装的电缆是否符合相关的局域网标准。自动测试双绞电缆按如下步骤进行：

1）如果使用 DSP-100 主机作为远端器，将测试仪的旋钮开关转至 SMARTREMOTE 的位置。如果使用的是智能远端器将旋钮开关转至 ON 的位置。

2）用 2m 长的标准阻抗连接电缆将远端器和被测电缆的远端连接起来。

3）将 DSP-100 主机 BNC 插头上的所有连接电缆拆除。

4）将主机上的旋钮开关转至 AUTOTEST 位置。

5）检查显示的设置是否正确。可在 SETUP 中改变设置。

6）使用 2m 长的标准阻抗连接电缆将测试仪和被测电缆的近端连接起来。

7）按 TEST 键启动自动测试。

（10）设置自动关机时间

为延长电池使用时间，可以设置电源自动关闭时间。当测试仪达到所选的时间后自动切换至低功耗模式。

（11）电池状态

当测试仪或智能远端器的电池电压过低时，测试仪将出现如下提示信息：

Warning！Rechargeable battery voltage is low.（警告！充电电池电压过低）

因此，为保证连续操作，测试仪要始终连接稳压电源。表 6-6 列出了常见电池状态信息及处理方法。

电池状态信息　　表 6-6

显示信息	应该如何做
Warning！Rechargeable battery voltage is low	连接交流稳压电源或充电器
Rechargeable battery voltage is too low to operate	立即关闭测试仪并连接交流稳压电源或充电器。如果测试仪开机后仍不能工作，请再次关机并充电 30 分钟
Warning！Remote battery voltage is low	对标准远端测试仪可更换 9V 碱性电池。对智能远端器连接交流稳压电源或充电器
Warning！Remote battery voltage is too low to operate	更换标准远端器中的碱性电池。在智能远端器或第二台测试仪对镍镉电池进行充电
Internal data storage battery voltage is low	在 Fluke 维修中心更换锂电池

6.4　光纤元器件损耗的测试

1. 实训目的

（1）了解光纤活动连接器、光分路器、光耦合器及光波分复用器的工作原理及其结构。

（2）掌握光纤活动连接器、光分路器、光耦合器及光波分复用器的正确使用方法。

（3）掌握它们的主要特性参数的测试方法。

2. 实训内容

（1）测量活动连接器的插入损耗。

（2）测量活动连接器的回波损耗。

（3）测量波分复用器的光串扰。

（4）学习光分路器和耦合器的结构及原理。

3. 实训设备

（1）RC-GT-Ⅲ(+)光纤通信原理实训箱；

（2）光功率计；

（3）FC/PC 光纤活动连接器 2 只；

（4）FC/PC Y 型光分路器（分光比 1∶1）1 只；

（5）FC/PC 波分复用器 2 只；

（6）FC/PC 光纤跳线 4 根。

4. 实训原理

（1）单模光纤活动连接器

一个完整的光纤线路是由许多光纤接续而成的。接续分为永久性的和可拆卸的两类，前者是用电弧放电法，使两根光纤端头熔化而连接在一起；后者是通过活动连接器使两根光纤的端面做机械接触。无论哪种接续，其基本的技术要点都是光纤模式要匹配，光纤端面要平整，光纤轴线要对准。好的连接的标准是插入损耗小和反射损耗大。

光纤连接处的插入损耗和反射损耗的定义为：

$$L_i = 10\lg \frac{P_1}{P_2} \quad (\mathrm{dB}) \tag{6-1}$$

$$L_r = 10\lg \frac{P_1}{P_3} \quad (\mathrm{dB}) \tag{6-2}$$

式中 P_1——入射光功率；

P_2——出射光功率；

P_3——反射光功率。

如图 6-10 所示，由于连接处不可避免的不连续性，$P_2 < P_1$，$P_3 \neq 0$。实质上，泄漏模和散射光造成 $P_1 > P_2 + P_3$，即使后向反射光 P_3 小到可以略去不计，仍然有 $P_1 > P_2$，即插入损耗存在。

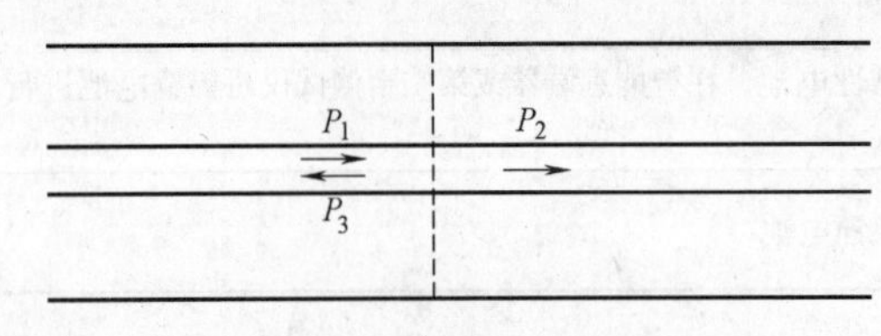

图 6-10 光纤连接处的功率关系

光纤活动连接器是可重复拆卸的无源器件。主要的技术要求，除了插入损耗小、反射损耗大外，还有拆卸方便、互换性好、重复性好、能承受机械振动和冲击及温度和湿度的变化。

光纤活动连接器的种类很多，现在使用最多的是非调心型对接耦合式活动连接器，如平面对接式（FC 型）、直接接触式（PC 型）和矩形（SC 型）活动连接器等。

单模光纤的模场直径不足 10μm，被连接的两段光纤的轴心对准度必须小于 1μm。因此，单模光纤活动连接器的机械精度应达到亚微米级，需要超精细加工技术，包括切削加工和光学冷加工工艺技术来保证。

1）FC 型单模光纤活动连接器

典型的 FC 型单模光纤活动连接器结构如图 6-11 所示，它由套筒、插针体 a、b 和装在插针体中的光纤组成。将 a、b 两者同时插入套筒中再将螺旋拧紧，就完成了光纤的对接。两插针体端面磨成平面，外套一个弹簧对中套筒，使其压紧并精确对准定位。

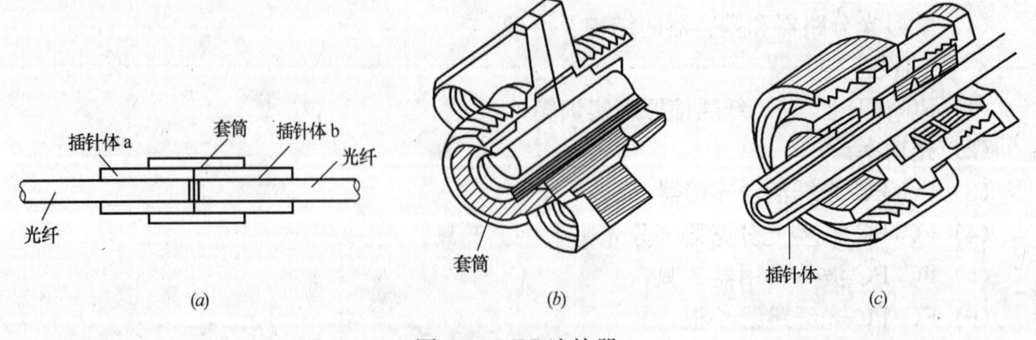

图 6-11 FC 连接器

2）PC 型单模光纤的活动连接器

FC 型连接器中的两根光纤处于平面接触状态，端面间不免有小的气隙，从而引起损耗和非涅尔反射。改进的办法是把插针体端面抛磨成凸球面，这样就使被连接的两光纤端面直接接触。

FC 型和 PC 型单模光纤活动连接器的插入损耗都小于 0.5dB，而 PC 型结构可将反射损耗提高到 40dB。

早期的 FC 型和 PC 型光纤活动连接器的套筒和插针套管都是用合金铜或不锈钢制造的，但铜的耐磨性差，重复插拔的磨损会破坏对中精度，磨损产生的尘粒有时还会影响光的传输，因而使用寿命短。不锈钢比铜加工困难，使磨损程度有所改进。现在最好的方案是套筒和插针套管都用陶瓷制造。用氧化锆制作开槽套筒，用氧化铝制作插针套管，可得到最好的配合。采用陶瓷材料后，光纤活动连接器的寿命（插拔次数）可大于万次，而温度范围可扩展至－40～＋80℃。

3）SC 型单模光纤活动连接器

SC 型单模光纤活动连接器如图 6-12 所示。与 FC 型、PC 型活动连接器依靠螺旋锁紧对接光纤不同，SC 型活动连接器只需轴向插拔操作，能自锁和开启，体积小，最适宜于高密度安装。

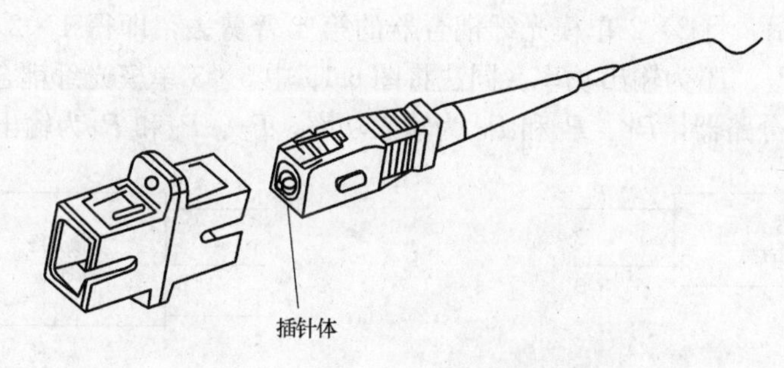

图 6-12　SC 型单模光纤活动连接器

SC 型活动连接器采用塑料模塑工艺制造，插针套管是氧化锆整体型，端面磨成凸球面。

4）FC/APC 型单模光纤活动连接器

为了获得更高的反射损耗，已发展了 FC/APC 型单模光纤活动连接器，其结构如图 6-13 所示。

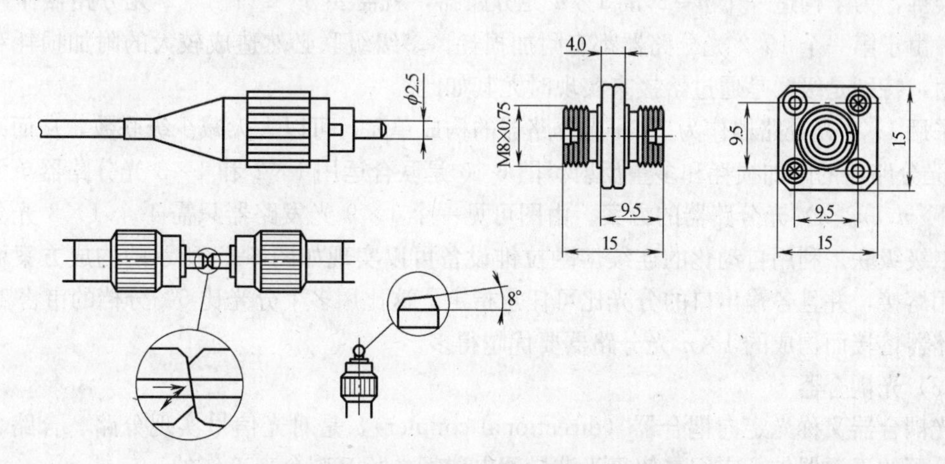

图 6-13　FC/APC 型单模光纤活动连接器

在这种结构中，两个插针体端面被磨成8°倾斜，使反射波不能沿入射波的反方向前进而是逃逸到光纤之外。因此，FC/APC 单模光纤活动连接器的反射损耗可达到 60dB 以上，而最小插入损耗可达到 0.3dB。

（2）光分路器

光分路器是一种光无源元件，用来将一路输入光功率分配成若干路输出。在光纤电视分配网络中特别需要将光发送机的大功率分配给一系列光接收机。从性能、可靠性、使用方便和价格等方面考虑，现在无例外地都采用熔融拉锥型单模光纤耦合器构成 $1\times n$ 光分路器。

熔融拉锥法就是将两根（或两根以上）除去涂覆层的光纤以一定的方法靠拢，在高温加热下熔融，同时向两侧拉伸，最终在加热区形成双锥体形式的特殊波导结构，通过控制光纤扭转的角度和拉伸的长度，可得到不同的分光比例。分光比达到要求后结束熔融拉伸，其中一端保留一根光纤（其余剪掉）作为输入端，另一端则作多路输出端。最后把拉锥区用固化胶固化在石英基片上插入不锈铜管内，这就是光分路器。对于更多路数的光分路器生产可以用多个二分路器组成。分光比定义为光分路器各输出端口的输出功率比值。

如图 6-14 所示，将 2×2 单模光纤耦合器的第 4 臂剪去，即得 1×2 光分路器，P_1、P_4为输入功率，P_2、P_3为输出功率。同法将图 6-15 中 3×3 单模光纤耦合器的第 5、6 臂剪去即得 1×3 光分路器，P_1、P_5和 P_6 为输入功率，P_2、P_3和 P_4为输出功率。

图 6-14　2×2 单模光纤耦合器

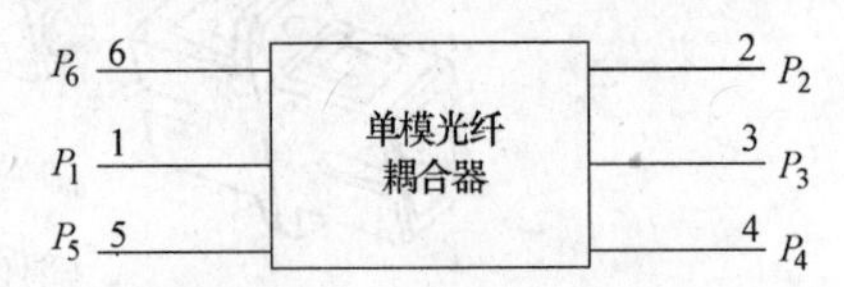

图 6-15　3×3 单模光纤耦合器

对于 $n\geqslant4$ 的情况，有两个办法构造 $1\times n$ 光分路器，其一是若干个 1×2 的光分路器的级联，其二是若干个 1×2 光分路器和 1×3 光分路器的级联。

在 1×3 光分路器出现以前，只能用 1×2 光分路器链构造 $1\times n$ 光分路器，例如：2 个 1×2 光分路器级联构成 1×3 光分路器，3 个 1×2 光分路器级联构成 1×4 光分路器。依此类推，为了构造一个 $n=2^k$ 的 $1\times n$ 光分路器，就需要 $n-1$ 个 1×2 光分路器作 k 级级联，由于第一个 1×2 光分路器都有附加损耗，多级级联必然造成较大的附加损耗和多重反射，特别是级联是通过熔接来实现时尤其如此。

采用 1×3 光分路器作为 $1\times n$ 光分路器的构成单元，可以大大减少级联数，从而减小 $1\times n$ 光分路器的附加损耗和多重反射。图 6-16 是联合运用 1×2 和 1×3 光分路器单元来构造 $1\times n$（$n\geqslant4$）光分路器的方案。由图可见一个 1×9 光发路器只需 4 个 1×3 光分路器的二级级联。利用自动化的连续熔融拉锥设备可以实现如图 6-17 所示的构成方案而级间不用熔接，并且各输出口的分光比可任意指定。这比用多个分光比 5%分档的市售 1×2 光分路器熔接而构成的 $1\times n$ 光分路器要优越得多。

（3）光耦合器

光耦合器又称光定向耦合器（directional coupler），是对光信号实现分路、合路、插入和分配的无源器件。它们是依靠光波导间电磁场的相互耦合来工作的。

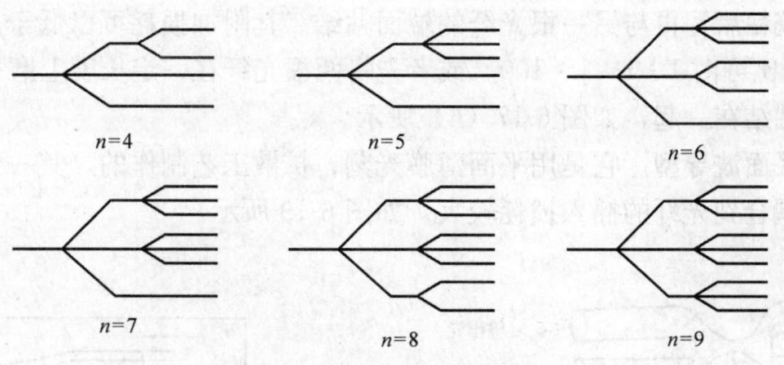

图 6-16　光分路器的构成方案

1）光耦合器的分类

光定向耦合器的种类很多，最基本的是实现两波耦合的耦合器。从结构上说，两个入口的光定向耦合器有如图 6-17 所示的品种。

第一类为微光元件型。除了如图 6-17（*a*）所示，采用微型透镜、半反射透镜的结构外，多数都以自聚焦透镜为主要的光学构件，如图 6-17（*b*）～图 6-17（*f*）所示。利用λ/4的自聚焦透镜能把会聚光线变成平行光线从而实现两束光线的耦合。

第二类为光纤成形型，如图 6-17（*g*）所示。星形耦合器是光纤成形中最典型的形式，可以用 2 根以上的光纤经局部加热融合而成。这种光纤耦合器的制作要经过几道工序：首先去掉光纤的被覆层，再在熔融拉伸设备上平行安装 2 根光纤，然后用丁烷氧微型喷灯的火焰将光纤局部加热融合，并渐渐将融合部分的直径从 200μm 左右拉细到 20～40μm 左右。由于这种细芯中的光场渗透到包层中，所以两个纤芯之间就会产生光的耦合，拉伸程度不同，耦合比也不同。这种光纤耦合器的附加损耗和分光比由光纤选型和熔融拉伸工艺所决定，若人工操作，则成品率不高。现在已出现自动熔融拉伸设备，可以自动监测分光比和拉伸量，用计算机控制微型喷灯的工作及气流量，这样制得的熔融拉锥型光纤耦合器的平均插入损耗可达 0.1dB 以下，分光比精度可达 1%以下。熔融拉锥型光纤耦合器的结构如图 6-18 所示。

第三类为光纤对接耦合型。它是用玻璃加工技术，把光纤磨抛成楔形，将两根光纤的

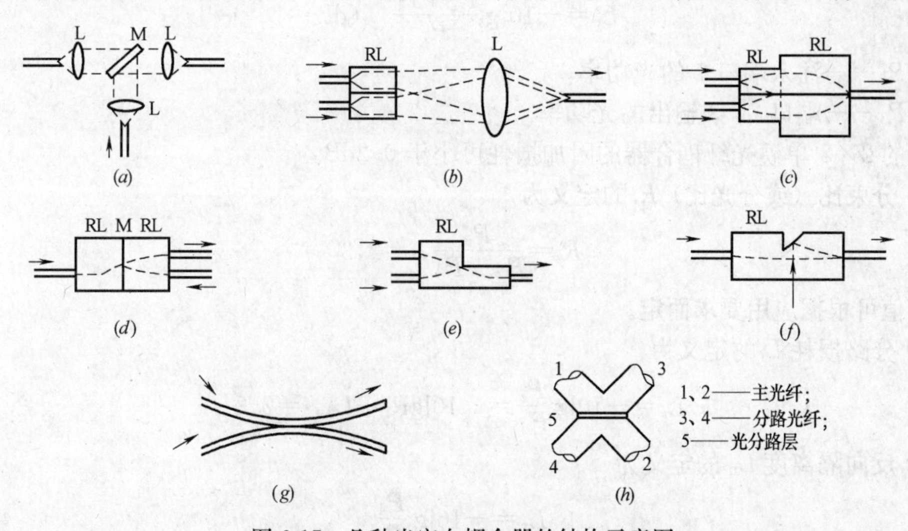

图 6-17　几种光定向耦合器的结构示意图

楔形斜面对接胶粘后，再与另一根光纤的端面粘结。其附加损耗可以低于 1dB，隔离度大于 50dB，分光比可由 1∶1～1∶100。或者先将两根光纤在一定长度上磨掉近一半，然后把这两半光纤粘结在一起，如图 6-17（h）所示。

第四类为平面波导型。它是用平面薄膜光刻、扩散工艺制作的，其一致性好，分光比精度也高，但耦合到光纤的插入损耗较大，如图 6-19 所示。

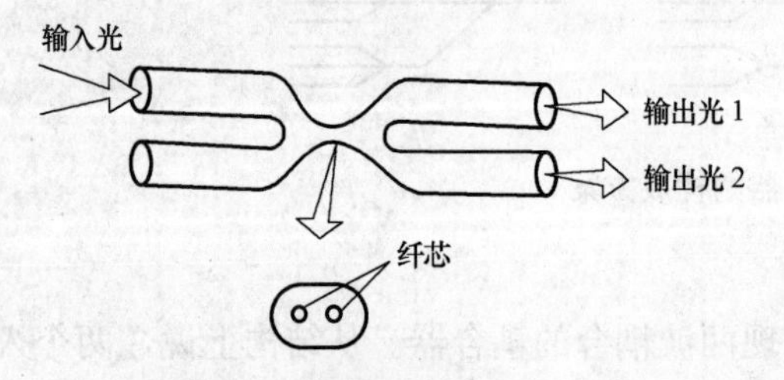

图 6-18　熔融拉锥型光纤耦合器

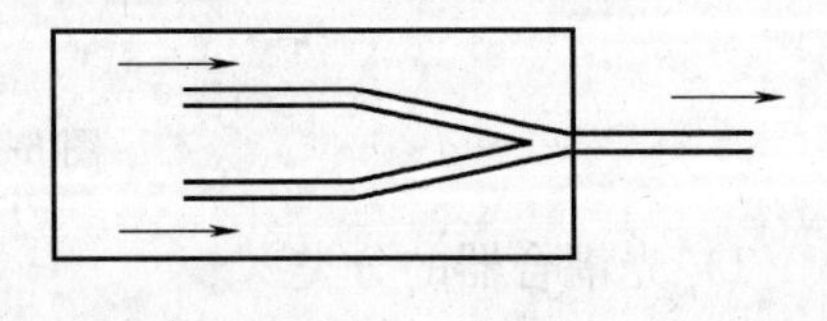

图 6-19　平面波导型耦合器

在上述各类光耦合器中，熔融拉锥型光纤耦合器制作方便，价格便宜，容易与外部光纤连接为一整体，而且可以耐受机械振动和温度变化，故应用最多。

2）2×2 单模光纤耦合器的性能指标

2×2 单模光纤耦合器的结构如图 6-20 所示。

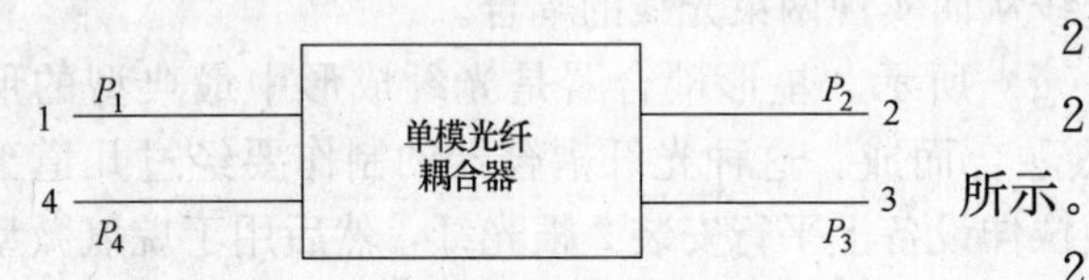

图 6-20　2×2 单模光纤耦合器方框图

2×2 单模光纤耦合器按应用目的可分别制成分路器和波分复用器，前者工作于一个波长，而后者则工作于 2 个不同的波长。当工作于一个波长时，光源接于端口 1（或 4），光功率除了传输到端口 2（或 3）外，也耦合到端口 3（或 2）。几乎没有光功率从端口 1（或 4）耦合到端口 4（或 1）。另外系统是可互易的，端口 1、4 可以与端口 2、3 交换。这种耦合器的技术指标如下。

① 工作波长 λ_0：通常取 1.31μm 或 1.55μm。

② 附加损耗 L_e 定义为

$$L_e = -10\lg\frac{P_2+P_3}{P_1}\quad(\text{dB})\tag{6-3}$$

式中　P_1——注入端口 1 的光功率；

P_2、P_3——端口 2、3 输出的光功率。

好的 2×2 单模光纤耦合器的附加损耗可小于 0.2dB。

③ 分束比（或分光比）R_i 的定义为

$$R_i = \frac{P_i}{P_2+P_3}, i=2,3\tag{6-4}$$

其值可根据应用要求而定。

④ 分路损耗 L_i 的定义为

$$L_i = -10\lg\frac{P_i}{P_1} = -10\lg R_i + L_e, i=2,3\tag{6-5}$$

⑤ 反向隔离度 L_r 的定义为

$$L_r = -10\lg\frac{P_4}{P_1}\tag{6-6}$$

通常应有 $L_r > 55$dB。测量反向隔离度时，须将端口 2、3 浸润于光纤的匹配液中，以防止光的反射。

⑥ 偏振灵敏度 ΔR：偏振灵敏度的定义为光源的偏振方向变化 90°时，光纤耦合器分束比变化的分贝数。好的光纤耦合器的偏振灵敏度应小于 0.2dB。

⑦ 光谱响应范围 $\Delta\lambda$：光谱响应范围是指光纤耦合器的分束比保持在给定误差范围内所允许的光源波长变化范围。通常 $\Delta\lambda$ 值为±20nm。

除此以外，尚有机械性能和温度性能指标。当工作于两个不同的波长时，若两个波长为 λ_1、λ_2 的光波都从端口 1 注入，则端口 2 为 λ_1 光波的输出口、端口 3 为 λ_2 光波的输出口。波分复用器的主要技术指标如下。

A. 工作波长 λ_1、λ_2

工作波长 λ_1、λ_2 的值由应用要求而定，例如，1.31μm/1.55μm，……。

B. 插入损耗 L_i

插入损耗的定义为：

$$L_i = -10\lg\left(\frac{P_1}{P_2}\right)_{\lambda_1} \text{或} -10\lg\left(\frac{P_1}{P_3}\right)_{\lambda_2} \tag{6-7}$$

即波长为 λ_1 的输入光功率 P_1 与输出光功率 P_2 之比（化成分贝数），或波长为 λ_2 的输入光功率 P_1 与输出光功率 P_3 之比（化成分贝数）。优良的波分复用器的插入损耗可小于 0.5dB。

C. 波长隔离度 L_λ

波长隔离度的定义为：

$$L_\lambda = -10\lg\left(\frac{P_3}{P_2}\right)_{\lambda_1} \text{或} -10\lg\left(\frac{P_2}{P_3}\right)_{\lambda_2} \tag{6-8}$$

它们是一个波长的光功率串扰另一波长的输出臂程度的度量（化成分贝数）。L_λ 值一般应达到 20dB 以上。

D. 光谱响应范围△λ

通常指插入损耗小于某一容许值的波长范围。要根据应用要求而定。

除此以外还有机械性能和温度性能指标。

一个典型的 1.31μm/1.55μm 熔融拉锥型单模光纤波分复用器的谱损曲线如图 6-21 所示。

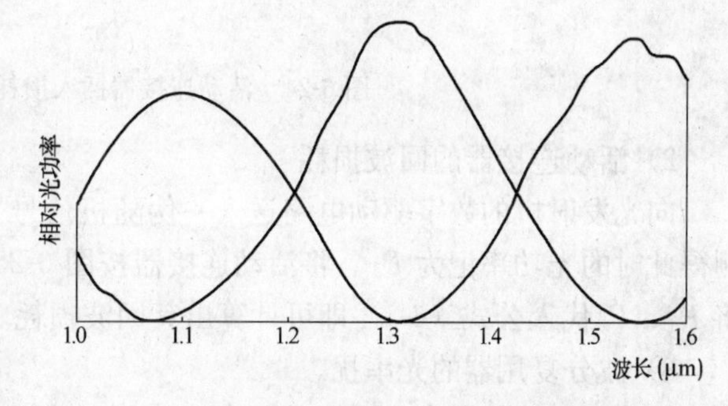

图 6-21 1.31μm/1.55μm 熔融拉锥型单模光纤波分复用器的谱损曲线

作为波分复用器的单模光纤耦合器可单向运用，也可双向运用。在单向运用时，两个不同波长的光波从端口 1 注入，端口 2、3 分别有一个波长的光波输出，这是分波器。反之，两个不同波长的光波分别从端口 2、3 注入，则端口 1 有两个波长光波的合成输出，这是合波器。合波器、分波器分别应用在波分复用光纤传输系统的发送端和接收端，如图 6-22 所示。在双向运用时，正方向和反方向

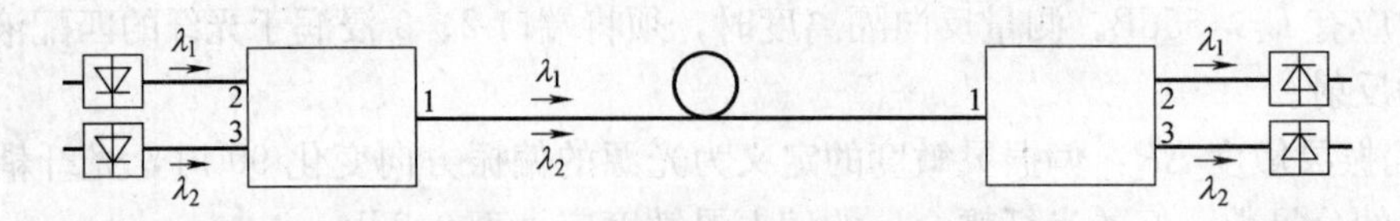

图 6-22　波分复用光纤传输系统

传输的光波的波长不同，两个波分复用器分别置于双向光纤传输系统的两端，起到按波长分隔方向的作用，如图 6-23 所示。

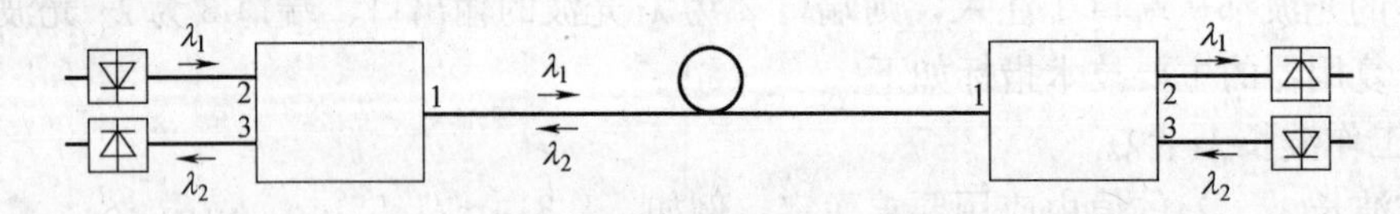

图 6-23　双向传输系统

波分复用器的合波状态应用较多，例如，在掺饵光纤放大器中，将 980nm 或 1480nm 波长的泵浦（pump）光与 1550nm 波长的信号光合成后注入掺饵光纤。

（4）各无源器件特性测量框图

1）活动连接器的插入损耗

向光发射机的数字驱动电路送入一伪随机信号（长度为 24 位），保持注入电流恒定。将活动连接器连接在光发射机与光功率计之间，记下此时的光功率 P_2；取下活动连接器，再测此时的光功率，记为 P_1，将 P_1、P_2 代入公式（6-1）即可计算出其插入损耗。其测试原理框图如图 6-24 所示。

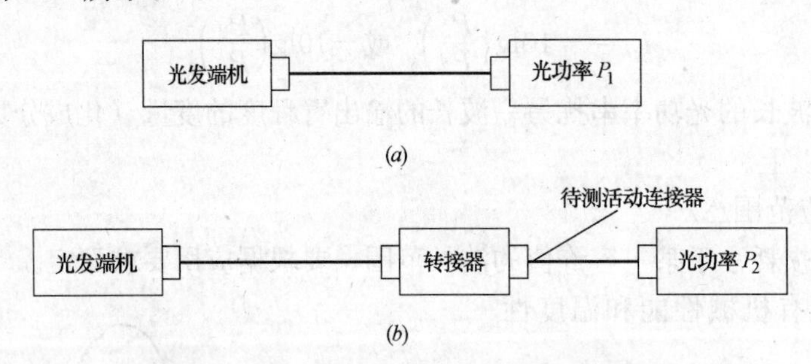

图 6-24　活动连接器插入损耗的测量原理图

2）活动连接器的回波损耗

向光发射机的数字驱动电路送入一伪随机信号（长度为 24 位），保持注入电流恒定。测得此时的光功率记为 P_1。将活动连接器按图 6-25 所示接入。测得此时的光功率为 P_2，将 P_1、P_2 代入公式（6-1）即可计算出其回波损耗。其测试原理框图如图 6-25 所示。

3）波分复用器的光串扰

波分复用器的光串扰即为其隔离度，其测试原理框图如图 6-26 所示。

图 6-26 中，波长为 1310nm、1550nm 的光信号经波分复用器复用以后输出的光功率分别为 P_1、P_2，解复用后分别输出光信号。此时从 1310 窗口输出 1310nm 的光功率为 P_{11}，输出 1550nm 的光功率为 P_{12}；从 1550 窗口输出 1550nm 的光功率为 P_{21}，输出 1310nm 的光功率为 P_{22}。将各数字代入公式（6-9）和公式（6-10）中。

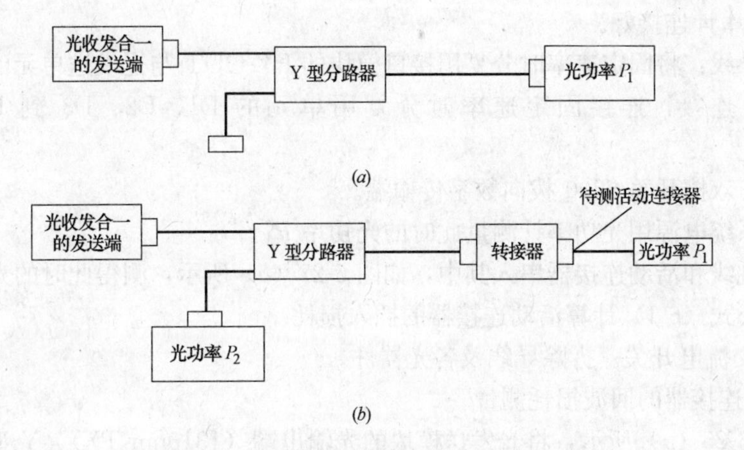

图 6-25　活动连接器回波损耗的测量原理图

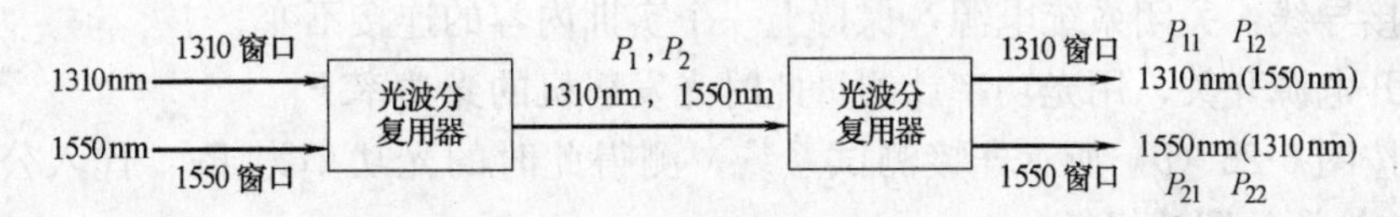

图 6-26　波分复用器光串扰的测量原理图 1

$$L_{12} = 10\lg\frac{P_1}{P_{22}} \tag{6-9}$$

$$L_{21} = 10\lg\frac{P_2}{P_{12}} \tag{6-10}$$

L_{12}、L_{21}即为相应的光串扰。

由于便携式光功率计不能滤除波长 1310nm 而只测 1550nm 的光功率，同时也不滤除波长 1550nm 而只测 1310nm 的光功率，所以改用下面的方法进行光串扰的测量。

测量 1310nm 的光串扰的原理框图如图 6-27（*a*）所示。

测量 1550nm 的光串扰的原理框图如图 6-27（*b*）所示。

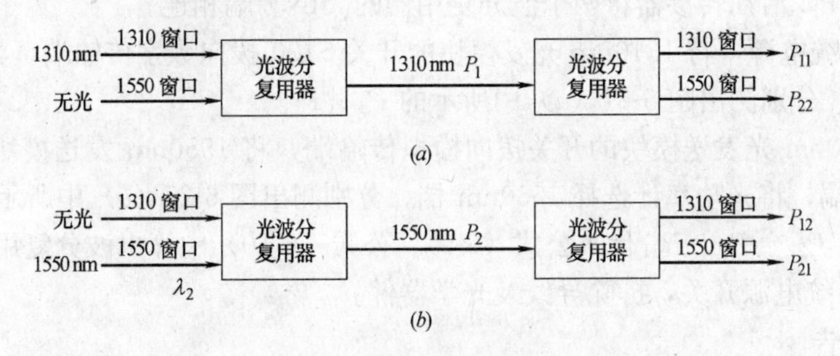

图 6-27　波分复用器光串扰的测量原理图 2

5. 实训操作步骤

以下实训步骤以 1310nm 光发射机的计算机接口部分讲解，1550nm 光发射机部分与其相同。

（1）活动连接器的插入损耗测量

1）关闭系统电源，如图 6-27（*a*）所示，将光发送模块的光输出端（1310nm TX）、光跳线、光功率计连接好。

2）连接导线：将固定速率时分复用接口模块的 FY-OUT 与光发送单元的数字信号输入端口 P202 连接，连接固定速率时分复用单元的 D1、D2、D3 到 D_IN1、D_IN2、D_IN3。

3）将单刀双掷开关 S200 拨向数字传输端。

4）开启系统电源用光功率计测量此时的光功率 P_1。

5）将光跳线和活动连接器串入其中，如图 6-27（*b*）所示，测得此时的光功率为 P_2。

6）代入公式（6-1）计算活动连接器的插入损耗。

7）关掉交流电开关。拆除导线及各光器件。

（2）活动连接器的回波损耗测量

1）如图 6-25（*a*）所示，将光发送模块的光输出端（1310nm TX）、Y 型分路器、光功率计连接好。

2）连接导线：关闭系统电源，保持上一个实训内容的连接不变。

3）打开电源开关，用光功率计测量此时光发射机的光功率 P_1。

4）再按图 6-25（*b*）所示连接测试系统，测得此时的光功率为 P_3，代入公式（6-2）计算活动连接器的回波损耗。

5）关掉各直流开关及交流电开关，拆除导线及光器件。

（3）波分复用器的光串扰测量

1）连接导线：关闭系统电源，保持上一个实训内容的连接不变，新增加 1550nm 光发射机部分的固定速率时分复用电路的连接线，产生 FY-OUT ，并送到 1550nm 光发送模块的数字信号输入端口。将两个光发送模块的开关 S200 拨向模拟传输端，并将跳线 J200 断开。

2）波分复用器的连接。

① 将一波分复用器标有“1550nm ”的光纤接头插入“1550nm TX”端口。

② 将另一个波分复用器标有“1310nm ”的光纤接头插入“1310nm TX”端口。

③ 用 FC/PC 活动转接器将两个波分复用器的“IN”端相连。

3）开启系统电源，将 1310nm 光发模块的开关 S200 拨向数字传输端，将光功率计选择 1310nm 档，分别测出图 6-27（*a*）中所示的 P_1、P_{22}。

4）将 1310nm 光发送模块的开关拨向模拟传输端，将 1550nm 发送模块的开关 S200 拨向数字传输端，将光功率计选择 1550nm 档，分别测出图 6-27（*b*）中所示的 P_2、P_{21}。

5）将 P_1、P_{22}、P_2、P_{21} 代入公式（6-9）、公式（6-10）中算出波分复用器的光串扰。

6）关闭系统电源开关，拆除导线及光学器件。

6. 实训报告

（1）记录各实训数据，根据实训结果算出活动连接器的插入损耗，活动连接器的回波损耗及波分复用器的光串扰。

（2）分析活动连接器插入损耗的产生原因。

（3）当 Y 型分路器的分光比为 1∶4 时，设计测试活动连接器的回波损耗实训，并推导出计算公式。

（4）试设计测量波分复用器的插入损耗实训。

6.5 光纤传输特性的测量

1. 实训目的

(1) 了解光纤损耗的定义。

(2) 学会用插入法测量光纤的损耗。

(3) 学会使用光纤扰模器。

2. 实训内容

(1) 测量光纤的损耗。

(2) 测量光纤的弯曲损耗。

3. 实训设备

(1) RC-GT-Ⅲ(+)光纤通信原理实训箱;

(2) 光功率计;

(3) 万用表;

(4) FC/PC 光跳线两根;

(5) FC/PC 活动连接器(法兰盘);

(6) 扰模器;

(7) 2km 光纤(或小型可变衰减器)。

4. 实训原理

传输损耗是光纤很重要的一项光学性质,它在很大程度上决定着传输系统中的中继距离。损耗的降低依赖于工艺的提高和对石英材料的研究。

对于光纤来说,产生损耗的原因较复杂,主要由以下因素造成。

① 纤芯和包层物质的吸收损耗,包括石英材料的本征吸收和杂质吸收。

② 纤芯和包层材料的散射损耗,包括瑞利散射损耗及光纤在强光场作用下诱发的受激喇曼散射和受激布里渊散射。

③ 由于光纤表面的随机畸变或粗糙所产生的波导散射损耗。

④ 光纤弯曲所产生的辐射损耗。

⑤ 外套损耗。

这些损耗可以分为两种不同的情况:一是石英光纤的固有损耗机理,像石英材料的本征吸收和瑞利散射,这些机理限制了光纤所能达到的最小损耗:二是由于材料和工艺所引起的非固有损耗机理,它可以通过提纯材料或改善工艺而减小甚至消除其影响,如杂质的吸收、波导散射等。

测量光纤损耗的方法很多,CCITT(国际电报、电话咨询委员会)建议以剪断法为参考,插入法为第一替代法,背向散射法为第二替代法。

测量光纤损耗时,只要测出光纤输入端的光功率 P_1 和输出光功率 P_2,即可得到光纤总的平均损耗:

$$A_f = 10\lg\frac{P_1}{P_2} \quad (\mathrm{dB}) \tag{6-11}$$

(1) 剪断法

剪断法的测量原理图如图 6-28 所示,标准光源发出光信号,扰模器的作用使光信号

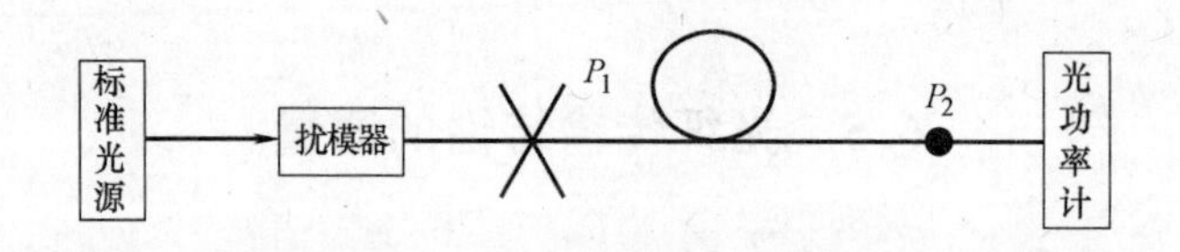

图 6-28　剪断法测量光纤损耗示意图

达到稳态模分布。利用光功率计先测出光纤的输出光功率 P_2，然后在距离输入端 2～3m 的地方将光纤剪断，测量出输入光功率 P_1，最后根据公式（6-11）即可算出光纤的损耗。

剪断法的特点是：简单、准确，但对光纤具有一定的破坏性。

（2）插入法

插入法的测量原理图如图 6-29 所示，标准光源发出光信号，扰模器的作用是使光信号达到稳态模功率分布。测量时可通过连接器，先将自环线（损耗可忽略的光纤）接入，用光功率计测出此时的光功率值为 P_1，然后撤去自环线，将待测光纤插入，读出光功率值为 P_2，则根据公式（6-11）即可算出光纤损耗值。

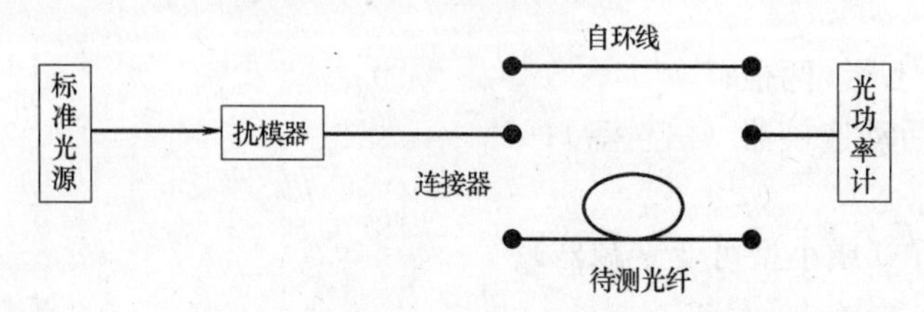

图 6-29　插入法测量光纤损耗示意图

插入法的特点是：操作简单，不具有破坏性，但精度不高，这是由于连接器性能不佳或光注入状态发生变化时可能带来误差。

（3）背向散射法

所谓背向散射法就是用光时域反射仪（OTDR）来测量光纤损耗，其原理参见光时域反射仪的使用说明书，这里不再赘述。

（4）工程测量

在实际工程中，为得到接头损耗的精确值，往往采取“四功率”法，如图 6-30 所示。其测试步骤如下：

1）首先在连接处 D 做临时接头。

2）在光纤连接后的尾端 C 处测得接收光功率 P_3。

3）在临时接头后的 B 点切断光纤，测得光功率为 P_2。

4）在临时接头前的 A 点切断光纤，测得光功率为 P_1。

5）在连接处 D 点将光纤做永久性连接，然后在 C 点重新测得光功率为 P_4。

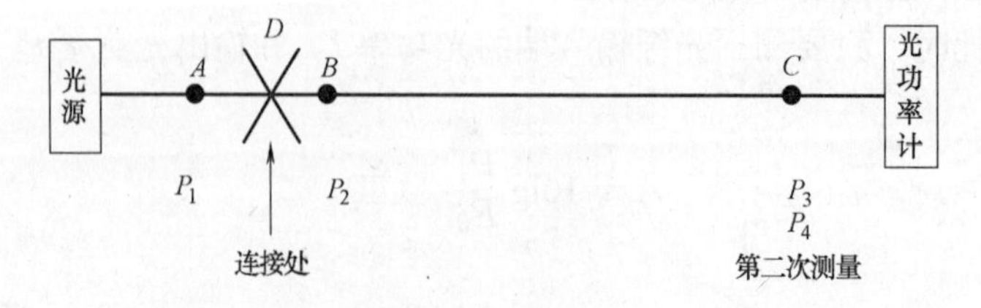

图 6-30　光纤连接损耗的测量（“四功率”法）

则此永久性连接的附加损耗为：

$$A = 10\lg \frac{P_1}{P_4} - 10\lg \frac{P_2}{P_3} = 10\lg \frac{P_1}{P_2} - 10\lg \frac{P_4}{P_3} \tag{6-12}$$

光纤弯曲损耗的测量原理图如图 6-31 所示，其值为：

$$A_f = 10\lg \frac{P_1}{P_2} \quad (dB) \tag{6-13}$$

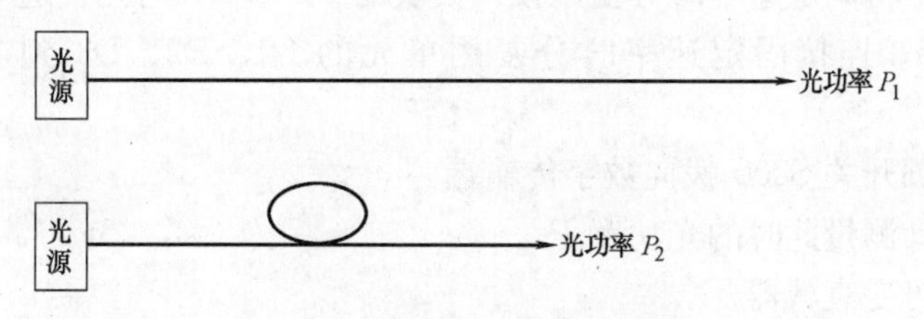

图 6-31　光纤弯曲损耗的测量

光纤损耗测试实训方案：本实训利用剪断法测量光纤损耗，由于光纤的损耗很小，一般为 0.2～5dB/km，为了使实训效果明显，则至少需要数千米的光纤，实现起来比较困难，所以在实训中建议使用小型可变衰减器来代替光纤。在后继实训步骤中就以小型可变衰减器代替光纤，实训原理图如图 6-32 所示。如果实训条件允许则将光纤代替小型可变衰减器即可。

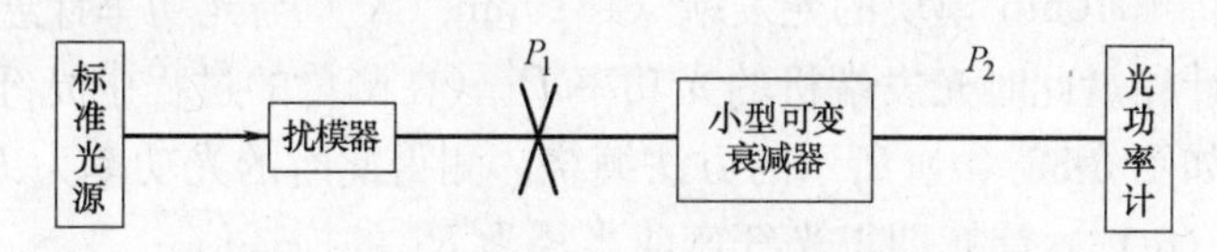

图 6-32　剪断法测量光纤损耗示意图

光纤弯曲损耗测试实现方案：因为光纤 1550nm 的弯曲损耗大于 1310nm 的弯曲损耗，本实训测试光纤传输此两种波长时的弯曲损耗，并将结果进行比较。将一段光纤连接在 1310nm 的光发机与光功率计之间，向光发机的数字驱动电路送入一伪随机信号（长度为 24 位），保持注入电流恒定，测得此时的光功率为 P_1，将光纤按图 6-33（*a*）所示的方法在扰模器上缠绕，测得此时的光功率为 P_2，代入公式（6-13）即可计算出光纤弯曲半径为 R_1 时的光纤损耗。将光纤按图 6-33（*b*）所示的方法在扰模器上缠绕，测得此时的

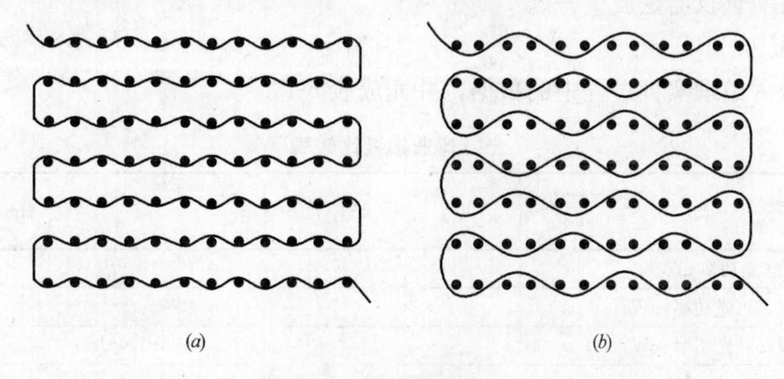

(*a*)　　(*b*)

图 6-33　扰模器缠绕方法

（*a*）弯曲半径为 R_1 的缠绕方法；（*b*）弯曲半径为 R_2 的缠绕方法

光功率为 P_2，代入公式（6-13）即可计算出光纤弯曲半径为 R_2（$R_1 < R_2$）时的光纤损耗。将 1310nm 光发射模块改为 1550nm，重复上述实训。

5. 实训操作步骤

（1）光纤损耗测量

1）按图 6-32 所示连接好光纤损耗测试系统。

2）连接导线：将固定速率时分复用接口模块的 FY-OUT 与光发送单元的数字信号输入端口 P202 连接，连接固定速率时分复用单元的 D1、D2、D3 到 D_IN1、D_IN2、D_IN3。

3）将单刀双掷开关 S200 拨向数字传输端。

4）用光功率计测量此时的光功率 P_2。

5）拆除小型可变衰减器。

6）用光功率计测得此时的光功率为 P_1。

7）代入公式（6-11）计算即得光纤损耗值。

8）关闭系统电源，拆除导线、光功率计及扰模器上的光纤，将实训箱还原。

（2）光纤弯曲损耗测量

1）连接导线：将固定速率时分复用接口模块的 FY-OUT 与光发送单元的数字信号输入端口 P202 连接，连接固定速率时分复用单元的 D1、D2、D3 到 D_IN1、D_IN2、D_IN3。

2）用光跳线将 1310nm 模块的光发端（1310nm TX ）与光功率计连接起来。

3）用光功率计测量此时光发端机的光功率 P_1（在测量的过程中光纤不要弯曲）。

4）将光纤按如图 6-33（*a*）所示的方法缠绕，测得此时的光功率为 P_2。

5）代入公式（6-13）计算即得光纤弯曲半径为 R_1 的损耗值。

6）再将光纤按如图 6-33（*b*）所示的方法缠绕，测出不同的弯曲半径为 R_2 下的弯曲损耗。

7）代入公式（6-13）计算即得光纤弯曲半径为 R_2 的损耗值。

8）将光发送模块换成 1550nm，重复上述实训。

9）将所测得结果填入表 6-7。

10）做完实训后关掉系统电源开关，拆除导线。

11）取下光功率计及拆除扰模器上的光纤，将实训箱还原。

12）将各实训仪器摆放整齐。

6. 实训报告

（1）记录并整理实训过程中的数据，并完成表 6-7。

光纤弯曲损耗比较表 **表 6-7**

波长(nm) / 绕波方法	1310	1550
不绕(光功率 mW)		
图 6-27(*a*)(光功率 mW)		
图 6-27(*b*)(光功率 mW)		
图 6-27(*a*)损耗(dB)		
图 6-27(*b*)损耗(dB)		

（2）比较相同波长、不同弯曲半径的光纤损耗。

（3）比较相同弯曲半径、不同波长的弯曲损耗。

（4）分析用剪断法测量光纤损耗中扰模器的作用，若不使用扰模器，会对实训结果有何影响。

（5）传输相同波长信号时，为什么不同弯曲半径下光纤的损耗不同?

（6）相同弯曲半径时，为什么光纤传输不同波长信号的损耗不同?

（7）测量光纤损耗时，对光纤稍微用力拉紧后的光纤损耗。比较此时测得的光纤损耗的变化，并分析其原因。

6.6 光纤的制作及测试

1. 实训目的

（1）掌握在实际工程中常用的光纤连接器的制作过程，了解光纤截面的光洁度，测量所制作的光跳线的损耗。

（2）掌握光纤的切割方法。

（3）学习光纤断面的研磨技术。

2. 实训内容

（1）切割光纤。

（2）进行光纤断面的研磨操作。

3. 实训原理

胶粘剂/研磨方法是将光纤剥去外皮、清洁后穿入光连接器，再沿光连接器末端面切割并按一定的程序手工研磨。光纤与连接器之间由胶粘剂接合。

4. 使用光纤连接器的注意事项

（1）光纤连接器的插针针体要保持清洁，不使用时一定戴好保护帽。

（2）光纤连接器的纤缆部分禁止直角和锐角弯折，严禁受重物挤压，纤体有折痕、压痕、破损的连接器不能使用，纤体的盘绕半径应大于30mm。

（3）一端已与光设备连接的光纤连接器端面通常不要用眼直视，否则会对视力造成伤害。

（4）在光纤连接时一定要注意光纤连接头的匹配。

（5）光纤连接器在与法兰盘对接时，定位销一定要对准法兰盘凹槽。

5. 实训操作步骤

（1）光纤表皮的剥除

光纤所露长度以5cm为准，剥除光纤涂覆层要掌握“平、稳、快”的三字剥纤法。剥纤钳应与光纤垂直，上方向内倾斜一定角度，然后用钳口轻轻卡住光纤，右手随之用力，顺光纤轴向平推出去，整个过程要自然流畅，一气呵成。

（2）光纤表面的清洁

观察光纤剥除部分的涂覆层是否全部剥除，若有残留应重新剥除。如有极少量不易剥除的涂覆层，可用棉球沾适量酒精，一边浸渍，一边逐步擦除，如图6-34所示。

（3）裸纤的切割

首先要清洁切刀并调整切刀位置，绕裸光纤圆柱面切割。切刀的摆放要平稳，切割

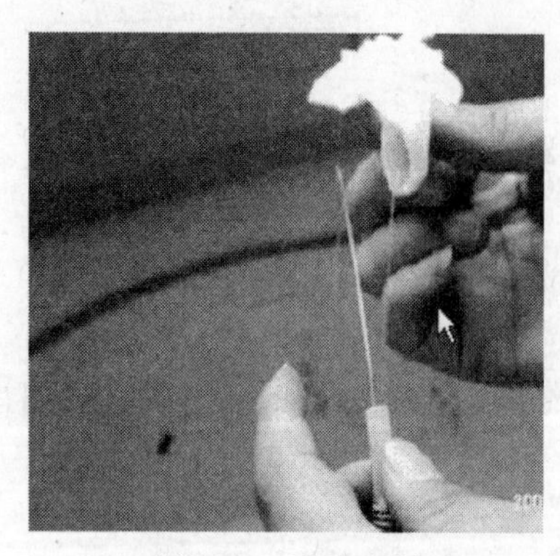

图 6-34　清洁光纤

时，动作要自然、平稳，避免断纤、斜角及裂痕等不良端面的产生。

（4）光纤浇注

用医用针头吸入溶胶，缓慢注入插有裸光纤的 FC 插头，自下至上注满。

（5）光纤熔接

浇注好的 FC 插头，末端用压线钳压牢，随后竖直放到熔接炉上烘烤 10～15 分钟，勿动。

（6）光纤的研磨

先用黑砂纸（粗）研磨轮廓，再用绿砂纸（中）研磨细节，最后用粉砂纸（细）抛光。

（7）光纤通光测试

FC 接头接光纤端面分析仪。FC 接头在放大镜的一端，操作者在另一端通光看研磨端口是否平整及通光与否。

6. 常见问题分析

（1）研磨不充分

研磨不充分往往会造成光纤插头插针端面凹凸不平。这种光纤活动连接器互相连接势必会使两根光纤之间有空气缝隙，使得通光性能不好。在研磨不充分的插针端面上还可能存在划痕，如果划痕直接通过纤芯，同样会引起光纤活动连接器通光性能明显下降。

（2）光纤偏心

通过光纤端面分析仪对光纤端面进行观察，若光纤插针端面等高线的干涉圆环中心与实际光纤纤芯基本重合，则说明光纤的纤芯落在了插针的最高点，这样就可以保证纤芯与纤芯对接时中间不留缝隙。但是，如果干涉圆环中心与光纤纤芯不重合，则势必会影响光纤的通光性能，从而导致光纤活动连接器的插入损耗较差。

（3）纤芯凹陷或凸出

纤芯的凹陷或凸出都容易引起光纤传输性能的下降。这是因为，当纤芯凹陷时，则可能导致对接的两根纤芯之间存在缝隙，接触不够紧密而存在空气，引起反射，从而影响插入损耗和回波损耗；当纤芯凸出时，则可能导致对接的两根纤芯互相挤压而使实际的光线射出端面和入射端面并不平行，从而使两根光纤之间出现轴向倾角，导致对接光纤的通光性能下降。

（4）光缆护套与插头分离

原因可能是光缆护套与插头粘结不可靠，从而导致外观上光缆护套与插头分离。光缆与插头完全拉脱的原因可能是在光纤连接器生产时光缆中的纺纶与插头压接不好。

若光缆仍然与插头粘连，但纤芯已断。原因可能是纺纶的材料不好，光纤跳线一旦受力过大则拉伸过长，从而导致纤芯余长不够而断裂。

6.7　光纤的熔接

1. 实训目的

（1）掌握用熔接机熔接光纤的方法。

（2）学习使用 OTDR 测试仪寻找光纤断点所在的位置。

2．实训内容

（1）了解光熔接机的工作原理。

（2）学习光纤的熔接过程。

（3）了解实际施工中光纤断裂时的处理方法。

（4）测量光纤熔接后的损耗。

3．实训原理

光纤熔接是在高压电弧下把两根切割清洗后的光纤连接在一起，熔接时要把两光纤的接头熔化后接为一体。光纤熔接以后，光线可以在两根光纤之间以极低的损耗传输，全反射的情形也很少。

熔接机是专门用于光纤熔接的工具，这种设备可以把熔接的光纤对准排列，对准可以自动完成，也可以手动完成，对准时需要借助的工具是瞄准镜或摄像机。光纤对准以后，熔接机的两电极之间开始高压放电，在两光纤端头间产生一个高压电弧把两根光纤熔接在一起。

4．S-175 光纤熔接机介绍

（1）熔接机主体构成

1）防风罩；

2）监视荧屏；

3）工作台固定端子；

4）搬运用提把；

5）加热器；

6）光纤夹具；

7）正面电极；

8）侧面电极；

9）V 形沟槽。

（2）光纤熔接机操作键的使用

光纤熔接机操作键说明见表 6-8 所列。

光纤熔接机操作键说明 **表 6-8**

按键符号	按键名称	功　能
▶	开始键	开始或暂停光纤熔接程式
～	加热键	热缩套管加热器开关
√	输入键	确认选择
×	跳离键	跳离至先前的画面
△	向上键	向上选择
▽	向下键	向下选择
＋	参数键	改变参数值并增加放电
－	参数键	改变参数值
POWER(LED)	电源显示	显示电源状况
☼	亮度	调整 LCD 的亮度

(3) 安装熔接程式

按△或▽键去选择熔接程序，按十或一键去选择加热器程序，按▶或√键去确认所选择的程序。当 LED 上出现"准备"字样，并附一声响后，表示系统已重置完成。

1）熔接程式（S-175 熔接机所安装的程式均是工厂设定程式）

① AUTO ：由 S-175 熔接机自动分析光纤种类（SM、MM、DS）而执行相应程式。

② SM：单模光纤的熔接程式。

③ MM：多模光纤的熔接程式。

④ DS：DS 光纤的熔接程式。

⑤ ATTN：衰减 5dB 的熔接程式。

2）加热器程式

① 60MM NORM：60mm 保护套管（S921）的加热器程式。

② 40MM NORM：40mm 保护套管（S922）的加热器程式。

③ 60MM EXTR：60mm EXTR 的加热器程式。

④ 40MM EXTR：40mm EXTR 的加热器程式。

3）准备界面

只要 S-175 熔接机开机或电弧放电检测完毕后就会出现准备界面。

① AUTO——显示目前的熔接程式。

② 00000——显示熔接完成次数。

③ 13：36：28——显示时间。

④ 60MM：NORM——显示加热器程式。

只要电弧放电检测完成，选择了正确的程式之后就可以进行熔接程序了。

5. 使用光纤熔接机的注意事项

(1) 不要将本机器放置在凹凸不平或倾斜的表面上，否则机器可能因掉落而导致损坏。

(2) 在搬移本机器时，不要连接任何电源。否则可能有火花、电击的产生。

(3) 不要将电线放在高温零件旁，否则可能会着火。

(4) 手湿时，不要接触电线，否则可能会遭电击。

(5) 不要任意将电线分开或乱连接。

(6) 不可任意修改电线，且勿将电线过分扭曲、伸展。

(7) 不可将重物压置在电线上，否则可能会导致电线走火或产生火花。

(8) 确认机器未使用时电线没有导通。

(9) 不要使用液化气体清洁剂或以酒精为主的溶液去清洁电极棒。

(10) 应使用非油性的溶液清理光学镜片。

(11) 应将本机器储放于干燥的地方。

6. 实训操作步骤

(1) 开剥光缆，并将光缆固定到接续盒内。注意不要伤到束管，开剥长度取 1m 左右，用优质的卫生纸将油膏揩净。将光缆穿入接续盒并固定钢丝时一定要压紧，不能松动，否则有可能造成光缆打滚而折断光芯，如图 6-35 所示。

(2) 分纤并将光纤穿过热缩管。将不同束管、不同颜色的光纤分开，穿过热缩管。剥

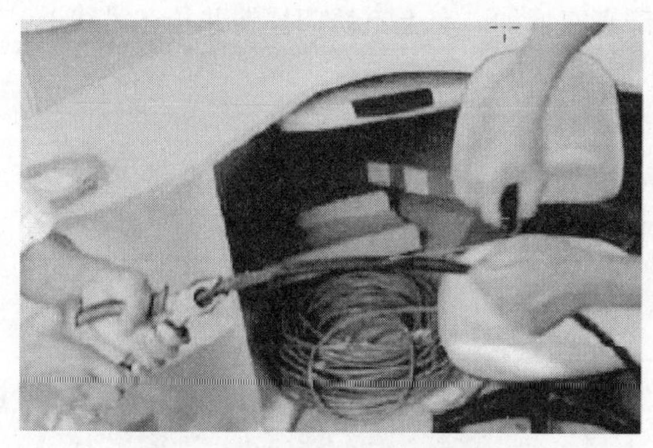

图 6-35　将光缆固定到接续盒内

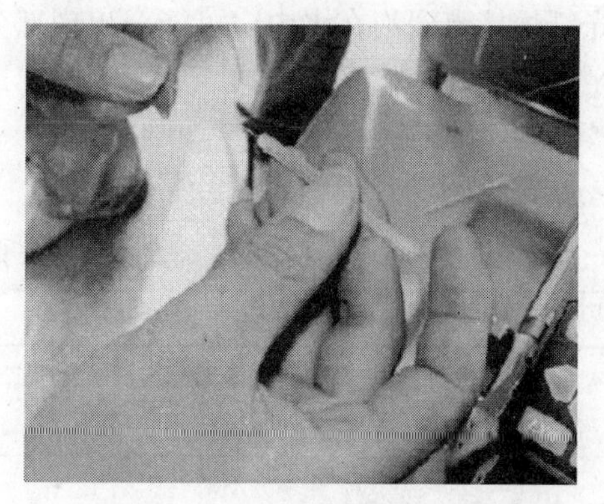

图 6-36　将光纤穿过热缩管

去涂覆层的光纤很脆弱，注意不要折断，如图 6-36 所示。

(3) 打开熔接机电源，采用预置的程式进行熔接，并在使用中和使用后及时除去熔接机中的灰尘，特别是夹具、各镜面和 V 形槽内的粉尘和光纤碎末。CATV 使用的光纤有常规型单模光纤和色散位移单模光纤，工作波长也有 1310nm 和 1550nm 两种。所以，熔接前，要根据系统使用的光纤和工作波长来选择合适的熔接程序。如没有特殊情况，一般选用自动熔接程序。

(4) 制作光纤端面。光纤端面制作的好坏，直接影响接续的质量，所以在熔接前一定要做好合格的端面。用专业的剥线钳剥去涂覆层，用沾酒精的洁净棉在裸纤上拭擦几次，用力要适度，然后用精密光纤切割刀切割光纤。对于 0.25mm（外涂层）光纤，切割长度为 8～16mm，对于 0.9mm（外涂层）光纤，切割长度只能是 16mm。

(5) 放置光纤。将光纤放置在熔接机的 V 形槽中，小心压上光纤压板和光纤夹具，要根据光纤的切割长度设置光纤在压板中的位置，关上防风罩，即可自动完成熔接，只需 11s，如图 6-37 和图 6-38 所示。

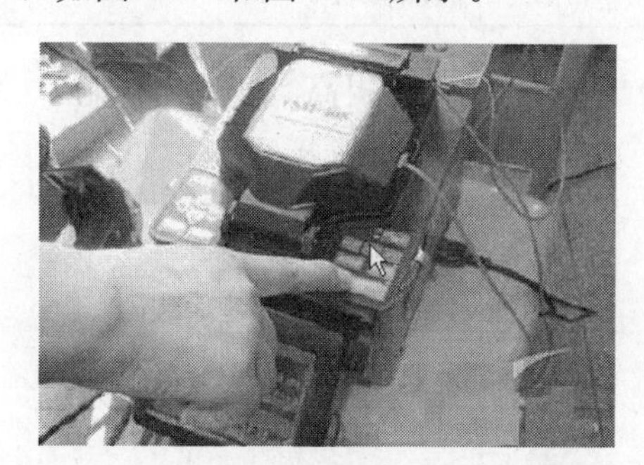

图 6-37　将光纤放置在熔接机的 V 形槽中

图 6-38　完成熔接

(6) 移出光纤用加热炉加热热缩管。打开防风罩，把光纤从熔接机上取出，再将热缩管放在裸纤中心，放到加热炉中加热。加热器可使用 20mm 微热型热缩管和 60mm 一般热缩管。20mm 微热型热缩管需 40s，60mm 一般热缩管需 85s。

(7) 盘纤固定。将接续好的光纤盘到光纤收容盘上。在盘纤时，盘圈的半径越大，弧度越大，整个线路的损耗越小。所以，一定要保持一定的半径避免激光在纤芯里传输时产生一些不必要的损耗。

(8) 密封和挂起。野外接续盒一定要密封好，防止进水。熔接盒进水后，由于光纤和光纤熔接点浸泡在水中，可能会出现部分光纤衰减增加。套上不锈钢挂钩并挂在吊线上。至此，光纤熔接完毕。

7. 常见问题分析

常见问题分析见表 6-9 所列。

常见问题分析 **表 6-9**

缺失	产生原因	改进方法
气泡	光纤形式选择错误	选择正确的光纤形式，并重复熔接
	切割不良	重新清洁、切割光纤，并再次熔接
	端面不洁	
	电极劣化	清洁或更换电极棒
未熔接或颈缩	光纤形式选择错误	重新选择正确的光纤形式
	C 镜面有灰尘	清洁 C 镜
	切割不良	重新做光纤的准备动作
	电弧过强	调整电弧
	光纤馈入不够	调整光纤馈入参数
	电极棒劣化	清洁或更换电极棒
熔接过厚	光纤形式选择错误	重新选择正确的光纤形式
	光纤馈入过多	调整光纤馈入参数
	电极棒劣化	清洁或更换电极棒
	电弧过强	调整电弧
出现条纹	光纤形式选择错误	重新选择正确的光纤形式
	电极棒劣化	清洁或更换电极棒
	电弧放电太弱	放电检测或调整放电参数

总之，要培养严谨细致的工作作风，勤于总结和思考，才能提高实践操作技能。

第7章　楼宇智能化系统集成实训

7.1　集成任务分析

1. EBI 开放型建筑自动化系统简介

(1) 系统概述

Honeywell EBI（Enterprise Buildings Integrator，企业建筑物集成系统）是目前世界上最为先进的高效能、集成化、开放式的楼宇管理系统。它本质上又是一种性能优越、用途广泛的模块式监控和数据采集网络系统，包含的子系统有：楼宇自动化控制系统（Excel 5000)、安全防范系统、火灾报警消防系统（FS 90、XLS 1000)、数字影像管理系统和资产/人员管理系统。卓越的开放性能是 EBI 最突出的优点之一，它不仅可以与 Honeywell Excel 5000 系统中的 DDC（Direct Digital Controller，数字控制器）直接连接，还支持几十种接口方式，从而可以与第三方系统广泛集成。Honeywell EBI 系统图如图 7-1 所示。

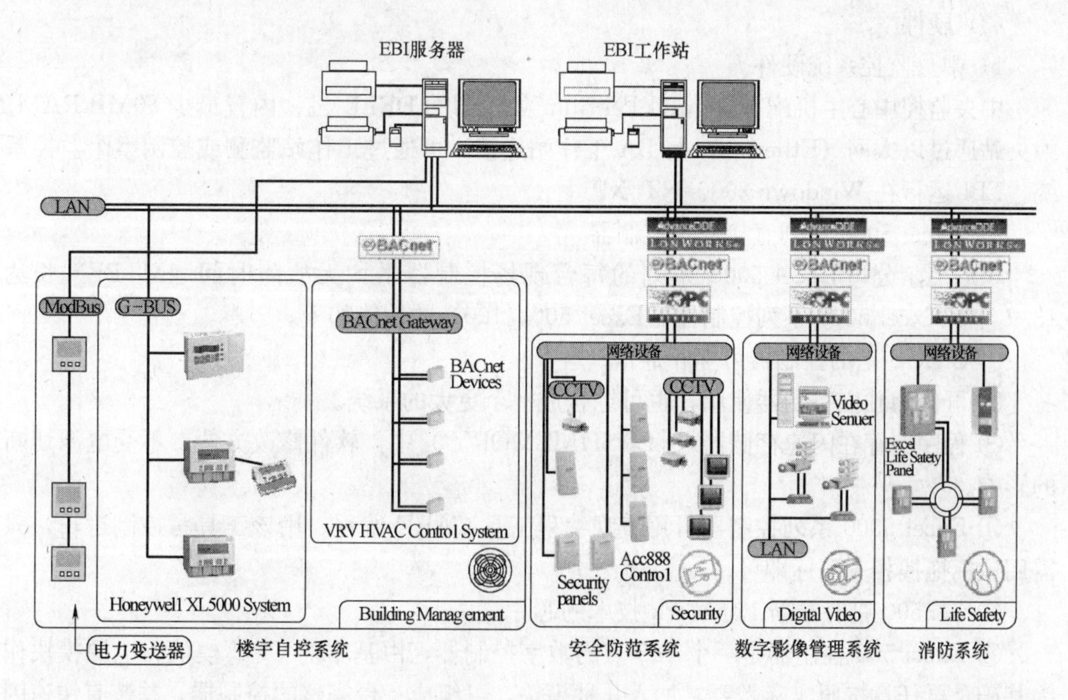

图 7-1　EBI 系统图

单个 EBI 软件平台运行在支持多任务/多线程的 Windows NT 操作系统上，EBI 网络则采用 DSA（Distributed Server Architecture，分布式服务器结构）提供分布式处理的能力，使系统中所有 EBI 服务器均能分享点数据和报警信息等资源，实现异地操作。EBI 的控制网是基于 C-BUS 总线和 LonWorks 总线的开放式集散控制系统，采用平均无障碍工作时间12万小时的模块化DDC控制器。其中的BA（Building Automation）系统通过C-BUS总线直接连接EBI服务器，Excel 500、XL 100和XL 50系列的控制器挂在C-BUS上，由控制器将现场设备的运行状态、故障报警及处理情况等数据传送到EBI服务器，并全面接收EBI的控制指令。EBI通过DDC获取每个设备的运行及状态数据，同时生成文本、趋势图等形式的数据监视界面。基于这些数据，经分析处理，自动产生多种分类的、包含大量设备运行信息的报表，如设备运行状态报表、累计运行时间报表、故障报表、各类维修/维护报表。报表可通过本地打印机或网络打印机输出。

（2）网络结构

EBI系统是一个支持Client/Server和Browser/Server结构的网络。数据库服务器维护着一个高性能实时数据库。该数据库服务器为各种本地的或基于客户的网络（如操作员站）及其他应用（如电子制表或相关数据库等）提供实事信息。可使用冗余数据库服务器和双重局域网等高效率的结构，从而会提高系统的安全性。EBI可以从各种类型的联网设备上采集数据，联网数据即可遍及全网，用于监视、控制、形成历史数据和报告制表等。EBI系统是一个灵活的网络结构，既支持本地也可支持高性能远方操作员站，并支持过程处理设备，从高速TCP/IP以太网、局域网到广域网，可根据需要采用多种标准拓扑结构。EBI系统完全符合中国行业标准《民用建筑电气设计规范》（JGJ 16—2008）的网络结构要求。

（3）硬件

1）中央监控系统硬件

中央监控中心主机配有含Intel Pentium处理器的DELL机，内置最少80MB RAM。中央站通过以太网（Ethernet）与BA工作站连接，可通过工作站监测或控制整个监控系统。EBI运行在Windows 2000/NT/XP上。

2）Excel 5000系列直接数字控制器

霍尼韦尔公司Excel 5000系列的每台现场控制器平均无故障时间（MTBF）长达13.7年。Excel 5000系列控制器（Excel 500，100）的性能如下。

① C-BUS上的控制器可互相通信。

② 可作为独立控制器使用，也可综合成一个更大的系统。

③ 程序储存在闪速存储器（FLASHMEMORY）中，软件修改方便，不受电源切断的影响。

④ Excel 5000系列控制器可用直观编程工具CARE编程。用该工具写控制逻辑，只需用鼠标拖拽相关图标即可。

⑤ XL 500带有最新LonMark技术的芯片。

⑥ Excel 500控制器是一个128点的数字控制器，由基本的CPU模块、电源模块作为基础，再任意按照实际需要，加入几种模块，可组成一台完整的控制器，并装有快速闪存记忆体。它的输入输出模块主要包括以下几种：

A. 模拟输入模块（AI）：8个点，0～10VDC，420mA，PT 1000，BALCO。

B. 模拟输出模块（AO）：8个点，0～10VDC内可组态。

C. 数字输入模块（DI）：12个点，1mA，24VDC或ACmax。

D. 数字输出模块（DO）：5个继电器输出，1个常开触点输出，4A，24V。

每块模拟输出和数字输出模块可带超驰控制开关以实现远方自动/手动控制切换，也可有发光二极管 LED 提供状态显示，以亮度变化反映模拟量输出的大小变化。

Excel 5000 系列控制器全部是中国国家标准规定的 DCP-I 智能型分站，均可用 CARE 来编程。

(4) 主要功能

EBI 系统的主要功能：收集、分析和管理分站并处理数据；可自由设置复杂图形的显示功能；可以立即打出用户报告，或进一步分析时，可立即通过 Microsoft Excel 等动态数据交换设备（DDE）输出数据到 MS Windows 环境的设备；多级报警管理；强大的记录功能，多种趋势表示，如条块图、多线趋势图和 X-Y 坐标图；按要求立即生成报告或按预先设置打印报告，可任意指定网络中的打印机作为输出打印机；支持多种控制器，包括 Allen-Bradley 和 Modicon 等其他供应商产品，便于对现有系统进行扩展和综合；并行多站对话，可扩展至 20 站；EBI 提供应用程序接口库，接受用户用 C、C^{++} 等高级语言编写的程序。

下面详细说明一下几个常用功能。

1）人机界面

操作者通过操作站的 IPS 软件（Integrated Personal Station）和 EBI 连接。EBI 使用分级显示结构，包括预设点细目、组、趋势和历史数据显示，另外还有系统特有的简图显示。这一复合结构使得操作者能够在正常和非正常工作情况下有效地监控。

EBI 有一个可自由设置的图形用户界面。用户可以把一个动态变量，如液位计、数据显示器或目标序列，和一个数据点结合起来，即可建立起数据的直观动画显示。另外，软件中还有一个预先画好的符号和图标库，可加快做新显示页的速度。这些简图让用户轻松地观察各分站状况并进行及时控制。一个标准简图，包括一个静态背景和实况最新数据显示区。该区内显示数字数据、高分辨率的图形图像、趋势图和坐标图。

2）历史数据收集和索引

EBI 可连续查询，储存运行情况的历史数据、平均值和瞬时值（即时取样）等，收集频率都可由操作者设置。数据记录储存于硬盘中，便于以后参考。也可用 EBI 的内部趋势或用户设置的简图中的数字变量和点细目趋势、点细目数字记录显示来进行索引。另外，数字记录也可用在报告中，输入到便于携带的媒体中长期储存，或输出到 DDE 用户软件（如 Microsoft Excel）以备日后分析。内部报告技术可按要求或预先设置产生一些不同的报告。这些报告可由网络中的打印机制作硬拷贝，也可显示在操作站屏幕上或输出到软盘等便携媒体中。

3）报警探测和报告

EBI 模拟点的警报类型包括超限、高超限、偏移和改变率。数字点的状态（警报）共分为 8 级。所有点都可有相关警报，警报可分别设定为紧急、急、一般和日常警报。多优先级制使操作者能够首先对付最危急的情况。紧急、急和一般警报可以启动扬声器以引起注意。

在和 EBI 连接的操作站中，警报记录可持续显示、记录现场设备和警报情况。每页操作显示的最底部一行保留显示最新的还未处理的最优先级报警，这给操作者提供了系统最危急情况的即时直观指示。操作者可以通过击键盘或工具栏上的“警铃”、图标或屏幕底部闪烁的警报框，从警报记录中了解报警。操作者还可以利用有关的显示功能，从警报目录中的任意一项或显示的最后一行，直接应用简图显示。警报会被记录到打印机和储存媒体中的警报/事件报告中，以备索引。警报情况也可以显示在简图中，储存于硬盘中或输送到打印机做记录。

（5）通信总线

Honeywell Excel 5000 系列所用的总线，都是以非屏蔽双绞线（UTP）作为传输介质，因而布线方便。

C-BUS 以 RS-485 作点对点通信，用以连接 Excel 5000 系列控制器，介质为 Honeywell 双绞线 AK 3744（18 AWG，线径 1mm 带护套），长度可达 1200m，完全满足大厦的控制需要。每条 C-BUS 可连接 15 个以上的 Excel 5000 系列控制器，通信点限制为 1500 点，通信速度为 1M 波特率。

2. 集成任务分析

某弱电集成系统工程需要集成的对象有如下各项：

（1）空调系统；

（2）冷水系统；

（3）基于霍尼韦尔 XLS 800 控制器的消防系统；

（4）西屋门禁系统；

（5）基于派尔高矩阵主机的 CCTV 系统；

（6）变配电系统；

（7）2 部电梯。

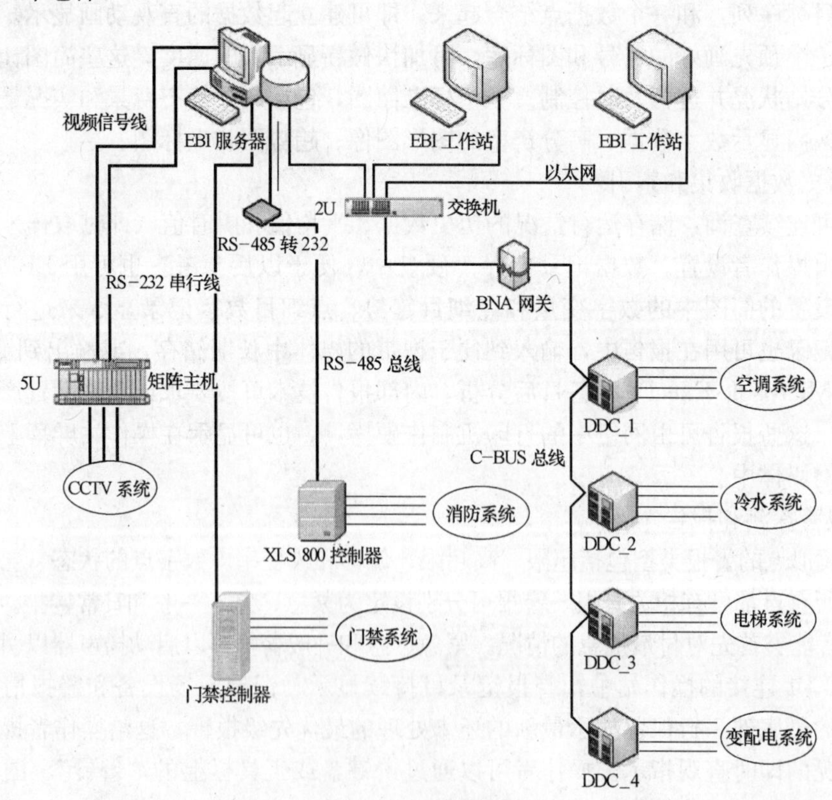

图 7-2　集成总体方案图

工程的需求是将以上所有系统或设备统一纳入到霍尼韦尔 EBI 平台的监控之下，使各种现场设备的实时数据进入到 EBI 实时数据库，并在某些子系统间实现联动，最终实现 EBI 对整个大系统的统一监控管理。分析以上系统或设备，采用霍尼韦尔 Excel 5000 控制器进行就地控制的子系统可以直接与 EBI 集成，包括空调系统、冷水系统、变配电系统、2 部电梯；另外 EBI 提供了标准接口的子系统也可直接与 EBI 集成，包括西屋门禁系统、消防系统。以上子系统都可称为“标准子系统”。CCTV 系统是“非标子系统”，不能与 EBI 直接集成。

3. 集成实现方案

通过任务分析，得出以下系统集成方案：对于“标准子系统”，通过系统配置达到直接集成进 EBI 的目的；对于“非标子系统”，通过开发接口程序来实现。每个子系统的集成方案如图 7-2 所示。

7.2 集成工程开发与实现

1. EBI 工程概述

EBI 软件平台由几个不同的软件组成，安装 EBI 后，在 EBI 的启动菜单下会统一显示，选择不同的软件名称便进入不同的软件环境。工程的开发环境包括：Quick Builder 和 Display Builder（B/S 结构下用 HMIWeb Display Builder）。其中 Quick Builder 用来创建并定义数据库，Display Builder/HMIWeb Display Builder 用来开发图形化人机界面。工程的运行环境是 Station 软件。

从 EBI 的 Quick Builder 软件对整个工程的定义可知，EBI 中的工程开发是从逻辑上分层次进行的，即按照逻辑上而非纯粹物理上的概念来定义一个工程的各种元素。这些工程元素从上到下依次为：通道（Channel）—控制器（Controller）—点（Point），其逻辑关系如图 7-3 所示。

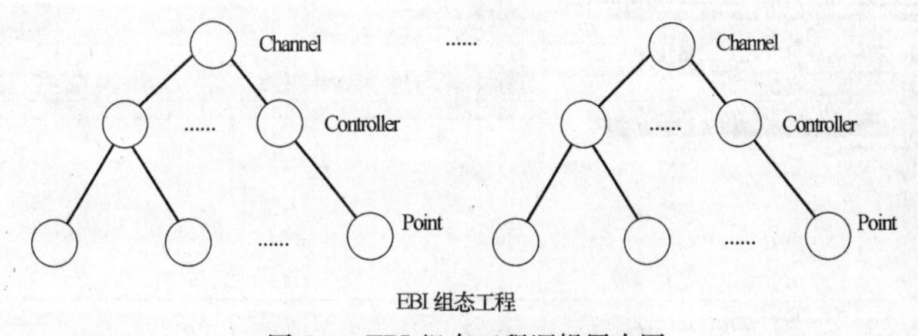

图 7-3　EBI 组态工程逻辑层次图

2. EBI 工程开发步骤

在 EBI 中开发集成化工程的一般步骤介绍如下：

(1) 在 Quick Builder 中创建一个工程，并根据实际工程的硬件、网络及通信状况进行工程配置，最关键的是将实际点定义并下载进数据库中。

(2) 在 Display Builder/HMIWeb Display Builder 中开发图形化人机界面，将界面上的数据显示区与数据库相关联。

(3) 在 Station 中运行开发完成的人机界面，测试通信状况，观测集成数据的正确性。

3. 在 Quick Builder 中定义数据库

首先在 Quick Builder 中创建一个工程，该工程的扩展名为 . qdb，然后根据实际子系统的情况依次创建通道（Channel）、控制器（Controller）、点（Point）。

（1）创建通道（Channel）

该工程共定义 4 个通道。

1）NexSentry（门禁系统）

门禁系统的通道相关参数设置如图 7-4、图 7-5 所示。

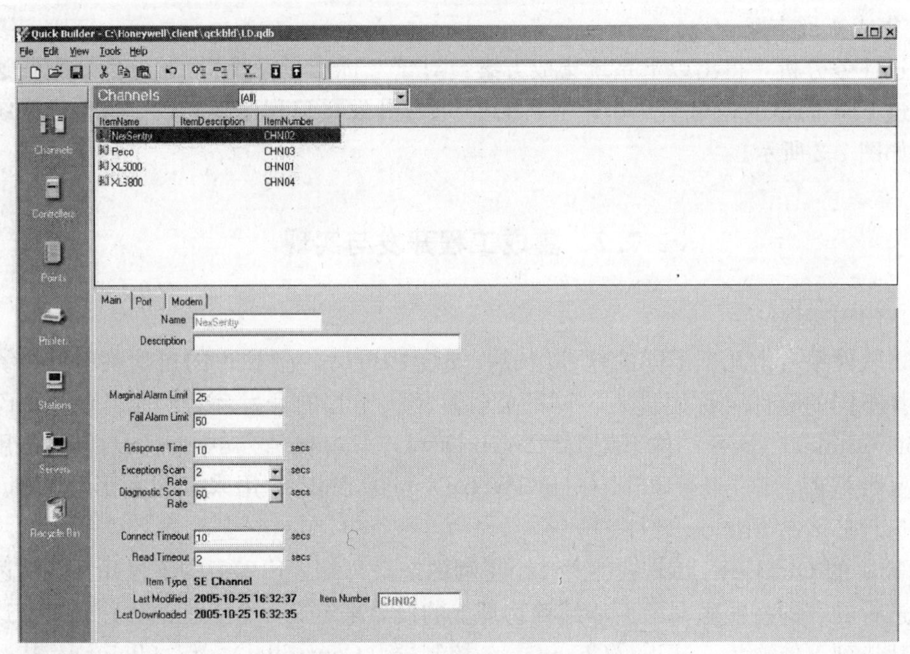

图 7-4　Main 选项卡的参数设置 1

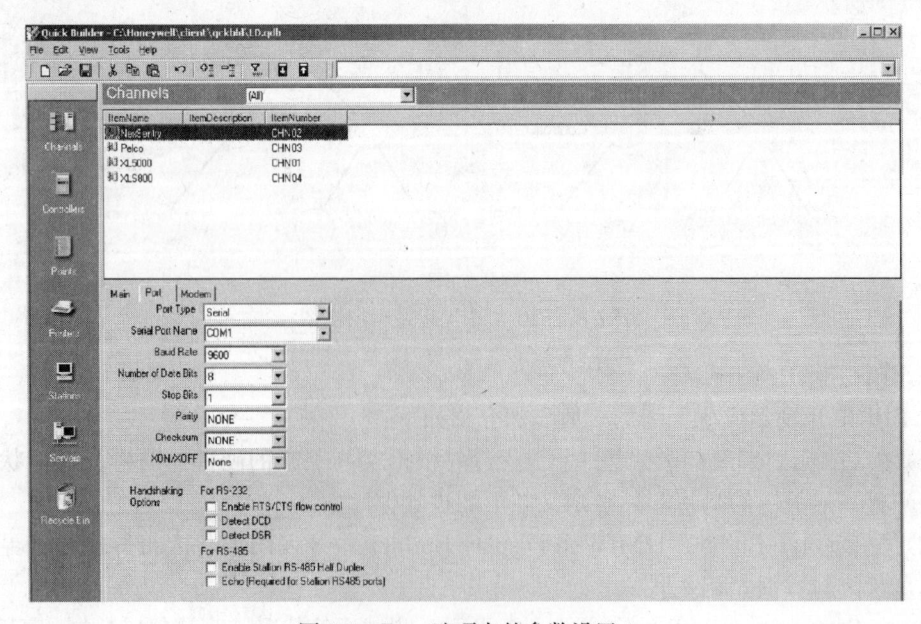

图 7-5　Port 选项卡的参数设置 1

2）Pelco（CCTV 系统）

CCTV 系统的通道相关参数设置如图 7-6、图 7-7 所示。

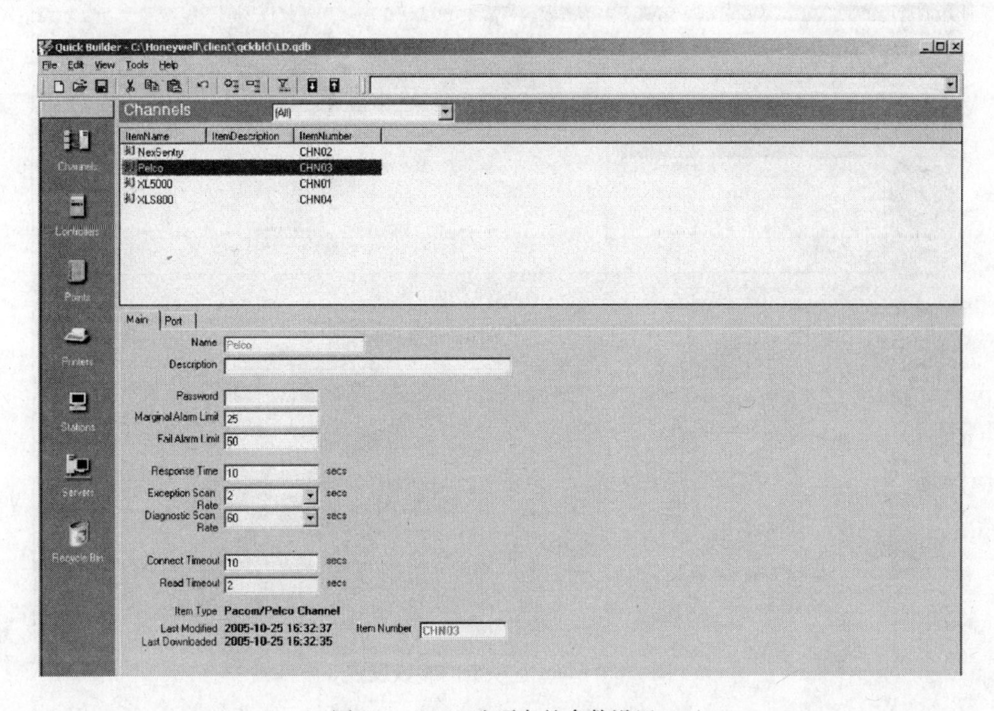

图 7-6　Main 选项卡的参数设置 2

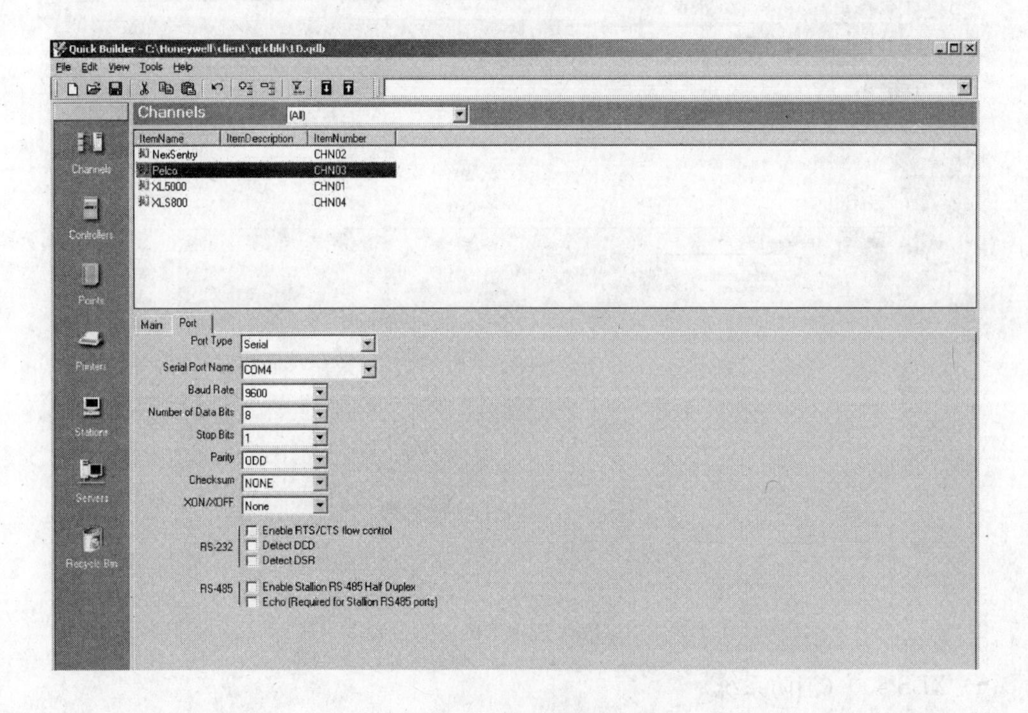

图 7-7　Port 选项卡的参数设置 2

3）XL 5000（楼宇自控系统）

楼宇自控系统的通道相关参数设置如图 7-8、图 7-9 所示。

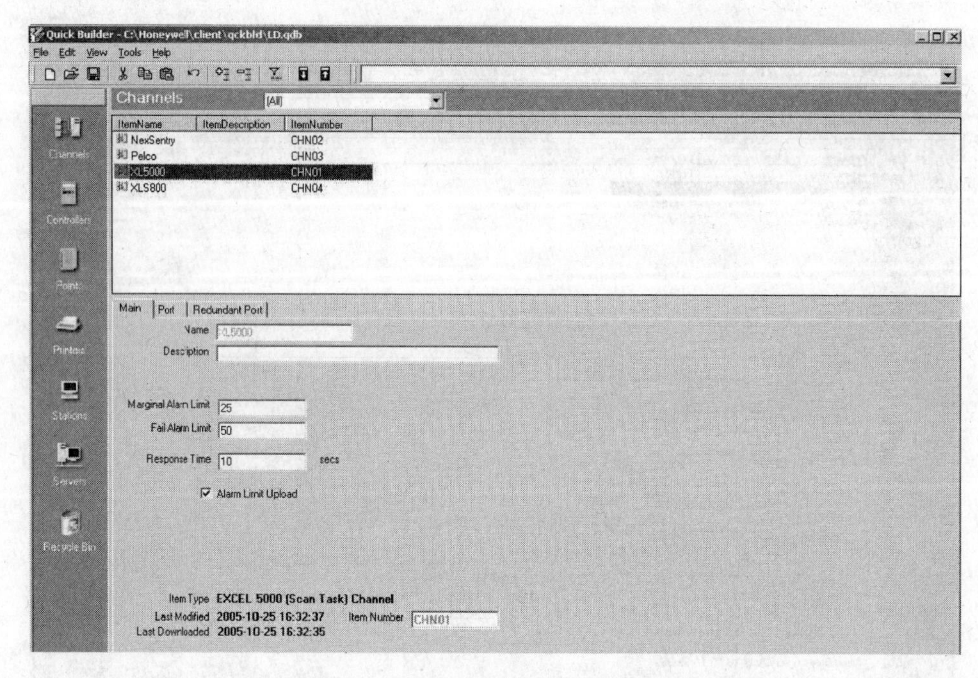

图 7-8 Main 选项卡的参数设置 3

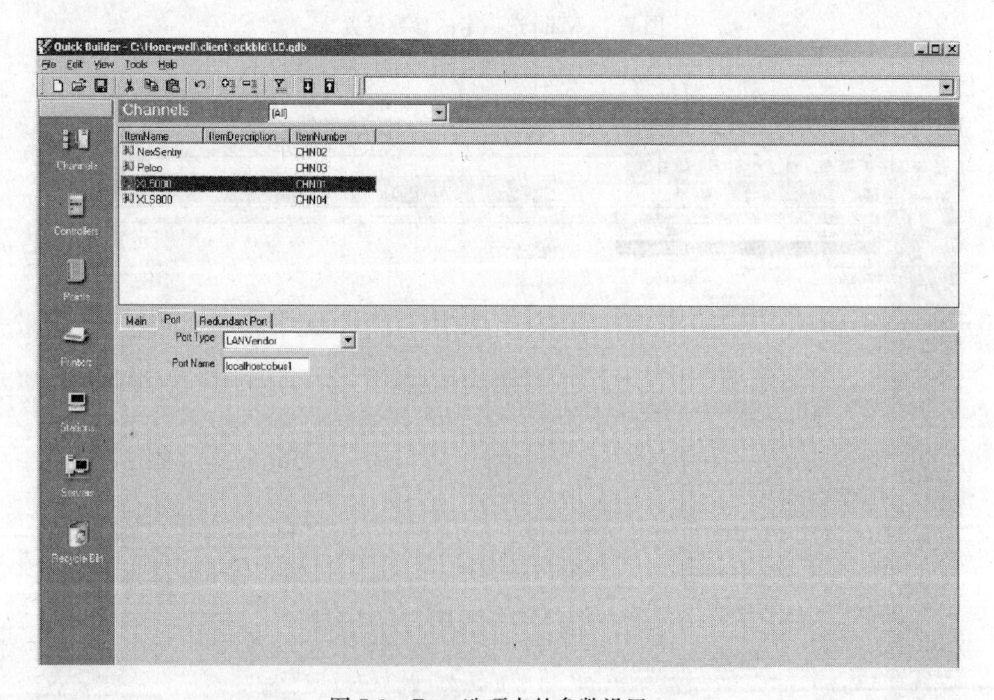

图 7-9 Port 选项卡的参数设置 3

4）XLS 800（消防系统）

消防系统的通道相关参数设置如图 7-10、图 7-11 所示。

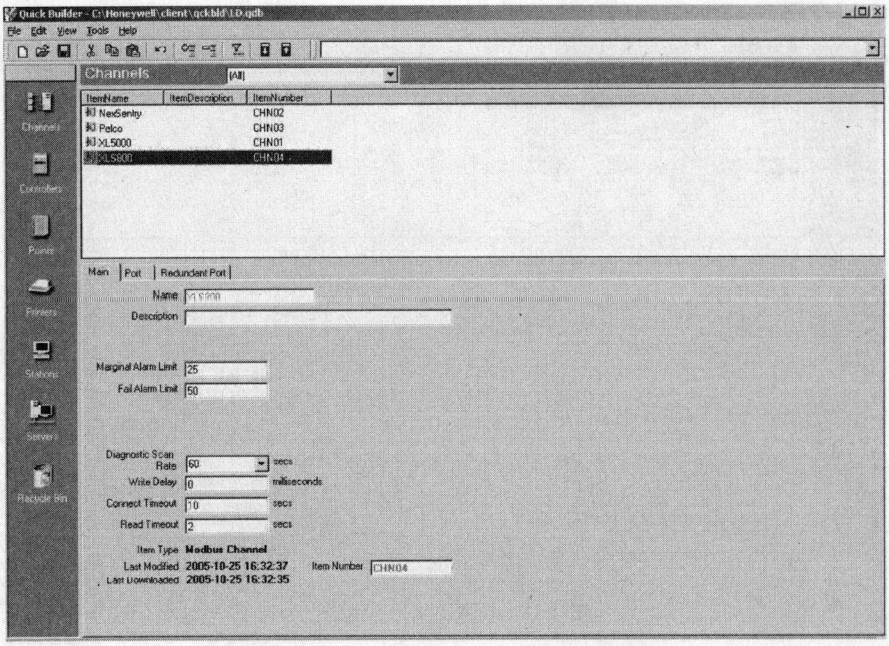

图 7-10　Main 选项卡的参数设置 4

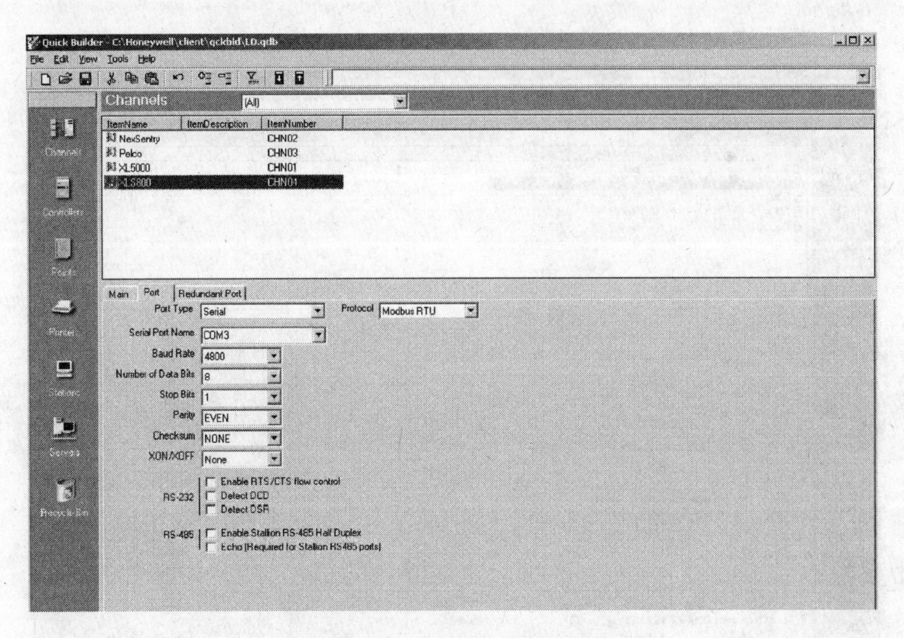

图 7-11　Port 选项卡的参数设置 4

(2) 创建控制器（Controller）

该工程共定义 6 个控制器（逻辑上）。

1) DDC1

DDC1 的参数设置如图 7-12 所示。

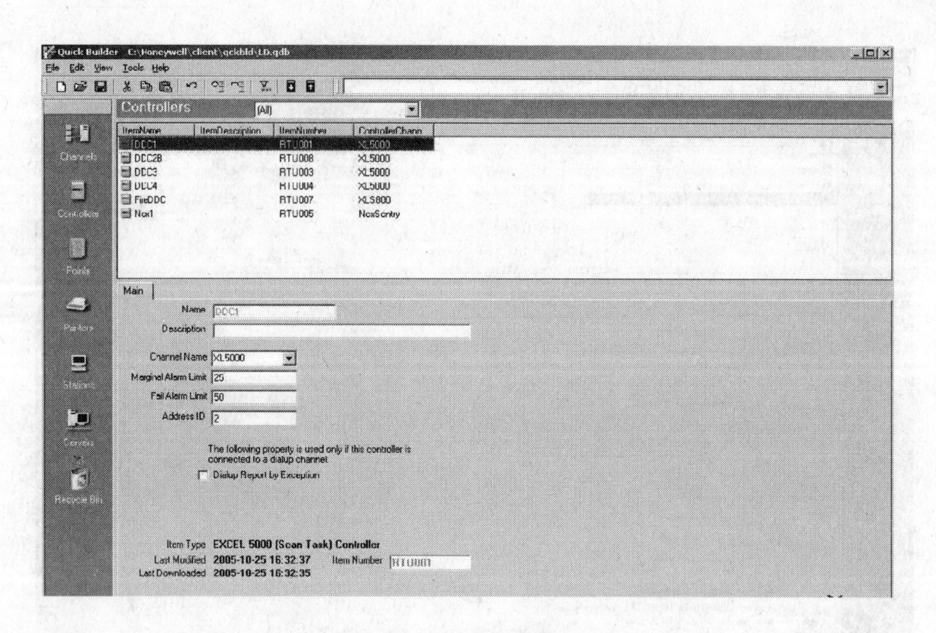

图 7-12　DDC1 参数设置图

2）DDC2B

DDC2B 的参数设置如图 7-13 所示。

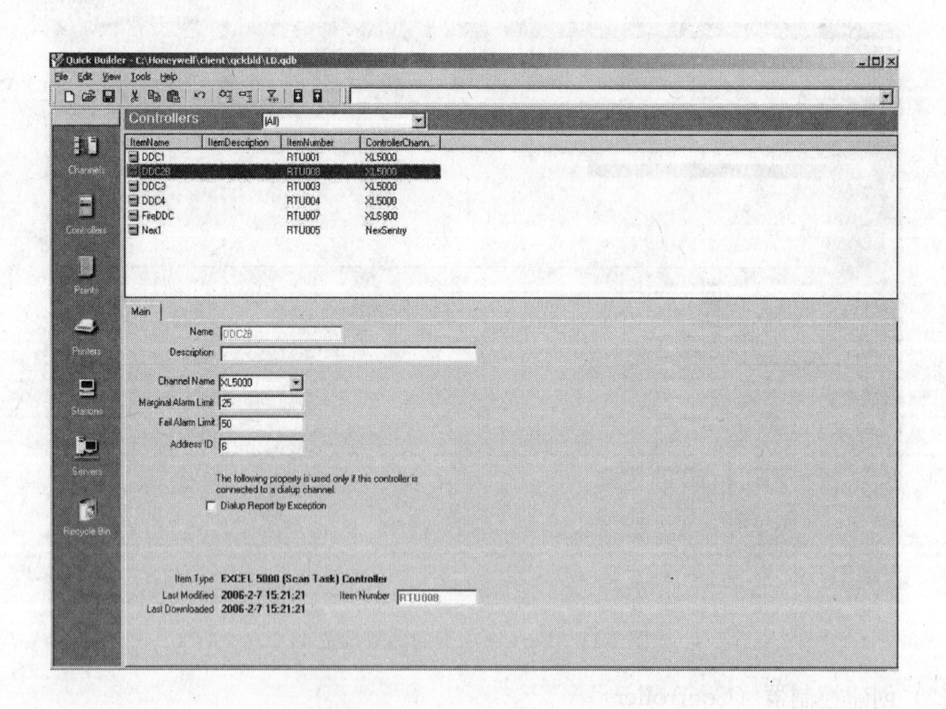

图 7-13　DDC2B 参数设置图

3）DDC3

DDC3 的参数设置如图 7-14 所示。

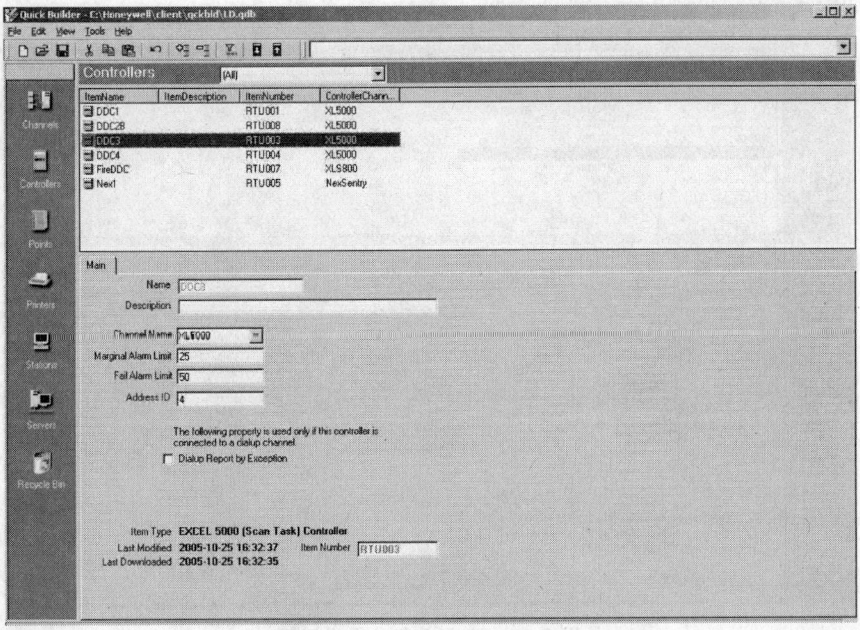

图 7-14　DDC3 参数设置图

4）DDC4

DDC4 的参数设置如图 7-15 所示。

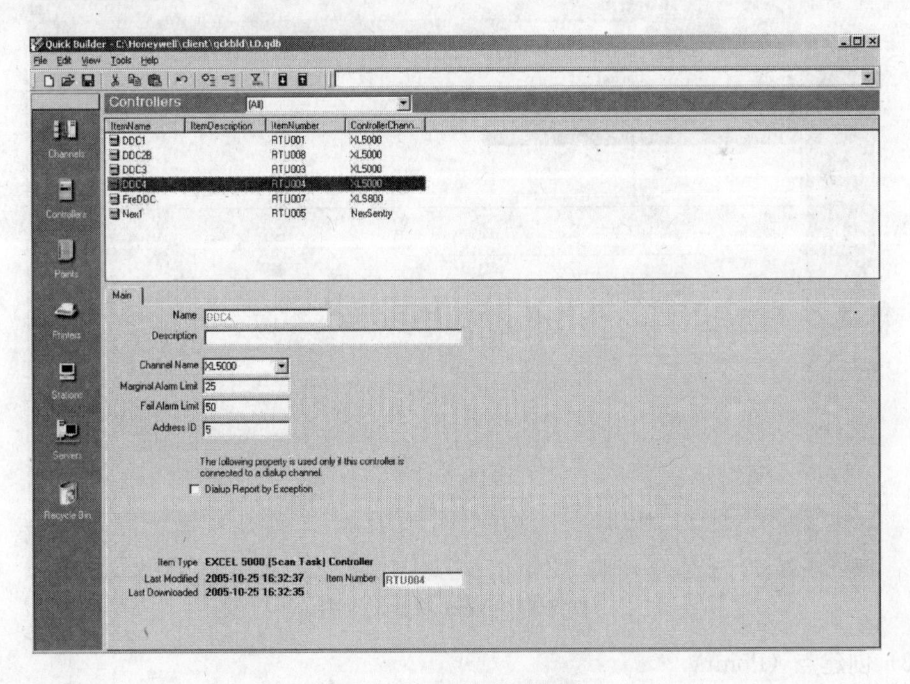

图 7-15　DDC4 参数设置图

5）FireDDC

FireDDC 的参数设置如图 7-16 所示。

6）Nex1

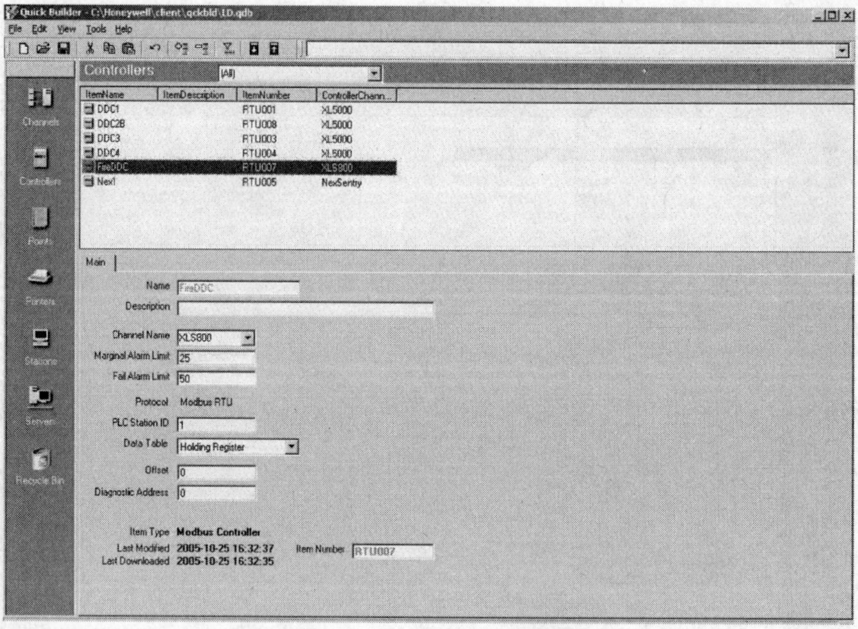

图 7-16　FireDDC 参数设置图

Nex1 的参数设置如图 7-17 所示。

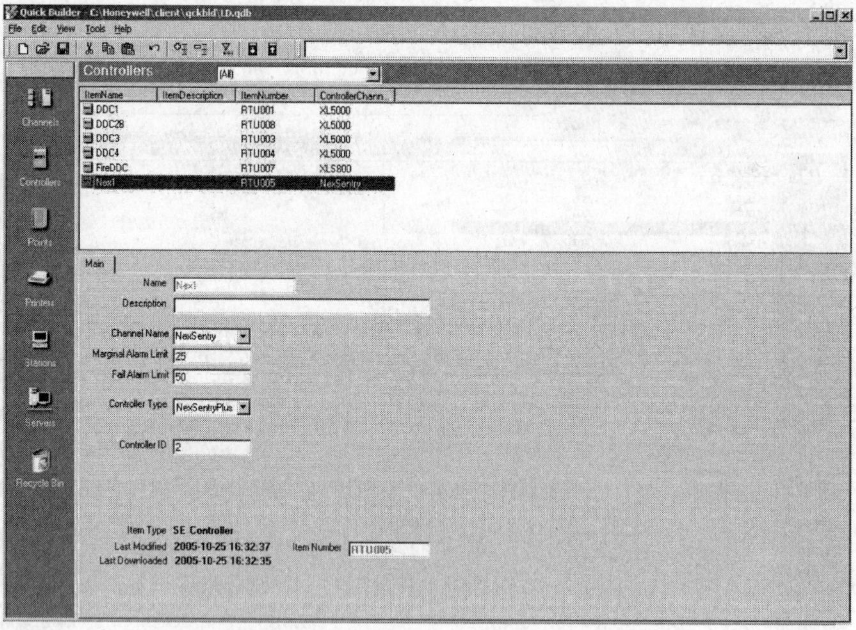

图 7-17　Nex1 参数设置图

（3）创建点（Point）

完成后的界面如图 7-18 所示。

其中，【PV Source Address 】的设置是关键，不同的 Channel 进来的点具有不同的地址设置格式。例如，消防系统采用 Modbus 协议与 EBI 通信，消防系统的点地址定义就必须符合 Modbus 协议的特点。消防系统一个点的地址定义如图 7-19、图 7-20 所示。

Quick Builder - C:\Honeywell\client\qckbld\LD.qdb
File Edit View Tools Help
Points (All)

ItemName	ItemDescription	AreaCode	SourceAddressPV
AHU_AlmOff		System	DDC1 AHU_AlmOff value
AHU_AlmOn		System	DDC1 AHU_AlmOn value
AHU_DaTemp		System	DDC1 AHU_DaTemp value
AHU_FaDmpr		System	DDC1 AHU_FaDmpr value
AHU_FanAlm	风机故障报警	System	DDC1 AHU_FanAlm value
AHU_FanEn		System	DDC1 AHU_FanEn value
AHU_FanM_A		System	DDC1 AHU_FanM_A value
AHU_FanSts		System	DDC1 AHU_FanSts value
AHU_FaTemp		System	DDC1 AHU_FaTemp value
AHU_FiltSts	过滤网报警	System	DDC1 AHU_FiltSts value
AHU_FrzSts	防冻报警	System	DDC1 AHU_FrzSts value
AHU_HumidEn		System	DDC1 AHU_HumidEn value

Channels
Controllers
Points
Printers
Stations
Servers
Recycle Bin
Main | Display | Alarms | Control | Auxiliary | History | Scripts | User Defined
Point ID a_A
Description
Area Code System
PV Source Address DDC4 a_A value
PV Scan Period 0
Engineering Units A
100% Range Value 100
0% Range Value 0
Drift Deadband (%) 0.000
PV Algo NONE
Action Algo NONE
Scanning Enabled
Clamp PV
Item Type Analog
Last Modified 2005-10-25 16:32:37
Last Downloaded 2005-10-25 16:32:35

图 7-18　点的创建

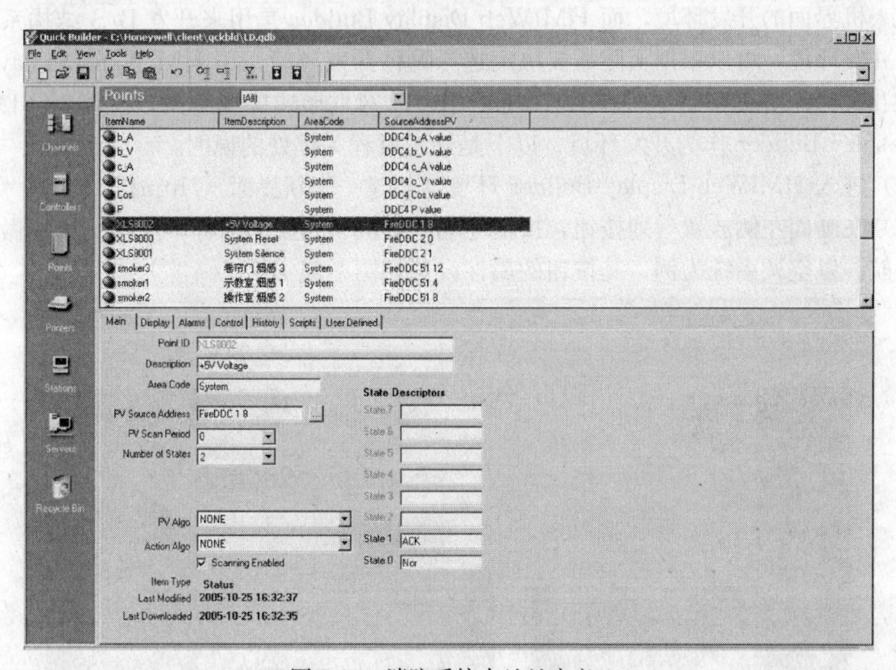

图 7-19　消防系统点地址定义 1

开发完成的工程需下载进 EBI 实时数据库，单击工具栏上的按钮就可将定义好的工程元素及其相关属性下载进数据库。

4. 在 Display Builder/HMIWeb Display Builder 中开发人机界面

根据实际系统的情况，分子系统设计人机界面。点数较多一个子系统可能需要开发多个人机界面，各界面之间用超级链接进行连接和跳转。Display Builder 是用来开发 C/S 结

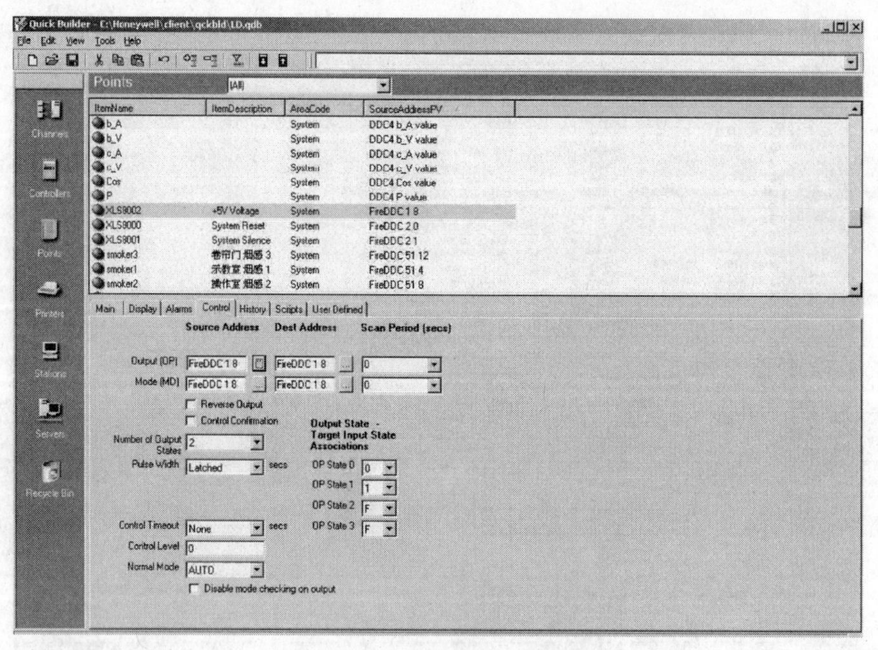

图 7-20 消防系统点地址定义 2

构系统人机界面的开发环境，而 HMIWeb Display Builder 是用来开发 B/S 结构系统人机界面的开发环境，可以根据实际需要决定选择哪种开发环境。用 HMIWeb Display Builder 开发出的人机界面最终运行在 IE 浏览器中，以网页形式展现给用户。该工程以 HMIWeb Display Builder 作为开发环境。以下是开发过程关键处的说明。

（1）进入 HMIWeb Display Builder 环境，创建一个新界面（.htm）。

（2）在画面左侧放置一列按钮，按钮上输入不同子系统的名称，这些按钮用做界面切换的导航。以空调系统为例，其按钮的属性设置如图 7-21 所示。

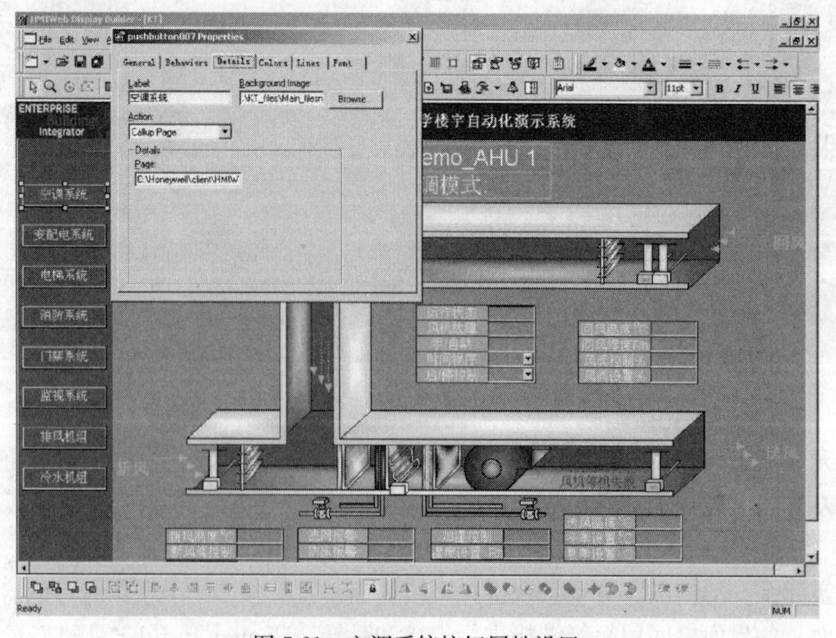

图 7-21 空调系统按钮属性设置

（3）其他按钮的属性设置类似，注意要将链接的界面（Page）修改为需要进入的界面。

（4）在界面导航栏以外的地方创建与实物相对应的图素，并在适当的位置放置数据标签，这些标签连接数据库中不同的点。例如，回风湿度点的数据标签属性设置如图 7-22 所示。

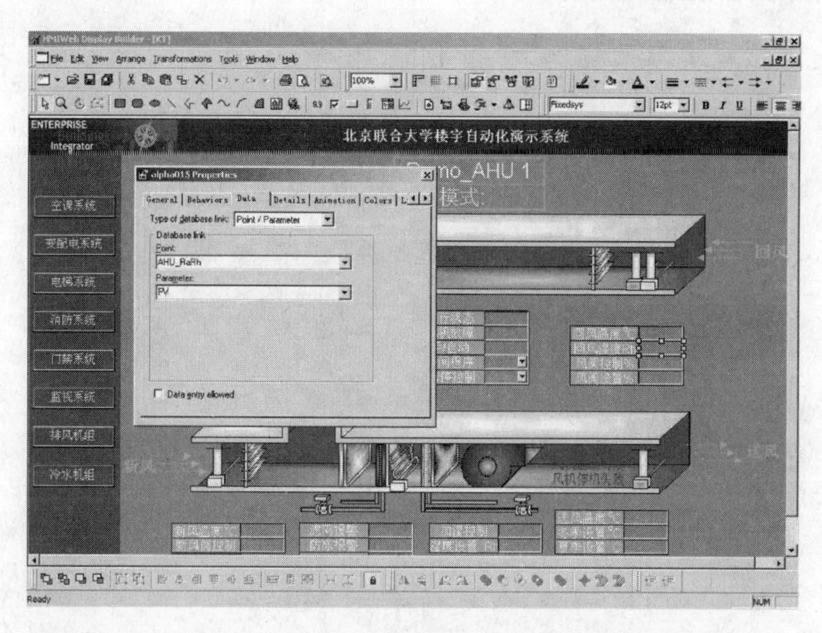

图 7-22　回风湿度点的数据标签属性设置

（5）可看到此时点的参数（Parameter）设置为 PV，表明这是一个实际测量值。

风阀控制点的数据标签属性设置如图 7-23 所示。

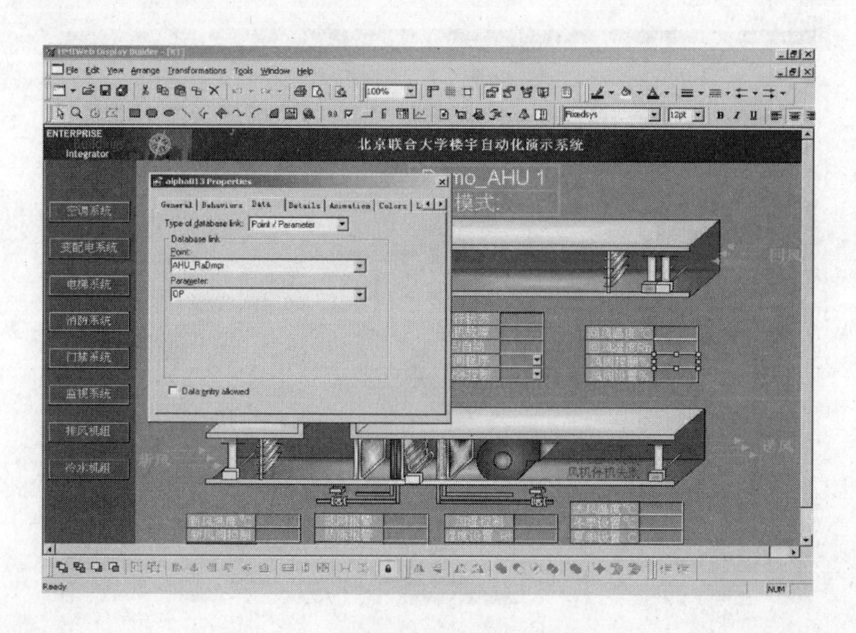

图 7-23　风阀控制点数据标签属性设置

可看到此时点的参数（Parameter）设置为 OP，表明这是一个控制量。

用同样的方法可开发消防系统、门禁系统等人机界面。

5. 在 Station 中运行工程

打开 EBI 下的 Station 软件，运行开发完成的 EBI 工程。

(1) 空调系统的运行界面如图 7-24 所示。

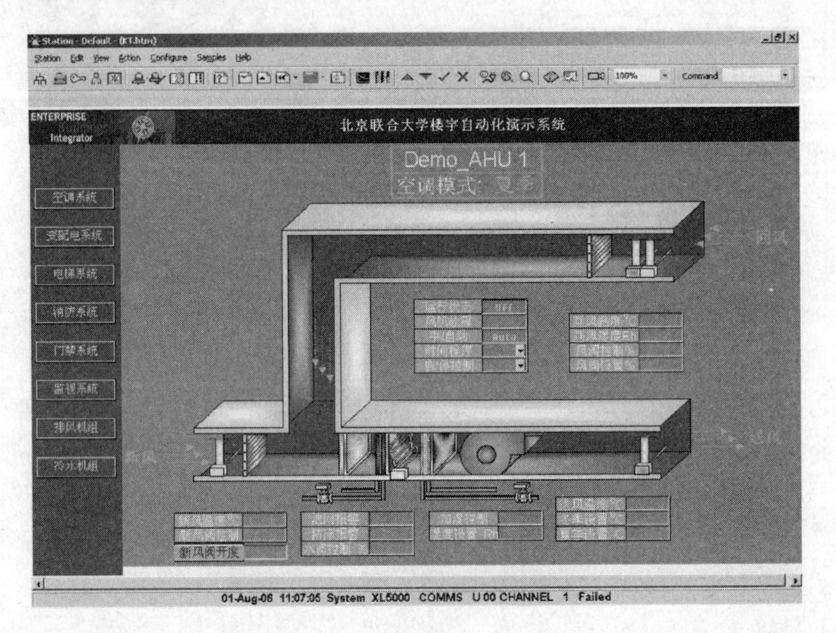

图 7-24 空调系统的运行界面

(2) 变配电系统的运行界面如图 7-25 所示。

(3) 冷水系统的运行界面如图 7-26 所示。

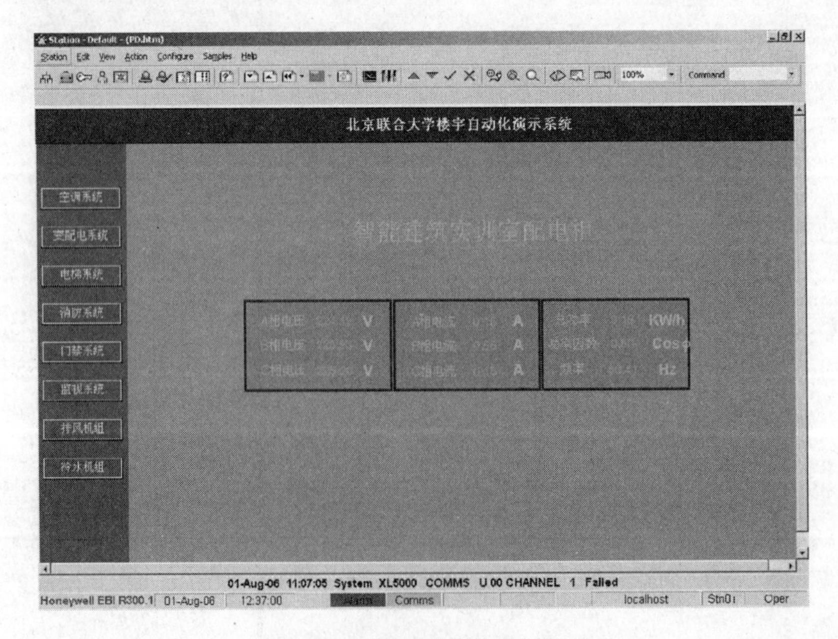

图 7-25 变配电系统的运行界面

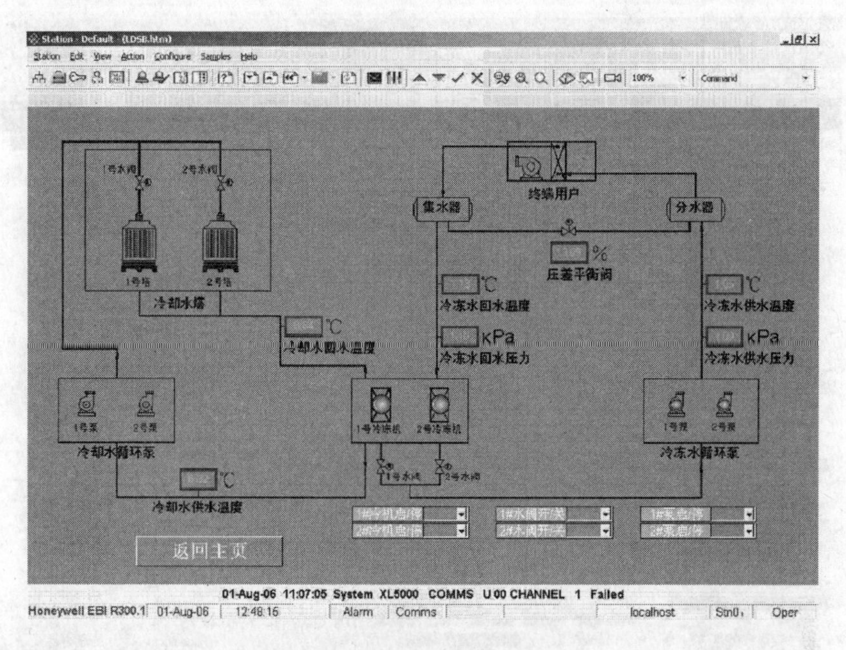

图 7-26　冷水系统的运行界面

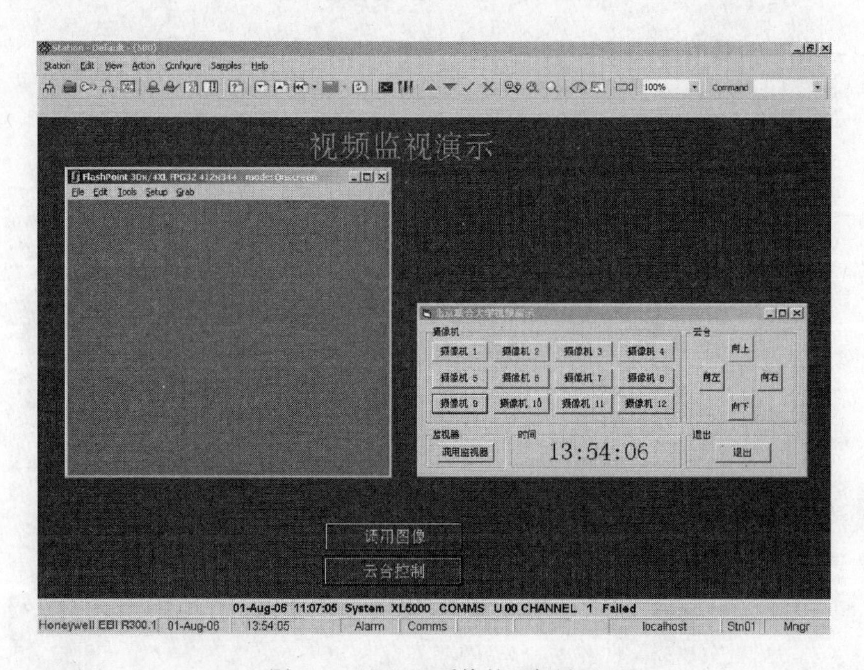

图 7-27　CCTV 系统的运行界面

(4) CCTV 系统的运行界面如图 7-27 所示。

(5) 对于连接了 OP 参数的点，可双击该点数据标签进入控制界面。例如，新风阀开度控制界面如图 7-28 所示。

在 OP 文本框中输入欲设定的控制量，如 30.00，然后按 Enter 键确认，便可将设定值通过 EBI 送给 DDC 控制器，进而再去控制新风阀开度。

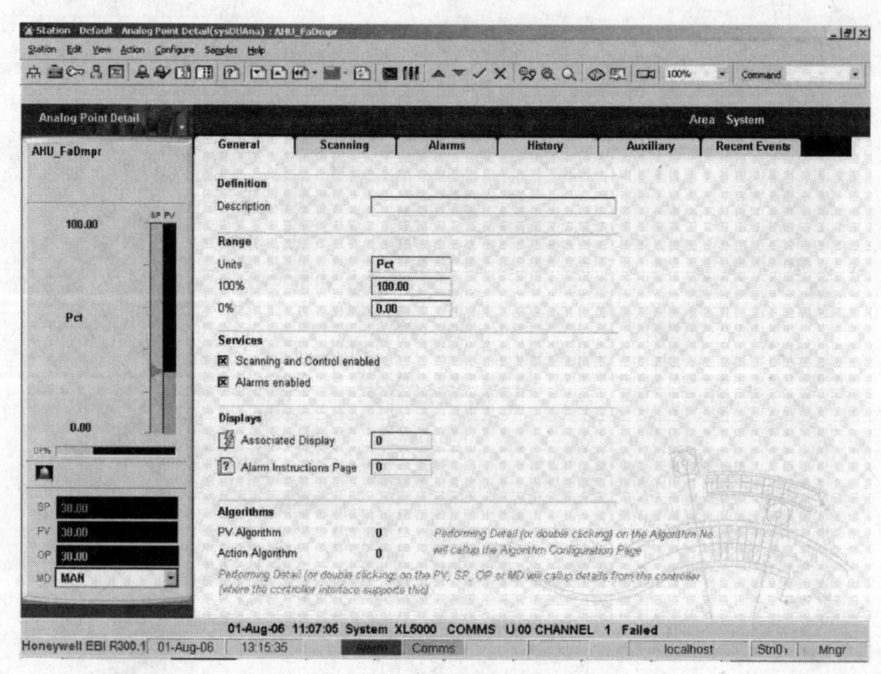

图 7-28　新风阀开度控制界面

参 考 文 献

[1] 董春利. 建筑智能化系统. 北京：机械工业出版社，2006.

[2] 张公忠. 现代智能建筑技术. 北京：中国建筑工业出版社，2004.

[3] 范同顺. 建筑配电与照明. 北京：高等教育出版社，2004.

[4] 陈虹. 楼宇自动化技术与应用. 北京：机械工业出版社，2003.

[5] 陈志新，张少军. 建筑智能化技术综合实训教程. 北京：机械工业出版社，2007.

[6] 寿大云，张彦礼. 建筑智能化系统实验教学指导书. 北京：中国电力出版社，2006.

[7] Honeywell（中国）. Enterprise Buildings Integrator Operators Guide. 2004.